基于宽度学习的高光谱图像分析

孔　毅　王雪松　程玉虎　陈　杨　著

中国矿业大学出版社
·徐州·

内 容 简 介

高光谱图像分析是遥感技术对地球表面分析和应用的一个关键步骤,同时也是人类认知地球的重要手段之一。为满足对分类精度和效率以及泛化性的要求,针对高光谱图像具有的复杂光谱-空间特性、非线性可分以及标记样本有限等特点,利用深度学习和宽度学习技术,探索监督型、半监督型、无监督型以及迁移型深-宽度高光谱图像分类方法。

本书可供理工科高等院校人工智能、大数据、遥感以及相关专业的教师与研究生阅读,也可供自然科学和工程领域中的研究人员参考。

图书在版编目(CIP)数据

基于宽度学习的高光谱图像分析/孔毅等著.—徐州:中国矿业大学出版社,2023.12

ISBN 978 - 7 - 5646 - 5372 - 9

Ⅰ.①基⋯ Ⅱ.①孔⋯ Ⅲ.①遥感图像－图像处理

Ⅳ.①TP751

中国国家版本馆 CIP 数据核字(2023)第 248675 号

书　　名 基于宽度学习的高光谱图像分析
著　　者 孔　毅　王雪松　程玉虎　陈　杨
责任编辑 何　戈
出版发行 中国矿业大学出版社有限责任公司
　　　　　(江苏省徐州市解放南路　邮编 221008)
营销热线 (0516)83885370　83884103
出版服务 (0516)83995789　83884920
网　　址 http://www.cumtp.com　E-mail:cumtpvip@cumtp.com
印　　刷 苏州市古得堡数码印刷有限公司
开　　本 787 mm×1092 mm　1/16　**印张** 14　**字数** 274 千字
版次印次 2023 年 12 月第 1 版　2023 年 12 月第 1 次印刷
定　　价 58.00 元

(图书出现印装质量问题,本社负责调换)

前　言

高光谱图像分析是遥感图像智能解译的关键技术之一,是人类对地观测与认知地球的重要手段。近年来,得益于深度学习、宽度学习等机器学习最新研究成果的提出与不断发展,高光谱图像分析获得了突破性进展。研究高光谱图像分析的主要目的之一是对像素进行分类。

作为机器学习领域的两个最新进展,利用深-宽度学习进行高光谱图像分析是高光谱遥感领域的一个重要研究方向。近年来,学者们提出并完善了诸多相关理论和算法,相关研究成果对高光谱在学术界和工业界的应用有着重要意义。一方面,分析的准确性是高光谱图像技术的主要要求之一。众所周知,深度学习具有较强的非线性映射能力,能够自动提取数据的高级抽象特征,利用深度学习对高光谱图像进行特征提取能够准确挖掘出其本征信息,进而提高分析的准确性。然而,由于深度学习固有的结构复杂、参数众多等特点,网络结构设计和参数调整不仅耗时耗力,对硬件要求也较高。为此,利用深度网络对高光谱图像进行分析虽然准确性较高但耗时且耗力。另一方面,分析过程的高效性也是高光谱图像分析技术的重要发展要求之一。宽度学习具有较强的函数逼近能力、结构灵活、可增量学习的特点。然而,常规宽度学习存在复杂非线性表示能力有限、受随机状态的影响无法对网络除输出层外的权重进行更新等局限。因此,利用宽度学习进行高光谱图像分析虽然较为高效,但准确性、稳定性有待提高。为此,本书综合利用深度学习、宽度学习、图理论、稀疏表示、领域适应和增量学习等理论技术,提出多种有效的高光谱图像分类方法。

作者长期从事高光谱图像分类的研究工作,在国家自然科学基金项目(62006232)与江苏省自然科学基金项目(BK20200632)的资助下,提出了一系列提高高光谱图像分类效果的方法,并将其应用于实际问题中。作者所做的这些工作,不仅丰富了高光谱图像分类相关理论,也为高光谱图像分类方法在其他领域的应用提供了知识储备,具有重要的理论意义和应用价值。

本书是作者在国内外本领域期刊上发表的十余篇学术论文的基础上进一步加工、深化而成,是对已取得研究成果的全面总结。本书主要探究监督型、半监督型、无监督型以及迁移型深-宽度高光谱图像分类方法。第一部分为基于深度学习的监督型高光谱图像分类方法,对应第3章。第二部分为基于深-宽度学习的半监督高光谱图像分类方法,对应第4~6章,包括基于块对角约束多阶段卷积宽度学习、半监督宽度学习和光谱注意力图卷积网络的高光谱图像分类方法。第三部分为无监督型高光谱图像分类方法,对应第7~9章,包括基于无监督宽度学习系统、K重均值锚点提取和高阶图结构化编码嵌入的高光谱图像分类方法。第四部分为迁移型高光谱图像分类方法,对应第10~12章,包括基于双加权伪标签损失图领域对抗网络、图双对抗网络的高光谱图像分类以及基于虚拟分类器的无监督高光谱图像软实例级领域自适应。

本书第1章~第10章由孔毅撰写,其余部分书稿的撰写以及全部书稿的审校工作由王雪松、程玉虎和陈杨共同完成。

在本书撰写的过程中,参考了大量的国内外相关研究成果,他们的丰硕成果和贡献是本书思想的重要源泉,在此对所涉及的专家和研究人员表示衷心的感谢。已毕业的硕士研究生陈杨、纪定哲、刘思杰等在校期间为本书的研究成果付出了辛勤的汗水,在此一并表示感谢。

高光谱图像分类是一个快速发展的研究方向,其理论与应用均有大量问题尚待进一步深入研究与探索。由于作者学识水平和可获得的资料有限,书中尚有不足之处,敬请同行专家和读者批评指正。

作者

2023 年 6 月于中国矿业大学

目　　录

第 1 章　高光谱研究概述

1.1　研究背景

近年来，随着航天技术、计算机技术、通信技术、信息处理技术和传感器技术的迅猛发展，现代空间遥感技术得到了空前发展，遥感监测技术朝着高空间分辨率、高光谱分辨率和高时相分辨率的"三高"方向飞速发展[1-2]。高光谱数据技术是 20 世纪 80 年代以来综合对地观测的重要组成部分，也是国际对地观测技术竞争的关键点之一，受到了全世界范围内的普遍关注。

以测谱学原理为基础，高光谱遥感在电磁波谱的紫外、可见光、近红外和中红外区域，获取大量密集且近似连续的波段，以数据立方体的形式对地面物体进行描述。高光谱图像能够将反映地物反射特性的光谱波段信息和反映地物空间位置关系的图像信息相结合，具有"图谱合一"的特点。总的来说，利用高光谱图像对地面物体进行识别和分类具有如下几个方面的优势[3-5]。

（1）能够识别出地物间的细微差异

传统的多光谱图像仅包括少量的几个光谱波段，进而导致"异物同谱"和"同谱异物"现象的发生。相比之下，高光谱图像包括几十甚至是几百个波段，且在一定的范围内是近似连续的，能够更加丰富地对地面物体进行描述，反映出地面物体更加真实的本征信息、分布和变化规律。因此，利用高光谱图像能够大大提高地面物体识别的准确率。

（2）"图谱合一"

高光谱图像是以三维数据立方体的形式呈现的，包含了丰富的光谱信息和空间信息，且描述模型众多，分析更加灵活，能够更好地进行定性分析和定量分析。

（3）进行高光谱图像分析时，样本和特征的选择更具多样性和灵活性

高光谱图像的波段数较多，数据量较大。通过组合不同样本和不同波段，可以获得不同的特征信息，为高光谱图像分析提供了更加广阔的空间。

高光谱图像的这些优势,使其得到了日益广泛的应用,如生态系统、陆地表面观测、农作物识别和理化特性诊断、陆地生态系统成图和精确分类、环境与灾害监测预报[4]、城市规划、资源勘测以及国防军事[6]等。然而,随着光谱空间分辨率的不断提高,数据量的不断增大,高光谱图像在具有上述优势之外,也给分析工作带来了巨大挑战。具体表现在以下几个方面。

(1) 分类代价昂贵[5]

随着高光谱图像的维数空间不断增加,待估计的参数相应急剧增加。如果要获取较高的分类精度,需要大量的标记样本支撑训练过程,这不仅会增加分类时间,且标记的高光谱图像获取非常困难,往往需要专家耗费大量的时间和精力来进行标记工作,代价昂贵。

(2) 非线性可分问题[5]

受大气、土壤水分、光照、采集用的传感器系统等条件的影响,对相同地物在不同情况下获取的高光谱图像的光谱曲线会有所不同。因此,高光谱图像在高维空间中是非线性可分的。

(3) 波段冗余问题[7]

由于高光谱图像的波段密集且近似连续,相邻波段间往往具有较强的相关性,进而导致波段冗余现象。如果直接利用全部波段进行分析工作,往往无法得到较高的分类精度。

受上述三个问题的限制,如何在有限甚至无标记样本情况下,从丰富的光谱和空间信息中,学习到准确的分析模型,实现对高光谱图像的高效率、准确分析,是目前高光谱图像分析领域的研究热点。本书从高光谱数据的特点出发,运用深度学习、宽度学习、图理论、稀疏表示、领域适应和增量学习理论,从高光谱图像特征提取、聚类和分类任务出发,研究高光谱图像分析算法,希望提高高光谱图像分析的效率和准确性。本书的研究成果不但可以为解决高光谱图像特征提取、聚类和分类问题提供新的分析方法和技术储备,而且可以进一步深化和丰富现有的机器学习、模式识别、遥感科学等理论。本书所涉内容是遥感科学、机器学习、模式识别、计算机科学等多门学科有机结合的研究中新颖且富有挑战性的研究方向,具有重要的理论意义和实际应用价值。

1.2　高光谱图像分析研究现状

最早的高光谱图像,是 1983 年由美国喷气推进实验室研发的航空成像仪(Aero Imaging Spectrometer-1,AIS-1)拍摄[8-9],标志着第一代光谱仪的面世,并在资源勘测、农业监测等众多领域获得了成功应用,开辟了高光谱技术在地学应用的道路,开创了高光谱图像"图谱合一"的新时代。40 年来,随着航空航天技术、卫星遥感技术以及微波、雷达、红外等传感器技术的迅猛发展,高光谱成像技术已经取得了长足的进展。如由 NASA/JPL 研制的第二代成像光谱仪——机载可见光/红外光成像光谱仪(Airborne Visible Infrared Imaging Spectrometer, AVIRIS)[10-11]、美国研制的数字图像收集实验仪器(Hyperspectral Digital Imagery Collection Experiment, HYDICE)[12-13]、德国研制的反射光学系统成像光谱仪(ROSIS)和美国 EO-1 系统搭载的 Hyperion 等。20 世纪 80 年代初,我国开始研制自己的高光谱成像仪,如面向矿产资源勘探的红外光谱扫描仪、航空热红外多光谱扫描仪、航空成像光谱仪[14]等。随后,我国先后发射的"神舟三号"飞船(2002 年 3 月)、"嫦娥一号"探月卫星(2007 年 10 月)、环境与灾害监测预报小卫星星座(2008 年 9 月)和高分五号(卫星 2018 年 5 月)等,均搭载了不同分辨率的成像光谱仪,获取的数据被成功应用到我国矿产探测、环境监测、灾害预报、军事国防等众多领域。高光谱探测技术日趋成熟,并已成为人类认知世界模式、获取地表信息的不可或缺的重要手段[6]。

目前,众多机器学习算法已被成功应用到高光谱图像多个方面的分析中,本书主要从高光谱图像特征提取、高光谱图像聚类和高光谱图像分类三个方面进行研究,下面将分别对这三种研究方法的现状进行概述。

1.2.1 高光谱图像特征提取

特征提取是高光谱图像分析最常见的技术手段之一,其主要思想是通过一定的运算过程或者映射矩阵将原始高光谱图像映射到特征子空间中。如主成分分析(Principal Component Analysis, PCA)[15]通过最大化协方差矩阵来获取最优映射矩阵;线性判别分析(Linear Discriminant Analysis, LDA)[16]通过最大化类间散度和最小化类内散度来寻找最优映射矩阵;成对判别分析[17]利用正相关和负相关样本来构建成对约束,并利用补丁集校准框架来求解最优映射矩阵。Feng 等[18]针对常规构图时因利用欧式距离构建关联矩阵而导致的表示不准确,提出基于谱相关性判别分析的高光谱图像降维算法,以充分考虑光谱波段间的曲线变换。Pan 等[19]针对稀疏低秩图判别分析无法考虑空间信息的问题,提出张量稀疏低秩图判别分析。Deng 等[20]针对因噪声导致构图不准确的问题,提出在对偶特征空间构图。稀疏图嵌入模型由于能够挖掘数据的稀疏性,而被广泛应用于高光谱图像降维。为确保局部特性,He 等[21]提出基于加权稀疏图的高光谱图像降维算法,其更关注与测试样本更像的训练样本,且能够提供数据自适应的近邻,因此对于噪声的鲁棒性更强。常用的降维算法一般基于高斯分布,但真实的高光谱图像往往不符合这一假设,故而降维性能受到影响,为此Dong 等[22]提出最大边际度量学习降维算法,首先利用有限的训练样本来降低数据的维数,接着利用局部自适应决策约束来解决数据分布复杂的问题。这一方法能够根据度量学习之前和之后的距离变化,评估样本对间的相似性。然而,全局的度量学习并不适用于所有的训练样本,为此 Dong 等[23]提出集成判别局部度量学习算法,旨在学习一个能够保证所有同类样本尽量靠近,不同类样本尽量远离的子空间,进而从训练样本及相关的近邻学习到鲁棒性较强的局部度量。Feng 等[24]提出判别光谱-空间边际(Discriminative Spectral-Spatial Margin-based,DSSM)算法来确定最优映射子空间。DSSM 利用同构和异构光谱-空间近邻,并通过低秩表示挖掘标记和未标记高光谱图像的局部和全局模式。由高光谱传感器获取的高光谱图像一般以 3D 的形式存储,然而,常用的降维算法一般首先将其转化为矩阵形式,然后利用矩阵代数来进行降维,空间结构常被忽略。An 等[25]针对这一问题,提出基于组张量模型的降维算法,通过将原始的3D 数据块分割成若干个小张量块,并聚成若干个组,来表征局部和非局部空间信息。标记的高光谱图像数据的获取较为困难,但无标记的样本获取却非常容易,为充分利用有限的标记样本和大量的无标记样本,Chen 等[26]在判别分析的基础上,提出基于双稀疏图的半监督判别分析降维算法,利用两个稀疏图来表征数据中的正负结构关系,并且利用联合 k 近邻选择机制来选择包含精确判别信息的伪标记样本。

1.2.2　高光谱图像聚类

高光谱图像聚类可以被定义为一个分割过程,相似的像素被分配到一组,每组均对应一个特定的地物类别[27]。高光谱图像聚类成为近年来的研究热点,按照工作机制的不同,大致可以划分为四个类别,分别为基于中心点的聚类方法、基于密度的聚类方法、生物聚类方法和基于谱聚类方法等。但高光谱图像因光谱变化较大而导致的均匀特征点分布与多数方法的假设相冲突,进而使得聚类效果不佳[28]。

稀疏子空间聚类(Sparse Subspace Clustering,SSC)利用子空间来对特征点建模,能够有效解决上述问题[27]。但由于高光谱图像复杂的数据结构,直接利用 SSC 进行高光谱图像的聚类会存在如下问题:

(1) 仅利用光谱信息,忽略了高光谱图像中丰富的空间近邻信息;

(2) 多数为线性方法,无法挖掘高光谱图像的非线性结构,判别能力较弱。

针对问题(1),多种光谱-空间稀疏子空间聚类方法被先后提出,如 S4C[29]、SSC-S[29]、L2-SSC[30]等。对于问题(2),通过结合核技术和空间最大池化操作,

Zhai 等[31]提出 KSSC-SMP。此外,这些方法均为基于稀疏性的算法,往往计算代价较高。为此,Zhai 等[27]通过结合总变分技术和联合表示,提出 TV-CRC-LAD[27]。

1.2.3　高光谱图像分类

高光谱图像分类指根据少量的标记像素学习出一个类别预测模型,用以对整张高光谱图像实现逐像素类别预测[32]。经典的分类算法包括支持向量机(Support Vector Machine,SVM)[33]和极限学习机(Extreme Learning Machine,ELM)[34]等。

Melgani 等[35]首次利用 SVM 解决高光谱图像分类问题,该工作同时通过理论和实验来分析和评估 SVM 对于高维特征空间的分类潜力,并证明了与常用的特征降维算法结合能够获取更好的表现。随后,Camps-Valls 等[36]证明:① 相比神经网络的方法,SVM 能够获取更高的分类精度;② 更简单和更低的计算代价;③ 对输入空间维数和离群点具有较强的鲁棒性,且可解释性更强。由于 SVM 上述的优点,基于 SVM 的高光谱图像分类一时成为学者们的研究热点。Bruzzone 等[37]提出直推式半监督支持向量机,用来解决 SVM 中存在的不适定问题,利用时间加权机制来确定无标记样本的模式,有效缓解次优模型选择的影响,并将其拓展为多分类版本。Demir 等[38]提出相关性支持向量机,与SVM 相比 RVM 的优势包括概率预测、自适应参数估计、核函数选择的随意性和更快的分类速度。Chi 等[39]提出了两种半监督支持向量机(S^3VM)的实现方法,用以解决学习过程中代价函数非凸性问题。首先提出∇S^3VM 算法,利用梯度下降算法优化无约束目标函数;接着提出 LDS-∇S^3VM 算法,融合基于图的核矩阵用以增强聚类假设。随后多种版本的 SVM 被相继提出,如利用 SVM 实现主动学习[40-41]、结合特征提取或特征选择的 SVM[42-43]、融合空间特征的 SVM[44-45]。

但 SVM 存在如下问题:① 较慢的学习速度;② 受人工干预较强;③ 较差的计算可扩展性。针对这些问题,Huang 等[46-47]基于单层前向网络提出 ELM,由于其较高的计算效率和分类精度,而被应用到高光谱图像分类任务中。Bazi 等[48]为解决 ELM 中存在的模型选择问题,提出一种简单且有效的基于微分进化的自动求解方法。Samat 等[49]为克服权重和偏置的随机性对 ELM 分类精度产生的影响,分别基于 Bagging 和 AdaBoost,提出两种集成极限学习机方法。Li 等[50]将局部二进制模式(Local Binary Patterns,LBP)与 ELM 结合,并利用高光谱图像的空间信息进行分类。Zhou 等[51]在 ELM 中引入复合核,实现对高光谱图像的光谱-空间分类。Xia 等[52]提出高光谱图像的光谱-空间分类框架,包括三个部分：① 随机子空间集成用以解决维数灾难问题；② 拓展多形态特征用以结合空间信息；③ ELM 用以实现快速分类。López-Fandiño 等[53]实现 GPU 版本的 ELM，用以实现高光谱图像高速分类。Bencherif 等[54]融合极限学习机和基于图的优化方法，在最小化人工干预的同时，提升 ELM 的分类精度。Shi 等[55]利用 MapReduce 实现分布式 ELM 用于高光谱图像分类。Lv 等[56]提出基于多层感受野的极限学习机。

总之，无论是 SVM 还是 ELM，一般都需要配合有效的降维算法，才能够获得较高的分类精度，无法在一个框架下既实现特征提取，又实现分类。深度学习[57]的提出，有效解决了这一问题。Chen 等[58]首次将深度学习方法应用到高光谱图像分类中，其将光谱和空间向量拼接后作为栈式自动编码器（Stacked AutoEncoder, SAE）的输入。随后，Tao 等[59]在 SAE 的基础上添加稀疏约束，Chen 等[60]引入深度信念网络，Ma 等[61]提出空间更新的自动编码器，并针对小样本问题，在分类层引入基于联合表示的分类框架。但这几种方法一方面会受到结构的局限，即输入数据必须为 1D 的形式，而将高光谱图像向量化会破坏固有结构；另一方面，由于全连接深度模型的参数较多，需要大量训练样本的支撑，否则会出现过拟合现象。卷积神经网络（Convolutional Neural Network, CNN）因采用局部连接和权值共享机制，且具有更少的参数以及能够提取到不变性更强的特征等优点，近年来被广泛应用于高光谱图像分类。如 Romero 等[62]设计了无监督 CNN，并通过逐层训练的方式学习高光谱图像无监督稀疏特征。Zhan 等[63]提出基于 CNN 和距离密度的波段选择方法，首先利用全部波段训练 1D-CNN，接着基于距离密度进行波段选择。Wu 等[64]为利用大量的无标记样本提出半监督 CNN，首先利用聚类方法给无标记样本分配伪标签，然后利用标记样本和伪标记样本训练 CNN，最后利用标记样本对训练好的 CNN 进行微调。Mou 等[65]利用 3D 的高光谱图像数据和 3D 深度残差卷积-反卷积网络，通过无监督的方式，提取高光谱图像的光谱-空间特征。Windrim 等[66]将一个物理学模型融入深度学习框架中，使得提取到的特征具有光照不变性。Zhong 等[67]直接将 3D 的高光谱图像数据作为残差神经网络的输入，并结合了批规范化等深度学习最新技术，提出基于光谱-空间残差神经网络的高光谱图像分类算法。Jiao 等[68]提出多尺度光谱-空间深度学习分类算法，首先利用训练好的 VGG-verydeep-16 全连接深度卷积神经网络来提取多尺度的高光谱图像空间特征，接着通过加权的机制，融合光谱和空间特征，最后通过逻辑回归分类器实现分类。Singhal 等[69]学习多个鲁棒性较强的字典，每个字典通过逐层训练的方式，上一个字典的表示系数作为学习下一个字典的输入，最后一个字典的表示系数输入到分类器以实现分类。Pan 等[70]在 PCANet 的基础上，提出 RVCANet，该网络为简化版深度学习结构,与常规深度学习网络的训练方式不同,该网络卷积核的学习过程通过无监督的 PCA 实现,因此所需要的训练样本大大减少。Ghamisi 等[71]通过拓展形态学算法和深度学习方法,对高光谱图像和光照探测包括衍生的光栅化数据进行融合,进而能够提取到两个领域的空间和仰角信息。Zhou 等[72]提出基于组特征的深度学习算法,用以实现光谱-空间分类。Li 等[73]针对较少的标记样本不足以支撑深度结构的训练的问题,提出成对像素生成算法,通过比对两两样本之间的标签,生成个数远大于标记样本个数的成对像素。Aptoula 等[74]通过堆叠多个属性滤波的图像作为 CNN 的输入,以提取高光谱图像的深度空间特征。Chen 等[75]提出主动深度学习算法,通过最大化表示性和不确定性准则,选择优质的训练样本并用以训练深度网络;同时提出基于 1D、2D 和 3D 卷积的高光谱图像光谱、空间和光谱-空间特征提取算法。Zhao 等[76]分别利用 2D 卷积提取空间特征和利用平衡局部判别嵌入算法提取光谱特征,该方法融合了高光谱图像的深层和浅层特征。除上述算法外,迁移深度学习[77-79]、深度递归网络[80]等深度学习最新算法被相继应用到高光谱图像分类中。

　　考虑一种特殊场景:目标域仅提供少量甚至无标记样本,但与其相关的源域具有大量的标记样本。这也是在真实的高光谱图像分析过程中经常遇到的情况,如相同传感器在不同时间对相同地区进行拍摄得到的图像会因光照、湿度等环境条件不同,而导致光谱特性和空间特性发生变化。如果直接利用源域的样本训练分类模型,对目标域样本进行类别预测,会因"领域偏移"现象导致分类精度不佳。如何有效解决这一问题,进而准确、高效利用相关领域大量的监督信息,提取有价值的信息,帮助提高目标域分类表现,也是近年来高光谱图像分析的主要研究热点之一。作为迁移学习的主要方法之一,领域适应(Domain Adaptation,DA)旨在将在"源域"上学习到的知识迁移到"目标域",以帮助提高目标域学习表现。众多领域适应方法被应用于高光谱图像,Tuia 等[81]将用于高光谱图像的领域适应方法分为四个类别,分别为分类器领域适应、基于主动学习的分类器领域适应、不变性特征选择和数据分布适应。其中,分类器领域适应是指利用源域中的标记样本和目标域中的无标记样本,训练一个分类器并适应到目标域中,实现对目标域样本的类别预测。在这种情况下,可利用众多半监督学习方法,如最大似然分类器[82]、混合级联分类器[83]以及结合领域适应技术的支持向量机[84]等。作为分类器领域适应的一种特例,基于主动学习的分类器领域适应利用主动学习机制,在目标域中采样出新的标记样本,并用于迭代式的重新训练模型[85-86]。基于不变特征选择的领域适应方法,旨在通过特征选择来降低源域和目标域间的联合概率分布差异[87-88]。数据分布适应方法是为了使得跨领域的数据集间的分布更加相似,进而使得训练的单个分类器能够同时对源域和目标域的样本进行分类。对于分布适应方法,一个最重要的问题是如何有效度量源域和目标域的分布差异。最大均值差异(Maximum Mean Discrepancy,MMD)度量方法受数据维数的影响较小,且不需要任何先验分布假设。因此,众多基于MMD的领域适应方法被相继提出,并用于高光谱图像的分类中。如Matasci等[89]将迁移成分分析(Transfer Component Analysis,TCA)用于高光谱图像的特征提取。Sun等[90]通过结合MMD与SVM,提出领域迁移多核学习(Domain Transfer Multiple Kernel Learning,DTMKL)。相比两步的方法,DTMKL能够利用一个凸优化过程来学习多核分类器,在一个步骤中同时最小化SVM的结构风险和跨领域的分布失配。Matasci等[91]将TCA拓展为半监督版本(SSTCA),其目标函数包括流形正则项和标签依赖项,前者用于保持数据的固有流形结构,后者利用源域的标签来对齐映射。Yang等[92]提出迁移稀疏子空间学习(Transfer Sparse Subspace Learning,TSSL),旨在提供一个普适的迁移学习框架,可用于不同数据分布差异度量方法情况下的迁移学习。Zhang等[93]提出的稀疏迁移流形嵌入(Sparse Transfer Manifold Embedding,STME)方法,能够有效地从少量标记的源域样本和大量无标记的目标域样本中学习一个映射关系,将两个领域的数据映射到一个共同的低维子空间中。

1.3　高光谱图像分析中面临的问题

作为机器学习领域的两个最新进展,利用深、宽度学习进行高光谱图像分析是高光谱遥感领域的一个重要研究方向。近年来,学者们提出并完善了诸多相关理论和算法,相关研究成果对高光谱在学术界和工业界的应用有着重要意义。一方面,分析的准确性是高光谱图像技术的主要要求之一。众所周知,深度学习具有较强的非线性映射能力,能够自动提取数据的高级抽象特征,利用深度学习对高光谱图像进行特征提取能够准确挖掘出其本征信息,进而提高分析的准确性。但是,深度学习又有以下固有的特点:① 结构复杂,参数众多,训练一个深度网络需要耗费较多的时间;② 网络结构设计和参数调整不仅耗时耗力,而且当网络结构发生变化时需要对整体网络进行重新训练;③ 对硬件要求较高,往往需要高性能计算机来实现加速训练。综上,利用深度网络对高光谱图像分析虽然准确性较高但耗时且耗力。另一方面,分析过程的高效性也是高光谱图像分析技术的重要发展要求之一。由文献[94]可知,宽度学习的特点为:① 能够实现线性和非线性映射,具有较强的函数逼近能力;② 结构灵活,方便实现多种结构变体和易于与其他形式的网络进行结合;③ 当网络结构发生变化时,可以配合高效的增量学习算法,而无须对整体模型进行重新训练。然而,常规宽度学习存在如下缺陷:① 较为简单的网络结构,导致复杂非线性表示能力有限;② 映射特征到增强节点的映射权重为随机生成,故宽度学习的表现受随机状态的影响,进而稳定性无法得到充分保证;③ 基于矩阵广义逆的权重求解方法,无法对网络除输出层外的权重进行更新。因此,利用宽度学习进行高光谱图像分析虽然较为高效,但准确性、稳定性有待提高。

综上,利用深度学习和宽度学习对高光谱图像分析是非常有价值和前景的工作,但仍存在一些问题值得探讨和研究。

(1) 针对高光谱图像的流形特性和有限标记样本,利用超图和样本扩充深度学习提取高光谱图像的光谱-空间特征。

流形学习能够挖掘数据的几何流形特性,然而传统流形学习对复杂流形结构的表示能力有限,故有必要研究基于超图的光谱特征提取方法。此外,深度学习具有较强的空间特征提取能力,然而当其用于高光谱图像分析时,经常需要面对可用标记的高光谱图像样本有限和深度结构对大量标记样本的需求之间的矛盾。具体的,标记的高光谱图像需要相关领域的专家耗费大量的时间和专业知识来对原始的高光谱图像进行标注,一般情况下,仅有少量的标记样本可用。当训练样本不足时,会导致深度网络参数训练不充分、过拟合等问题,进而无法充分发挥深度学习对复杂非线性的表示能力。常见的解决办法为简化深度学习结构,但这种做法会导致模型的表示能力下降。因此,有必要研究基于样本扩充的深度学习方法。解决好上述两个问题对流形学习和深度学习在高光谱图像领域的应用具有一定的价值。

(2) 针对无标记样本情况下常规宽度学习无法划分高光谱图像像素类别的问题,将宽度学习拓展为无监督版本,以实现高光谱图像聚类。

宽度学习为机器学习领域最新研究成果,相比深度学习,具有更简单的网络结构、更少的超参,且当网络结构发生变化时,可以配合高效的增量学习算法,无须对整体模型进行重新训练。鉴于其高效性和函数逼近能力,有必要研究基于宽度学习的高光谱图像分析。进一步分析,现有的宽度学习算法均为监督型,当无标记样本可用时,常规的宽度学习无法适用,为此有必要研究无监督宽度学习算法。流形学习在高光谱图像领域获得了成功应用,大量流形判别分析算法被提出,且流形正则已成为常用的正则化技术,因此结合流形学习和宽度学习对高光谱图像进行聚类,是值得探讨的一个方向。

(3) 同时利用有限标记样本和大量无标记样本,通过半监督宽度学习实现高光谱图像的分类。

高光谱图像分类是最常用且最基本的高光谱图像分析方法,综合利用有限的标记样本和大量的无标记样本构建准确的类别预测模型,也是近年来高光谱图像分析领域的重点研究内容之一。鉴于宽度学习的高效性、结构可拓展性和灵活性等优点,有必要研究基于宽度学习的高光谱图像分类方法。进一步地,常规宽度学习为监督模型,无法利用大量的无标记样本,故而有必要研究半监督宽度学习算法。

(4)针对常规宽度学习难以对高光谱图像复杂光谱-空间信息进行充分表征的问题,将深度、宽度学习相结合以实现高光谱图像分类。

深度学习和宽度学习基于两种截然不同的神经网络方法,且因具有各自的优势,近年来相继被应用于高光谱图像分析。然而,这两种方法均存在一定的缺陷。一方面,对于深度神经网络来说,在标记样本有限的情况下,表达能力受限。另一方面,由于常规宽度学习采用的是线性稀疏特征,无法对高光谱图像复杂光谱及空间信息充分表达。因此,如何有效结合两种网络,探索适当的结合方法,也是一个非常有价值的研究方向。

(5)如何借助相关领域的标记信息帮助提高目标领域的分类精度,利用宽度学习和领域适应技术实现高光谱图像的迁移分类。

由于光照、湿度、温度和传感器等的不同,拍摄的图像会出现差异,如相同传感器对同一地物在不同时间拍摄的图像具有差异,不同传感器在相同时间对同一地物拍摄的图像也会有差异。如何实现多时相、多传感器和同传感器不同地物的分类,是当前高光谱遥感领域的研究热点之一。领域适应能够有效解决领域偏移的问题,能学习到领域分布差异较小的特征。结合领域适应技术和宽度学习,实现迁移分类是一个有价值的研究方向。

1.4 本书主要研究方法

针对1.3节中所述问题,综合利用深度学习、宽度学习、图理论、稀疏表示、领域适应和增量学习等理论技术,提出多种有效的高光谱图像分析方法。主要贡献如下:

(1)针对高光谱图像的流形特性和有限标记样本,提出基于监督超图和样本扩充卷积神经网络的高光谱图像特征提取。首先,针对常规图不能对高光谱图像的复杂流形关系充分描述和光谱域中存在的类内差异和类间相似度较高的问题,构造监督类内/类间超图来提取高光谱图像的光谱特征。然后,针对深度学习模型在训练样本有限的情况下难以习得高光谱图像的代表性特征的问题,提出样本扩充卷积神经网络用以提取高光谱图像的空间特征。最后,通过特征堆叠的方式,得到光谱-空间特征,用于高光谱图像分类。

(2) 针对宽度学习存在的非线性表征不足和深度学习的"数据饥渴"属性,提出一种基于块对角约束多阶段卷积宽度学习的高光谱图像分类方法。首先,鉴于常规宽度学习所提取的线性稀疏特征无法对高光谱图像复杂光谱-空间特征进行充分表征,利用卷积神经网络的特征提取层替换原始宽度学习的"映射特征"部分。接着,在卷积神经网络多层映射过程中,不可避免存在一定程度的信息损失。为此,由卷积神经网络提取的多层特征同样进行宽度拓展以得到多阶段宽度特征,并将其与多阶段的卷积特征进行级联,得到多阶段的卷积宽度特征。此外,为提高多阶段卷积宽度特征之间的相互独立性,引入一个块对角约束矩阵。多阶段卷积宽度特征在经过块对角矩阵的映射之后,每个阶段的特征仅由相同阶段的特征线性表示。最后,所提方法的输出层权重和所需的块对角矩阵可以通过交替方向乘子法求解。

(3) 为同时利用有限标记样本和大量无标记样本,提出一种基于半监督宽度学习的高光谱图像分类。首先,为了充分利用高光谱图像丰富的光谱-空间信息,对原始的高光谱图像进行分层导向滤波,得到其光谱-空间特征。其次,将类概率框架引入宽度学习系统,计算出标记样本与无标记样本之间的关系矩阵,得到无标记样本的伪标签。最后,利用岭回归理论计算出半监督宽度学习系统的输出层权重。

(4) 针对高光谱图像中存在的波段冗余、同物异谱问题,提出一种基于光谱注意力图卷积网络的高光谱图像半监督分类方法。首先,利用注意力模块对光谱的局部与全局信息进行交互,以增加重要光谱的权重,减小冗余波段以及噪声波段的权重,从而实现光谱的自适应加权。然后,针对光谱加权处理后的高光谱图像,通过光谱-空间相似性度量构建更为准确的近邻矩阵。最后,通过图卷积对标记样本和无标记样本进行有效的特征聚合,并使用标记样本的聚合特征训练网络。

(5) 针对无标记样本情况和高光谱图像的非线性特点,提出基于无监督宽度学习的高光谱图像聚类。首先,利用图正则稀疏自动编码器对宽度学习中不同部分的权重进行微调,在保持输入流形结构的同时,增强了宽度学习的稳定性。接着,通过结合输出层权重的范数项和图正则项,构造无监督宽度学习的目标函数。最后,通过求解广义特征值分解问题得到输出层权重,并通过对输出向量谱聚类得到聚类结果。

(6) 为在锚点提取过程中进一步有效利用样本点的邻域信息,本书提出基于 K 重均值锚点提取的高光谱图像谱聚类方法。利用具有特定 K 簇的多均值聚类方法来进行锚点的提取,增强了各锚点的代表性,加强了空间信息的融合程度,进而提高了快速谱聚类在高光谱图像上的聚类精度。

(7) 通过利用自动编码器网络和自主设计双支路的图卷积网络分别提取高光谱图像数据的自身属性特征和高阶结构特征,挖掘出对聚类友好的融合特征,增大类内特征相似性,以解决聚类时"同谱异物"和"同物异谱"所带来的非线性可分问题。同时,通过自我监督的形式完成对自动编码器和图卷积网络两个模块的统一,优化目标分布,实现端到端聚类。

(8) 针对多时相高光谱图像分类问题,提出一种双加权伪标签损失约束的图领域对抗网络。首先,为提取高光谱图像更具判别性的特征,将图领域对抗网络应用到高光谱图像的迁移任务中。然后,通过同时利用高光谱图像丰富的光谱特征和空间信息,构造一个更可靠的光谱-空间近邻图。最后,针对目标域不准确伪标签导致的源域与目标域在类别层面概率分布适配失准问题,从空间和置信度的角度设计了一种双加权伪标签损失。通过赋予更可靠的像素更大的权重,消除被分配错误伪标签的像素,进而降低预测模型在学习过程中面临的负面影响。

(9) 针对无监督高光谱图像分类时异类样本簇间距过近的问题,提出一种基于图双对抗网络的端到端无监督领域自适应方法。首先,利用高光谱图像丰富的光谱信息和空间位置构造光谱-空间近邻图,将其输入图卷积网络中来提取源域和目标域的域不变特征。然后,提出一种原型对抗的方法,利用源域带标签数据来可靠地计算源域异类样本在网络中间层特征的原型,通过原型对抗来适当地拉远源域异类原型之间的距离,与领域对抗共同组成双对抗策略。最后,在领域对抗对源域和目标域特征进行适配的基础上,通过最小化源域与目标域每类样本的二阶统计特征距离来对源域与目标域特征进行进一步的领域适配。

(10) 基于对抗学习的无监督高光谱图像的分类方法通常通过最小化相似像素之间的统计距离来进行概率分布的适配,然而,对抗学习可能会削弱特征的可判别性,提取的特征可能包含大量非判别性信息,导致具有相似特征的像素可能被划分为不同的类别。在此基础上直接减少相似像素在潜在空间中的统计距离,可能会加剧样本被误分的情况。为此,本书提出了一种基于虚拟分类器的实例级领域自适应方法。首先,通过一个基于光谱-空间近邻图的图卷积网络来提取两域的域不变特征。然后,构建了一个基于特征相似性度量的虚拟分类器来输出目标域样本的类别概率。此外,使来自不同领域的相似特征被归为同一类,以减少真实分类器和虚拟分类器之间的分歧。最后,为了减少噪声伪标签的影响,对于每一个目标域样本,将置信系数分配给其在源域中对应的正负样本,构建并最小化软原型对比损失,以实例级的方式对两个域进行适配。

参 考 文 献

[1] 李德仁,朱庆,朱欣焰.面向任务的遥感信息聚焦服务[M].北京:科学出版社,2010.

[2] 张连蓬,李行,陶秋香.高光谱遥感影像特征提取与分类[M].北京:测绘出版社,2012.

[3] 杜培军,谭琨,夏俊士.高光谱遥感影像分类与支持向量机应用研究[M].北京:科学出版社,2012.

[4] 甘乐.高光谱遥感影像稀疏表示与字典学习分类研究[D].南京:南京大学,2018.

[5] 高阳.高光谱数据降维算法研究[D].徐州:中国矿业大学,2013.

[6] 赵锐.高光谱遥感影像异常探测:鲁棒性背景建模与机器学习方法研究[D].武汉:武汉大学,2017.

[7] 谢卫莹.高光谱遥感影像高精度分类方法研究[D].西安:西安电子科技大学,2017.

[8] GOETZ A F H, VANE G, SOLOMON J E, et al. Imaging spectrometry for earth remote sensing[J]. Science,1985,228(4704):1147-1153.

[9] VANE G, GOETZ A F H. Terrestrial imaging spectroscopy[J]. Remote sensing of environment,1988,24(1):1-29.

[10] VANE G, GOETZ A F H. Terrestrial imaging spectrometry:current status, future trends[J]. Remote sensing of environment,1993,44(2/3):117-126.

[11] ROBERT O, GREEN R. Imaging spectroscopy and the airborne visible/infrared imaging spectrometer(AVIRIS)[J]. Remote sensing of environment,1998,65(1):227-248.

[12] BASEDOW R W, CARMER D C, ANDERSON M E. HYDICE system:implementation and performance[J]. Imaging spectrometry,1995,2480:227-248.

[13] BASEDOW R W, ALDRICH W S, COLWELL J E, et al. HYDICE system performance:anupdate[J]. Proceedings of SPIE - the international society for optical engineering,1996,DOI:10.1117/12.257186.

[14] 贺威.高光谱影像多类型噪声分析的低秩与稀疏方法研究[D].武汉:武汉

大学,2017.

[15] FAUVEL M,CHANUSSOT J,BENEDIKTSSON J A.Kernel principal component analysis for the classification of hyperspectral remote sensing data over urban areas[J].EURASIP journal on advances in signal processing,2009,2009:1-15.

[16] BANDOS T V,BRUZZONE L,CAMPS-VALLS G.Classification of hyperspectral images with regularized linear discriminant analysis[J].IEEE transactions on geoscience and remote sensing,2009,47(3):862-873.

[17] WANG X S,KONG Y,GAO Y,et al.Dimensionality reduction for hyperspectral data based on pairwise constraint discriminative analysis and nonnegative sparse divergence[J]. IEEE journal of selected topics in applied earth observations and remote sensing,2017,10(4):1552-1562.

[18] FENG F B,LI W,DU Q,et al.Dimensionality reduction of hyperspectral image with graph-based discriminant analysis considering spectral similarity[J].Remote sensing,2017,9(4):323.

[19] PAN L,LI H C,DENG Y J,et al.Hyperspectral dimensionality reduction by tensor sparse and low-rank graph-based discriminant analysis[J].Remote sensing,2017,9(5):452.

[20] DENG Y J,LI H C,PAN L,et al.Modified tensor locality preserving projection for dimensionality reduction of hyperspectral images[J].IEEE geoscience and remote sensing letters,2018,15(2):277-281.

[21] HE W,ZHANG H Y,ZHANG L P,et al.Weighted sparse graph based dimensionality reduction for hyperspectral images[J].IEEE geoscience and remote sensing letters,2016,13(5):686-690.

[22] DONG Y N,DU B,ZHANG L P,et al.Exploring locally adaptive dimensionality reduction for hyperspectral image classification: a maximum margin metric learning aspect[J]. IEEE journal of selected topics in applied earth observations and remote sensing,2017,10(3):1136-1150.

[23] DONG Y N,DU B,ZHANG L P,et al.Dimensionality reduction and classification of hyperspectral images using ensemble discriminative local metric learning[J].IEEE transactions on geoscience and remote sensing,2017,55(5):2509-2524.

[24] FENG Z X,YANG S Y,WANG S G,et al.Discriminative spectral-spatial margin-based semisupervised dimensionality reduction of hyperspectral

data[J]. IEEE geoscience and remote sensing letters, 2015, 12 (2): 224-228.

[25] AN J L, ZHANG X R, JIAO L C. Dimensionality reduction based on group-based tensor model for hyperspectral image classification[J]. IEEE geoscience and remote sensing letters, 2016, 13(10):1497-1501.

[26] CHEN P, JIAO L, LIU F, et al. Semi-supervised double sparse graphs based discriminant analysis for dimensionality reduction[J]. Pattern recognition, 2017, 61:361-378.

[27] ZHAI H, ZHANG H Y, ZHANG L P, et al. Total variation regularized collaborative representation clustering with a locally adaptive dictionary for hyperspectral remote sensing imagery[J]. IEEE Transactions on geoscience and remote sensing, 2019, 57(1):166-180.

[28] WANG R, NIE F P, YU W Z. Fast spectral clustering with anchor graph for large hyperspectral images[J]. IEEE geoscience and remote sensing letters, 2017, 14(11):2003-2007.

[29] ZHANG H Y, ZHAI H, ZHANG L P, et al. Spectral-spatial sparse subspace clustering for hyperspectral remote sensing images[J]. IEEE transactions on geoscience and remote sensing, 2016, 54(6):3672-3684.

[30] ZHAI H, ZHANG H Y, ZHANG L P, et al. A new sparse subspace clustering algorithm for hyperspectral remote sensing imagery[J]. IEEE geoscience and remote sensing letters, 2017, 14(1):43-47.

[31] ZHAI H, ZHANG H Y, XU X, et al. Kernel sparse subspace clustering with a spatial max pooling operation for hyperspectral remote sensing data interpretation[J]. Remote sensing, 2017, 9(4):335.

[32] WANG Q, HE X, LI X L. Locality and structure regularized low rank representation for hyperspectral image classification[J]. IEEE transactions on geoscience and remote sensing, 2019, 57(2):911-923.

[33] SUYKENS J K, VANDEWALLE J. Least squares support vector machine classifiers[J]. Neural processing letters, 1999, 9(3):293-300.

[34] HUANG G B, ZHU Q Y, SIEW C K. Extreme learning machine: theory and applications[J]. Neurocomputing, 2006, 70(1/2/3):489-501.

[35] MELGANI F, BRUZZONE L. Classification of hyperspectral remote sensing images with support vector machines[J]. IEEE transactions on geoscience and remote sensing, 2004, 42(8):1778-1790.

[36] CAMPS-VALLS G,GOMEZ-CHOVA L,CALPE-MARAVILLA J,et al. Robust support vector method for hyperspectral data classification and knowledge discovery[J]. IEEE transactions on geoscience and remote sensing,2004,42(7):1530-1542.

[37] BRUZZONE L,CHI M,MARCONCINI M.A novel transductive SVM for semisupervised classification of remote-sensing images[J].IEEE transactions on geoscience and remote sensing,2006,44(11):3363-3373.

[38] DEMIR B,ERTURK S.Hyperspectral image classification using relevance vector machines[J].IEEE geoscience and remote sensing letters,2007,4(4):586-590.

[39] CHI M M,BRUZZONE L.Semisupervised classification of hyperspectral images by SVMs optimized in the primal[J].IEEE transactions on geoscience and remote sensing,2007,45(6):1870-1880.

[40] TUIA D, RATLE F, PACIFICI F, et al. Active learning methods for remote sensing image classification[J]. IEEE transactions on geoscience and remote sensing,2009,47(7):2218-2232.

[41] DI W,CRAWFORD M M.Active learning via multi-view and local proximity Co-regularization for hyperspectral image classification[J]. IEEE journal of selected topics in signal processing,2011,5(3):618-628.

[42] PAL M,FOODY G M.Feature selection for classification of hyperspectral data by SVM[J].IEEE transactions on geoscience and remote sensing, 2010,48(5):2297-2307.

[43] LIAO W Z,PIZURICA A,SCHEUNDERS P,et al.Semisupervised local discriminant analysis for feature extraction in hyperspectral images[J]. IEEE transactions on geoscience and remote sensing, 2013, 51 (1): 184-198.

[44] TARABALKA Y,CHANUSSOT J,BENEDIKTSSON J A.Segmentation and classification of hyperspectral images using watershed transformation [J].Pattern recognition,2010,43(7):2367-2379.

[45] TARABALKA Y, BENEDIKTSSON J A, CHANUSSOT J. Spectral-spatial classification of hyperspectral imagery based on partitional clustering techniques[J].IEEE transactions on geoscience and remote sensing, 2009,47(8):2973-2987.

[46] HUANG G B,ZHU Q Y,SIEW C K.Extreme learning machine:a new

learning scheme of feedforward neural networks[C]//2004 IEEE International Joint Conference on Neural Networks. Budapest, Hungary. IEEE, 2005:985-990.

[47] HUANG G B,CHEN L,SIEW C K.Universal approximation using incremental constructive feedforward networks with random hidden nodes[J]. IEEE transactions on neural networks,2006,17(4):879-892.

[48] BAZI Y,ALAJLAN N,MELGANI F,et al.Differential evolution extreme learning machine for the classification of hyperspectral images[J].IEEE geoscience and remote sensing letters,2014,11(6):1066-1070.

[49] SAMAT A,DU P J,LIU S C,et al. E^2LM:ensemble extreme learning machines for hyperspectral image classification [J]. IEEE journal of selected topics in applied earth observations and remote sensing,2014,7 (4):1060-1069.

[50] LI W,CHEN C,SU H J,et al.Local binary patterns and extreme learning machine for hyperspectral imagery classification[J].IEEE transactions on geoscience and remote sensing,2015,53(7):3681-3693.

[51] ZHOU Y C,PENG J T,CHEN C L P.Extreme learning machine with composite kernels for hyperspectral image classification[J].IEEE journal of selected topics in applied earth observations and remote sensing,2015, 8(6):2351-2360.

[52] XIA J S,DALLA M M,CHANUSSOT J,et al.Random subspace ensembles for hyperspectral image classification with extended morphological attribute profiles [J]. IEEE transactions on geoscience and remote sensing,2015,53(9):4768-4786.

[53] LÓPEZ-FANDIÑO J,QUESADA-BARRIUSO P,HERAS D B,et al.Efficient ELM-based techniques for the classification of hyperspectral remote sensing images on commodity GPUs[J].IEEE journal of selected topics in applied earth observations and remote sensing,2015,8(6):2884-2893.

[54] BENCHERIF M A,BAZI Y,GUESSOUM A,et al.Fusion of extreme learning machine and graph-based optimization methods for active classification of remote sensing images[J].IEEE geoscience and remote sensing letters,2015,12(3):527-531.

[55] SHI J M,KU J H.Spectral-spatial classification of hyperspectral image using Distributed Extreme Learning Machine with MapReduce[C]//2017

IEEE 2nd International Conference on Big Data Analysis (ICBDA). Beijing,China.IEEE,2017:714-720.

[56] LV Q,NIU X,DOU Y,et al.Classification of hyperspectral remote sensing image using hierarchical local-receptive-field-based extreme learning machine[J]. IEEE geoscience and remote sensing letters,2016,13(3):434-438.

[57] HINTON G E,SALAKHUTDINOV R R.Reducing the dimensionality of data with neural networks[J].Science,2006,313(5786):504-507.

[58] CHEN Y S,LIN Z H,ZHAO X,et al.Deep learning-based classification of hyperspectral data[J].IEEE journal of selected topics in applied earth observations and remote sensing,2014,7(6):2094-2107.

[59] TAO C,PAN H B,LI Y S,et al.Unsupervised spectral-spatial feature learning with stacked sparse autoencoder for hyperspectral imagery classification[J].IEEE geoscience and remote sensing letters,2015,12(12): 2438-2442.

[60] CHEN Y S,ZHAO X,JIA X P.Spectral-spatial classification of hyperspectral data based on deep belief network[J].IEEE journal of selected topics in applied earth observations and remote sensing,2015,8(6): 2381-2392.

[61] MA X R,WANG H Y,GENG J.Spectral-spatial classification of hyperspectral image based on deep auto-encoder[J].IEEE journal of selected topics in applied earth observations and remote sensing,2016,9(9): 4073-4085.

[62] ROMERO A,GATTA C,CAMPS-VALLS G.Unsupervised deep feature extraction for remote sensing image classification[J].IEEE transactions on geoscience and remote sensing,2016,54(3):1349-1362.

[63] ZHAN Y,HU D,XING H H,et al.Hyperspectral band selection based on deep convolutional neural network and distance density[J].IEEE geoscience and remote sensing letters,2017,14(12):2365-2369.

[64] WU H,PRASAD S.Semi-supervised deep learning using pseudo labels for hyperspectral image classification[J].IEEE transactions on image processing,2018,27(3):1259-1270.

[65] MOU L C,GHAMISI P,ZHU X X.Unsupervised spectral-spatial feature learning via deep residual conv-deconv network for hyperspectral image classification[J].IEEE transactions on geoscience and remote sensing,

2017,56(1):391-406.

[66] WINDRIM L,RAMAKRISHNAN R,MELKUMYAN A,et al.A physics-based deep learning approach to shadow invariant representations of hyperspectral images[J]. IEEE transactions on image processing,2018,27 (2):665-677.

[67] ZHONG Z L,LI J,LUO Z M,et al.Spectral-spatial residual network for hyperspectral image classification:a 3-D deep learning framework[J]. IEEE transactions on geoscience and remote sensing, 2018, 56 (2): 847-858.

[68] JIAO L C, LIANG M M, CHEN H, et al. Deep fully convolutional network-based spatial distribution prediction for hyperspectral image classification[J]. IEEE transactions on geoscience and remote sensing, 2017,55(10):5585-5599.

[69] SINGHAL V,AGGARWAL H K,TARIYAL S,et al.Discriminative robust deep dictionary learning for hyperspectral image classification[J]. IEEE transactions on geoscience and remote sensing, 2017, 55 (9): 5274-5283.

[70] PAN B,SHI Z W,XU X.R-VCANet:a new deep-learning-based hyperspectral image classification method[J].IEEE journal of selected topics in applied earth observations and remote sensing,2017,10(5):1975-1986.

[71] GHAMISI P,HÖFLE B,ZHU X X.Hyperspectral and LiDAR data fusion using extinction profiles and deep convolutional neural network[J].IEEE journal of selected topics in applied earth observations and remote sensing,2017,10(6):3011-3024.

[72] ZHOU X C,LI S L,TANG F,et al.Deep learning with grouped features for spatial spectral classification of hyperspectral images[J].IEEE geoscience and remote sensing letters,2017,14(1):97-101.

[73] LI W,WU G D,ZHANG F,et al.Hyperspectral image classification using deep pixel-pair features[J].IEEE transactions on geoscience and remote sensing,2017,55(2):844-853.

[74] APTOULA E,OZDEMIR M C,YANIKOGLU B.Deep learning with attribute profiles for hyperspectral image classification[J].IEEE geoscience and remote sensing letters,2016,13(12):1970-1974.

[75] CHEN Y S,JIANG H L,LI C Y,et al.Deep feature extraction and classi-

fication of hyperspectral images based on convolutional neural networks [J].IEEE transactions on geoscience and remote sensing,2016,54(10): 6232-6251.

[76] ZHAO W Z,DU S H.Spectral-spatial feature extraction for hyperspectral image classification:a dimension reduction and deep learning approach[J]. IEEE transactions on geoscience and remote sensing, 2016, 54 (8): 4544-4554.

[77] YANG J X,ZHAO Y Q,CHAN J C W.Learning and transferring deep joint spectral-spatial features for hyperspectral classification[J]. IEEE transactions on geoscience and remote sensing,2017,55(8):4729-4742.

[78] LI W,WU G D,DU Q.Transferred deep learning for anomaly detection in hyperspectral imagery[J].IEEE geoscience and remote sensing letters, 2017,14(5):597-601.

[79] ELSHAMLI A,TAYLOR G W,BERG A,et al.Domain adaptation using representation learning for the classification of remote sensing images[J]. IEEE journal of selected topics in applied earth observations and remote sensing,2017,10(9):4198-4209.

[80] MOU L C,GHAMISI P,ZHU X X.Deep recurrent neural networks for hyperspectral image classification[J].IEEE transactions on geoscience and remote sensing,2017,55(7):3639-3655.

[81] TUIA D,PERSELLO C,BRUZZONE L.Domain adaptation for the classi-fication of remote sensing data:an overview of recent advances[J].IEEE geoscience and remote sensing magazine,2016,4(2):41-57.

[82] BRUZZONE L, PRIETO D F.Unsupervised retraining of a maximum likelihood classifier for the analysis of multitemporal remote sensing ima-ges[J].IEEE transactions on geoscience and remote sensing,2001,39(2): 456-460.

[83] BRUZZONE L,COSSU R.A multiple-cascade-classifier system for a ro-bust and partially unsupervised updating of land-cover maps[J].IEEE transactions on geoscience and remote sensing,2002,40(9):1984-1996.

[84] KIM W,CRAWFORD M M.Adaptive classification for hyperspectral image data using manifold regularization kernel machines[J].IEEE transactions on ge-oscience and remote sensing,2010,48(11):4110-4121.

[85] ALAJLAN N,PASOLLI E,MELGANI F,et al.Large-scale image classi-

fication using active learning[J].IEEE geoscience and remote sensing letters,2014,11(1):259-263.

[86] PERSELLO C,BOULARIAS A,DALPONTE M,et al.Cost-sensitive active learning with lookahead:optimizing field surveys for remote sensing data classification [J]. IEEE transactions on geoscience and remote sensing,2014,52(10):6652-6664.

[87] IZQUIERDO-VERDIGUIER E,LAPARRA V,GÓMEZ-CHOVA L,et al.Encoding invariances in remote sensing image classification with SVM [J].IEEE geoscience and remote sensing letters,2013,10(5):981-985.

[88] PERSELLO C,BRUZZONE L.Kernel-based domain-invariant feature selection in hyperspectral images for transfer learning[J].IEEE transactions on geoscience and remote sensing,2016,54(5):2615-2626.

[89] MATASCI G,VOLPI M,TUIA D,et al.Transfer component analysis for domain adaptation in image classification[J].Image and signal processing for remote sensing XVII,2011,8180:125-133.

[90] SUN Z,WANG C,WANG H Y,et al.Learn multiple-kernel SVMs for domain adaptation in hyperspectral data[J]. IEEE geoscience and remote sensing letters,2013,10(5):1224-1228.

[91] MATASCI G,VOLPI M,KANEVSKI M,et al.Semisupervised transfer component analysis for domain adaptation in remote sensing image classification[J].IEEE transactions on geoscience and remote sensing,2015,53 (7):3550-3564.

[92] YANG S Z,LIN M,HOU C P,et al.A general framework for transfer sparse subspace learning[J].Neural computing and applications,2012,21 (7):1801-1817.

[93] ZHANG L F,ZHANG L P,TAO D C,et al.Sparse transfer manifold embedding for hyperspectral target detection[J].IEEE transactions on geoscience and remote sensing,2014,52(2):1030-1043.

[94] CHEN C L P,LIU Z L.Broad learning system:an effective and efficient incremental learning system without the need for deep architecture[J]. IEEE transactions on neural networks and learning systems,2018,29(1): 10-24.

第 2 章 高光谱图像分析研究基础

本章主要介绍高光谱图像分析的基础知识,包括高光谱图像基础、相关的高光谱图像数据集以及本书涉及的深度学习和宽度学习基本理论[1]。第 2.1 节介绍高光谱图像的基础,包括高光谱图像的特点以及相关的理论知识、高光谱图像分析常用的评价指标;第 2.2 节介绍本书所用到的高光谱图像数据集;第 2.3 节介绍深度学习基础,包括深度神经网络的结构及相关学习算法;第 2.4 节介绍宽度学习基础,包括宽度学习的基本结构以及稀疏自动编码器、岭回归理论等相关学习算法。

2.1 高光谱图像基础

本节将从两个方面介绍高光谱图像基础,包括高光谱图像特点和高光谱图像分析评价指标。

2.1.1 高光谱图像特点

高光谱图像具有"图谱合一"的特点,具体如图 2-1 所示,高光谱图像是以三维立方体的形式呈现,包括两维空间维(x 和 y)和一维光谱维(z)。单一像素对应一条密集近似连续的光谱曲线,可以反映高光谱图像的光谱特性。单一波段对应一张灰度图像,可以反映地面物体的空间位置关系。童庆禧院士将高光谱图像技术归结为"这一技术将确定物质或地物性质的光谱与把握其空间和几何关系的图像革命性地结合在一起,也就是说将人们习惯的逻辑思维和形象思维方式统一在一起"[2]。

高光谱图像"图谱合一"的特点,使得利用多种模型来对其描述成为可能。一般地,在对高光谱图像分析之前,需要先选择合适的描述模型,这里选择四种最常见的描述模型进行简单介绍。

(1)图像模型

图像模型可以较为直观地反映高光谱图像的空间特性,可以根据特定的准

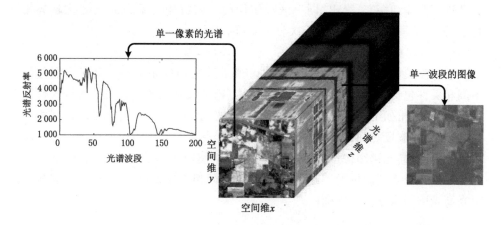

图 2-1　高光谱数据描述模型示意图

则,选择最具代表性的单个波段或者直接利用 RGB 三个波段,构成灰度图像或者彩色图像对整体高光谱图像进行描述。但这种方式不可避免地导致光谱信息的大量缺失。

（2）光谱曲线模型

光谱曲线模型近似连续的光谱曲线,能够反映高光谱图像中每个像素的光谱信息。在真实情况中,光照、湿度等多方面的原因会导致不同类别地物的光谱曲线相近甚至相同,因此仅基于光谱曲线模型的分析方法,仍无法对高光谱图像进行准确描述。

（3）光谱-空间模型

光谱-空间模型通过选择目标像素近邻的若干个像素构成,可以同时描述高光谱图像的光谱和空间信息。

（4）特征向量模型

特征向量模型将每个高光谱图像样本看作高维空间中的一个点,不同类别的样本在该空间中的位置分布不同,也具有不同的离散程度。在这种描述模型中,可以有效结合神经网络、模式识别等众多领域的分析算法。

此外,高光谱图像还具有如下特点:

（1）空间相关性

高光谱图像的空间相关性是指相邻像素之间的相关性。根据地理学第一定律,距离较近的像素之间的相关性较强,进而属于同一类别的概率也就越大。有些文献将空间相关性划分为行和列相关性,以 Indian Pines 高光谱图像的第 50 和第 100 波段为例,利用行列自相关系数作为评价准则,对高光谱图像的空间相关性进行了详细探究,得出"同一波段图像的行列自相关系数曲线变化趋势相近,故同一波段图像的行列自相关性一致"的结论。

（2）谱间相关性

谱间相关性是指同一位置的像素,相邻波段之间的相关性。高光谱图像的谱间相关性包括统计相关性和结构相关性。部分文献以统计相关性为例进行了相关研究,得出如下结论:高光谱图像大部分光谱波段间均具有较强的谱间相关性,少数相邻波段之间的相关性较差,其原因是受大气或水吸收的影响。

综上,对高光谱图像进行分析时,如果直接使用全部的高光谱图像波段,会对分析工作带来负面影响。此外,有效结合空间相关性较强这一特点,能够帮助提高高光谱图像分析的准确性。

2.1.2 高光谱图像分析评价指标

常用于评价特征提取、聚类、分类等任务的指标包括整体分类精度（Overall Accuracy,OA）[3]、使用者精度[4]、平均分类精度（Average Accuracy,AA）[5] 和 Kappa 系数[6]。

（1）整体分类精度[3]

整体分类精度是高光谱图像分析最主要的评价指标之一,其计算方法为被正确分类的像素个数与像素总个数的比值:

$$OA = \frac{\sum_{i=1}^{C} M_i}{N} \tag{2-1}$$

式中,N 表示像素总个数;C 为类别总数;M 为每类被正确分类的像素个数。

（2）使用者及平均分类精度[4-5]

使用者精度可以具体反映每类地物的分类情况,使用者精度的计算方法为第 i 类样本被正确分类的像素的个数与第 i 类像素总个数的比值:

$$UA_i = \frac{M_{ii}}{\sum_{j=1}^{C} M_{ij}} \tag{2-2}$$

平均分类精度是所有类别的使用者精度的平均值:

$$AA = \frac{\sum_{i=1}^{C} UA_i}{C} \tag{2-3}$$

（3）Kappa 系数[6]

Kappa 系数能够更全面地评估分类结果,由被正确分类的像素个数和被错误分类的像素个数综合计算得到。

$$\text{Kappa} = \frac{N \sum_{i=1}^{C} M_{ii} - \sum_{i=1}^{C} (\sum_{j=1}^{C} M_{ij} \sum_{j=1}^{C} M_{ji})}{N^2 - \sum_{i=1}^{C} (\sum_{j=1}^{C} M_{ij} \sum_{j=1}^{C} M_{ji})} \tag{2-4}$$

2.2 高光谱图像数据集

本书涉及的高光谱图像数据集包括 Indian Pines、Salinas、Pavia University 和 Botswana 数据集,本节将分别对它们进行描述。

2.2.1 Indian Pines 数据集

Indian Pines 数据集[7]由 AVIRIS 传感器于 1992 年对美国印第安纳州西北部的农业地区进行拍摄得到,它包括 145×145 个像素、224 个波段,波长范围为 0.4~2.5 μm。该幅图像主要用于农业的相关研究,包括三分之二的农业用地、三分之一的森林和其他天然多年生植被,共包括 16 个类别,分别为 Alfalfa、Corn-notill、Corn-mintill、Corn、Grass-pasture、Grass-trees、Grass-pasture-mowed、Hay-windrowed、Oats、Soybean-notill、Soybean-mintill、Soybean-clean、Wheat、Woods、Buildings-Grass-Trees-Drives 和 Stone-Steel-Towers。其中 Corn、Soybean 和 Crass 三个大类别地物中,分别包含了不同数量的上季度残留作物,小类别间的相似性较强,故而基于此幅图像的分析任务难度较大。图 2-2 和 2-3 分别给出了 Indian Pines 数据集的详细信息和各类地物的光谱反射均值曲线图。

Stone-Steel-Towers (93)
Buildings-Grass-Trees-Drives (386)
Woods (1265)
Wheat (205)
Soybean-clean (593)
Soybean-mintill (2455)
Soybean-notill (972)
Oats (20)
Hay-windrowed (478)
Grass-pasture-mowed (28)
Grass-trees (730)
Grass-pasture (483)
Corn (237)
Corn-mintill (830)
Corn-notill (1428)
Alfalfa (46)

(a) 假彩合成图   (b) 样本信息

图 2-2 Indian Pines 数据集详细信息[7]

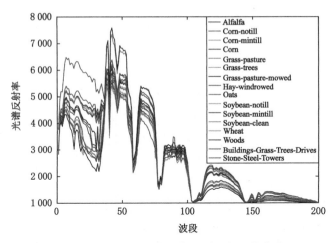

图 2-3　Indian Pines 数据集光谱反射均值曲线

2.2.2　Salinas 数据集

Salinas 数据集同样由 AVIRIS 传感器获取,空间分辨率为 3.7 m,共包括 512×217 个像素、224 个波段,其中水吸收波段为[108-112]、[154-167]和 224。共包括 16 类地物,分别为 Brocoli_green_weeds_1、Brocoli_green_weeds_2、Fallow、Fallow_rough_plow、Fallow_smooth、Stubble、Celery、Grapes_untrained、Soil_vinyard_develop、Corn_senesced_green_weeds、Lettuce_romaine_4wk、Lettuce_romaine_5wk、Lettuce_romaine_6wk、Lettuce_romaine_7wk、Vinyard_untrained 和 Vinyard_vertical_trellis。该幅图像的详细信息和光谱反射均值曲线分别如图 2-4 和图 2-5 所示。

2.2.3　Pavia University 数据集

Pavia University 高光谱图像由 ROSIS 传感器对意大利北部地区的 Pavia 大学拍摄得到,包括 610×340 个像素、103 个波段,空间分辨率为 1.3 m。该幅图像共包括 9 个类别,分别为 Asphalt、Meadows、Gravel、Trees、Painted metal sheets、Bare Soil、Bitumen、Self-Blocking Bricks 和 Shadows。该幅图像的详细信息和光谱反射均值曲线分别如图 2-6 和图 2-7 所示。

2.2.4　Botswana 数据集

Botswana 数据集包括三幅高光谱图像,是由 EO-1 搭载的 Hyperion 传感器对南非 Botswana 的 Okavango 三角洲地区分别于 5 月(BOT5)、6 月(BOT6)

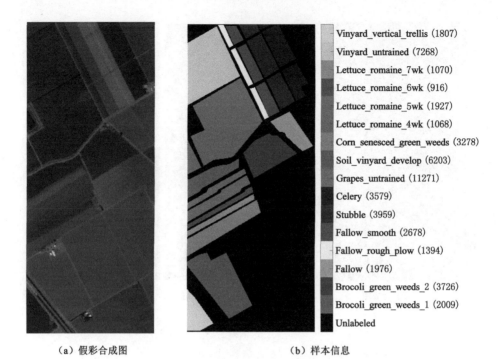

（a）假彩合成图　　　　　　　　　　　　（b）样本信息

图 2-4　Salinas 数据集详细信息[8]

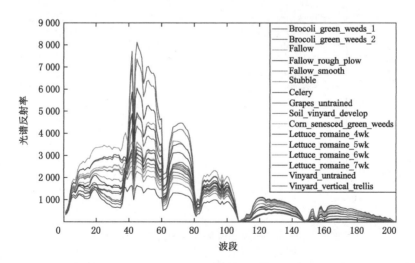

图 2-5　Salinas 数据集光谱反射均值曲线[8]

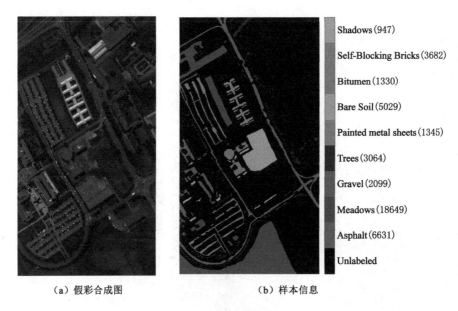

（a）假彩合成图　　　　　　　　（b）样本信息

图 2-6　Pavia University 数据集详细信息[9]

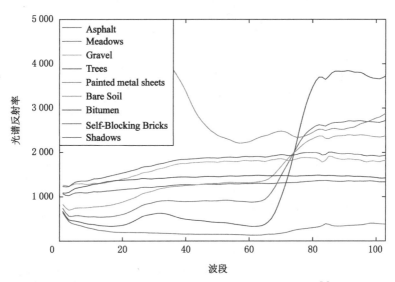

图 2-7　Pavia University 数据集光谱反射均值曲线[9]

和 7 月（BOT7)拍摄得到。三幅图像均包含 1 476×256 个像素、242 个波段，在去除噪声、大气及水吸收和重叠波段后，剩余 145 个波段用于实验。该幅图像的详细样本信息和光谱反射均值曲线分别如表 2-1 和图 2-8 所示。

表 2-1　BOT5、BOT6 和 BOT7 高光谱数据的样本信息

序号	类别名称	BOT5	BOT6	BOT7
1	Exposed Soils	215	229	615
2	Firescar	354	335	433
3	Island Interior	337	370	664
4	Riparian	448	303	438
5	Savanna	330	342	710
6	Short Mopane	239	299	330
7	Primary Floodplain	437	308	584
8	Woodlands	357	324	633
9	Water	297	361	590

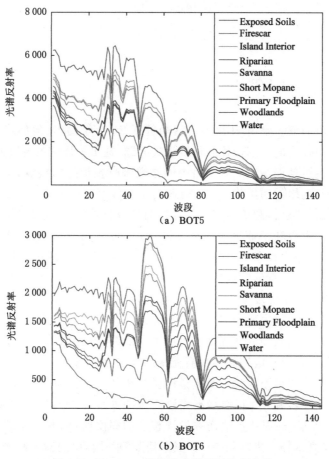

图 2-8　Botswana 数据集光谱反射均值曲线

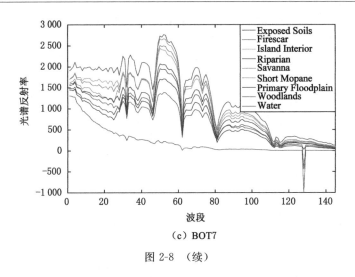

（c）BOT7

图 2-8 （续）

2.3 深度学习基础

深度学习的概念是由 Hinton（辛顿）等于 2006 年提出，他们对深度神经网络训练过程中存在的局部最优和梯度消失问题，提出了详细的解决办法。首先，利用无监督逐层预训练算法对网络中的参数进行预训练。接着，将得到的权值用于深度神经网络的初始化。这么做是为了给深度神经网络一个更接近最优解的初始化状态。最后，利用梯度下降算法对整体网络进行监督训练。这一成果立刻引起了学术界和工业界的广泛关注，与此同时，随着计算机技术的不断发展，许多先进的硬件设备被开发了出来。其中 GPU 设备的进步推动了深度学习算法的发展，其并行的数据处理方式可以极大提高深度学习网络矩阵、卷积运算的效率，使得复杂深度学习框架的训练成为可能，硬件技术的发展也是推动深度学习爆炸式发展的主要原因之一。

深度学习具有较强的非线性映射能力，能够自动提取输入数据的高级抽象特征，近年来已被成功应用到多种高光谱图像分析任务中，如特征提取[10-11]、分类[12-13]等。利用深度学习进行高光谱图像分析的一般性框架[14]如图 2-9 所示，大致可分为 3 个步骤：① 将原始高光谱图像预处理为不同的表示形式，如向量或张量型表示；② 根据特定的任务设计相应的深度网络，并利用训练样本进行训练，然后对测试样本进行预测；③ 根据任务的不同，得到输入高光谱图像不同形式的输出。如对于特征提取任务，深度网络输出的是深度特征；对于分类任务,输出的则是类别预测图。

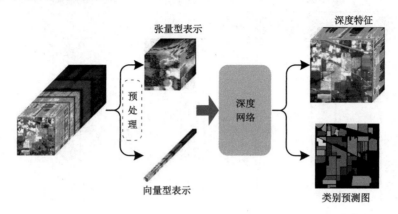

图 2-9　基于深度学习的高光谱图像分析一般性框架

下面将对本书相关的深度学习进行介绍。一般地,深度学习包括深度神经网络结构和对应的学习算法(如反向传播算法和梯度下降算法等)。

2.3.1　深度神经网络

一个深度神经网络一般由多个非线性单元堆叠而成。根据相邻两层神经元的连接方式,可分为全连接型神经网络和局部连接型神经网络。常用的全连接型神经网络包括 SAE[15-16]、深度置信网络(Deep Belief Network,DBN)[17-18]。局部连接型神经网络的典型代表为 CNN。下面将对两种形式的神经网络及其基本组成单元进行介绍。

(1) 全连接型神经网络

这里以 SAE 为例,介绍全连接型神经网络,其网络结构如图 2-10 所示,由多个自动编码器(AE)堆叠而成,每个 AE 包括三个部分:输入层、隐藏层和重构层。值得注意的是,第一个 AE 的输入层为输入数据层,而后面 AE 的输入层为上一个 AE 的隐藏层。下面以第 l 个 AE 为例,介绍 SAE 的前向计算过程。

给定第 l 个自动编码器的输入数据 $\boldsymbol{F}^{l-1}$,首先通过权重 $\boldsymbol{W}^{(l)}$ 和偏置 $\boldsymbol{b}^{(l)}$ 将其映射到隐藏层:

$$\boldsymbol{F}^{(l)} = \sigma(\boldsymbol{F}^{(l-1)}\boldsymbol{W}^{(l)} + \boldsymbol{b}^{(l)}) \qquad (2\text{-}5)$$

其中,$\boldsymbol{F}^{(l)}$ 为第 l 个 AE 的隐藏层特征,同时也是 SAE 的第 l 层特征。$\sigma(\boldsymbol{\cdot})$ 为非线性函数,如 Sigmoid[19]、Relu[20] 等。接着,$\boldsymbol{F}^{(l)}$ 通过权重 $\boldsymbol{W}'^{(l)}$ 和偏置 $\boldsymbol{b}'^{(l)}$ 映射到重构层:

$$\boldsymbol{F}^{(l)} = \sigma(\boldsymbol{F}^{(l)}\boldsymbol{W}'^{(l)} + \boldsymbol{b}'^{(l)}) \qquad (2\text{-}6)$$

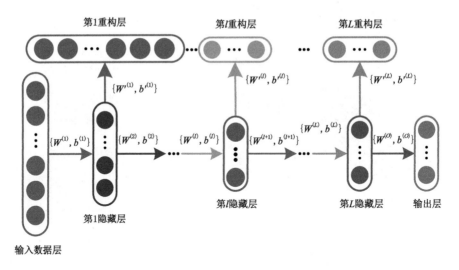

图 2-10 栈式自动编码器结构示意图[15]

其中，$\boldsymbol{F}^{(l)}$ 为重构层特征，其维数与输入数据 $\boldsymbol{F}^{l-1}$ 的维数相同。通过 L 个 AE 的堆叠，可以得到输入数据的多组、多层次非线性特征。一般来说，越深层特征越抽象。最终，SAE 的输出响应 $\boldsymbol{O}$ 可以根据输出层的连接权重 $\boldsymbol{W}^{(O)}$ 和偏置 $\boldsymbol{b}^{(O)}$ 计算得到：

$$\boldsymbol{O} = \sigma(\boldsymbol{F}^{(L)}\boldsymbol{W}^{(O)} + \boldsymbol{b}^{(O)}) \tag{2-7}$$

综上，SAE 的参数包括 $\boldsymbol{\theta}_{SAE} = \{\boldsymbol{\theta}, \boldsymbol{\theta}'\}$，其中 $\boldsymbol{\theta} = \{\boldsymbol{W}^{(1)}, \boldsymbol{b}^{(1)}, \cdots, \boldsymbol{W}^{(O)}, \boldsymbol{b}^{(O)}\}$ 用于计算隐层特征和输出响应，$\boldsymbol{\theta}' = \{\boldsymbol{W}'^{(1)}, \boldsymbol{b}'^{(1)}, \cdots, \boldsymbol{W}'^{(L)}, \boldsymbol{b}'^{(L)}\}$ 用于计算重构特征。SAE 在前向计算过程中只需要用到 $\boldsymbol{\theta}$，则 SAE 整体的计算过程为：

$$\boldsymbol{O} = f_{\theta}(\boldsymbol{X}) \tag{2-8}$$

SAE 的训练过程包括两个部分：无监督逐层预训练和监督微调。无监督逐层预训练用于对 SAE 中的前 L 层参数进行逐层预训练，对于第 l 个 AE，其目标为最小化输入数据与重构特征之间的差异，故其目标函数为：

$$\min_{\boldsymbol{W}^{(l)}, \boldsymbol{b}^{(l)}, \boldsymbol{W}'^{(l)}, \boldsymbol{b}'^{(l)}} \| \boldsymbol{F}^{(l-1)} - \boldsymbol{F}^{(l)} \|_2^2 \tag{2-9}$$

监督微调利用给定的监督信息对网络进行监督训练，其目标函数为：

$$J_{SAE} = \min_{\theta} \| \boldsymbol{O} - \boldsymbol{Y} \|_2^2 \tag{2-10}$$

其中，$\boldsymbol{Y}$ 表示给定的监督信息，对于分类任务，$\boldsymbol{Y}$ 表示样本的标签。

（2）局部连接型神经网络

作为局部连接型神经网络的典型代表,CNN 采用局部连接和权值共享机制。如图 2-11 所示,典型 CNN 由输入层、卷积层(C)、池化层(P)、非线性层(N)、全连接层(F)和输出层(O)组成。

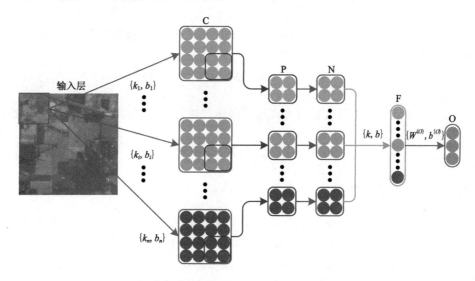

图 2-11　卷积神经网络结构示意图

给定输入数据 $\boldsymbol{X}$,卷积层通过 n 组卷积核和偏置的映射,可以对应得到 n 组卷积特征,则第 i 组卷积特征的计算公式为:

$$\boldsymbol{F}_i^{\mathrm{C}} = \boldsymbol{X} * \boldsymbol{K}_i + \boldsymbol{b}_i \qquad (2\text{-}11)$$

其中,$i=1,\cdots,n$;* 表示卷积操作;$\boldsymbol{F}_i^{\mathrm{C}}$ 表示第 i 组卷积特征;$\boldsymbol{K}_i$ 和 $\boldsymbol{b}_i$ 分别表示第 i 组卷积核和偏置。卷积层后一般与池化层连接,旨在快速降低输入特征图维数的同时增强特征的局部不变性。常见的池化方法包括最大池化[21]、平均池化[22]等。n 组卷积特征经过池化后可以得到 n 组池化特征,则第 i 组池化特征 $\boldsymbol{F}_i^{\mathrm{P}}$ 为:

$$\boldsymbol{F}_i^{\mathrm{P}} = \mathrm{down}(\boldsymbol{F}_i^{\mathrm{C}}) \qquad (2\text{-}12)$$

其中,$\mathrm{down}(\cdot)$ 表示池化操作。为实现非线性表示,降采样层后一般添加非线性层,则对于第 i 组池化特征:

$$\boldsymbol{F}_i^{\mathrm{N}} = \sigma(\boldsymbol{F}_i^{\mathrm{P}}) \qquad (2\text{-}13)$$

其中,$\boldsymbol{F}_i^{\mathrm{N}}$ 表示第 i 组非线性特征;$\sigma(\cdot)$ 为非线性函数。将非线性特征向量化后连接到全连接层:

$$\boldsymbol{F} = \sigma(\boldsymbol{F}^{\mathrm{N}}\boldsymbol{W} + \boldsymbol{b}) \qquad (2\text{-}14)$$

其中,$\boldsymbol{F}^{\mathrm{N}}$ 表示向量化后的非线性特征;$\boldsymbol{W}$ 和 $\boldsymbol{b}$ 分别为全连接层的权重和偏

置;F 表示全连接层特征。输出层用于输出响应向量:

$$O = \sigma(FW^{(O)} + b^{(O)}) \tag{2-15}$$

综上,CNN 实现的整体映射过程为:

$$O = f_\theta(X) \tag{2-16}$$

其中,θ 为 CNN 的参数,具体包括卷积层的 n 组卷积核和偏置,全连接层和输出层的权重和偏置:

$$\theta = \{\underbrace{K_1, b_1, \cdots, K_n, b_n}_{C}, \underbrace{W, b}_{F}, \underbrace{W^{(O)}, b^{(O)}}_{O}\} \tag{2-17}$$

一般地,CNN 通过监督的方式进行整体训练。给定监督信息 Y,则 CNN 的目标函数为:

$$J = \min_{\theta} \|O - Y\|_2^2 \tag{2-18}$$

2.3.2 深度学习算法

常用的深度学习算法包括反向传播算法和梯度下降算法。反向传播算法是链式法则的衍生算法,用于计算给定目标函数关于网络参数的梯度向量。根据反向传播和给定目标函数 J,可以按照从输出层到输入层的方向,分别计算出各参数的梯度向量 $\nabla_\theta J(\theta)$;梯度下降算法则是在计算得到目标函数关于各参数的梯度向量后实现对网络参数的更新。常用方法有梯度下降、随机梯度下降(Stochastic gradient descent,SGD)[23]等。梯度下降对参数的更新方法为:

$$\theta = \theta - \alpha \nabla_\theta E[J(\theta)] \tag{2-19}$$

其中,$E[\cdot]$ 表示期望,通过计算整个训练集的损失和梯度近似得到,α 为学习率,一般来说 $\alpha \in (0,1)$。而 SGD 的更新过程无须计算期望,仅根据少量训练样本上计算得到的梯度对参数进行更新:

$$\theta = \theta - \alpha \nabla_\theta J(\theta; x^{(i)}, y^{(i)}) \tag{2-20}$$

其中,$\{x^{(i)}, y^{(i)}\}$ 分别表示第 i 批训练样本和对应的标签。相比梯度下降,利用 SGD 进行梯度的更新,收敛过程更加稳定且高效。

2.4 宽度学习基础

宽度学习系统(Broad Learning System,BLS)由 Chen 等[1]提出,其基于"平展型"神经网络,因其高效性、结构灵活且可以实现结构增量式学习等优势,引起了广泛的研究兴趣。目前已被应用到众多领域,如图像分类[24]、混沌时间序列分析与预测[25]等。本节将对 BLS 的结构及相关学习算法进行介绍。

2.4.1　宽度神经网络

BLS 源自随机向量函数链网络(Random Vector Functional-Link Network，RVFLNN)[26-27]，无须耗时的训练过程且具有较强的函数逼近能力[28-29]，图 2-12 给出了 RVFLNN 和 BLS 的结构图。由图可知，RVFLNN 由三个部分组成：输入层、增强节点和输出层。其中，输出层同时连接输入层和增强节点(Enhancement Nodes，EN)。与 RVFLNN 相比，BLS 在输入数据映射到 EN 之前，首先映射到映射特征(Mapped Feature，MF)，输出层同时连接 MF 和 EN，故 BLS 具有了两方面的优势：① 结构更加灵活且处理高维数据能力更强；② 相比原始数据，稀疏特征更能挖掘数据的本征信息，故而 BLS 具有更强的泛化能力。

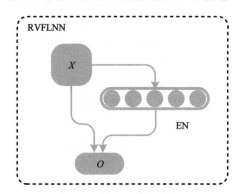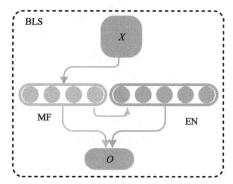

图 2-12　RVFLNN 和 BLS 结构示意图[1]

给定输入数据 $\boldsymbol{X}$，其先后映射到 MF 和 EN 中，其计算公式为：

$$\begin{cases} \boldsymbol{Z} = \boldsymbol{X}\boldsymbol{W}^{\mathrm{M}} \\ \boldsymbol{H} = \sigma(\boldsymbol{Z}\boldsymbol{W}^{\mathrm{E}}) \end{cases} \tag{2-21}$$

其中，$\boldsymbol{Z}$ 和 $\boldsymbol{H}$ 分别表示 MF 和 EN 的特征；$\boldsymbol{W}^{\mathrm{M}}$ 及 $\boldsymbol{W}^{\mathrm{E}}$ 分别为输入 MF 和 MF 到 EN 的连接权重；$\sigma(\cdot)$ 为非线性函数。为增强 MF 中特征的表示能力，Chen 等[1]利用线性稀疏自动编码器对 $\boldsymbol{W}^{\mathrm{M}}$ 进行微调，仅 $\boldsymbol{W}^{\mathrm{E}}$ 为随机生成。输出层同时连接 MF 和 EN，其计算公式为：

$$\boldsymbol{O} = [\boldsymbol{Z} \mid \boldsymbol{H}]\boldsymbol{W}^{O} \tag{2-22}$$

其中，$\boldsymbol{O}$ 为 BLS 的输出响应，$\boldsymbol{W}^{O}$ 为输出层权重。进而，BLS 的目标函数为：

$$\min_{\boldsymbol{W}^O} \|\boldsymbol{O} - \boldsymbol{Y}\|_2^2 + \lambda \|\boldsymbol{W}^{O}\|_2^2 \tag{2-23}$$

其中，$\boldsymbol{Y}$ 为给定监督信息，式(2-23)中第一项为经验风险项，用以降低模型的输出与给定监督信息之间的误差。第二项为结构风险项，用以提高模型的泛化能力，降低过拟合的风险，λ 为该项系数。

2.4.2 宽度学习算法

宽度学习系统在学习过程中涉及的算法包括：① 线性稀疏自动编码器（用于权重 $\boldsymbol{W}^M$ 的微调）；② 岭回归理论（用于求解网络的输出层权重）；③ 增量学习（用于实现网络的增量式学习）[1]。

（1）线性稀疏自动编码器（LSAE）[1]

对于分类等监督学习任务，一般需要首先对输入数据进行适当的表示，以挖掘数据的本征特征，进而提高分类等任务的表现。为提取输入数据的线性稀疏特征，BLS 选择 LSAE 对 $\boldsymbol{W}^M$ 进行微调。给定输入数据 $\boldsymbol{X}$，LSAE 求解如下优化问题：

$$\underset{\boldsymbol{W}^*}{\arg\min} \|\boldsymbol{Z}\boldsymbol{W}^* - \boldsymbol{X}\|_2^2 + \lambda \|\boldsymbol{W}^*\|_1 \tag{2-24}$$

其中，$\boldsymbol{W}^*$ 表示最优解；$\boldsymbol{Z}$ 为所求输入数据的稀疏表示。式（2-24）可以通过多种方法求解，如正交匹配追踪[30-31]、交替方向乘子法（Alternating Direction Method of Multipliers，ADMM）[32-33]、快速迭代收缩阈值算法[34] 等。ADMM 实际上是针对优化算法中的一般分解方法和分散式算法设计，可以有效求解众多涉及 l_1 范数的问题。

式（2-24）可以写为如下形式：

$$\underset{\boldsymbol{w}}{\arg\min} f(\boldsymbol{w}) + g(\boldsymbol{w}) \tag{2-25}$$

其中，$f(\boldsymbol{w}) = \|\boldsymbol{Z}\boldsymbol{w} - \boldsymbol{x}\|_2^2, g(\boldsymbol{w}) = \lambda \|\boldsymbol{w}\|_1$。进一步，根据 ADMM 算法，式（2-25）可以写为：

$$\underset{\boldsymbol{w}}{\arg\min} f(\boldsymbol{w}) + g(\boldsymbol{o})$$
$$\text{s.t. } \boldsymbol{w} - \boldsymbol{o} = \boldsymbol{0} \tag{2-26}$$

其中，$\boldsymbol{o}$ 为引入的辅助变量。进一步，式（2-26）可以通过如下迭代步骤进行求解：

$$\begin{cases} \boldsymbol{w}_{k+1} = [\boldsymbol{Z}^T\boldsymbol{Z} + \rho\boldsymbol{I}]^{-1}(\boldsymbol{Z}^T\boldsymbol{x} + \rho(\boldsymbol{o}_k - \boldsymbol{u}_k)) \\ \boldsymbol{o}_{k+1} = S_{\lambda/\rho}(\boldsymbol{w}_{k+1} + \boldsymbol{u}_k) \\ \boldsymbol{u}_{k+1} = \boldsymbol{u}_k + (\boldsymbol{w}_{k+1} - \boldsymbol{o}_{k+1}) \end{cases} \tag{2-27}$$

其中，$\rho > 0$ 为常量；$\boldsymbol{S}_{\lambda/\rho}$ 为在参数 λ/ρ 情况下的软阈值操作，其定义为：

$$\boldsymbol{S}_{\lambda/\rho}(a) = \begin{cases} a - \lambda/\rho & , a > \lambda/\rho \\ 0 & , |a| \leqslant \lambda/\rho \\ a + \lambda/\rho & , a < -\lambda/\rho \end{cases} \tag{2-28}$$

（2）岭回归理论[35]

给定 BLS 的目标函数如式（2-23）所示，该问题可利用岭回归理论求解，具

体地,通过在矩阵 $[\mathbf{Z}|\mathbf{H}]^{\mathrm{T}}[\mathbf{Z}|\mathbf{H}]$ 或 $[\mathbf{Z}|\mathbf{H}][\mathbf{Z}|\mathbf{H}]^{\mathrm{T}}$ 的对角线上添加一个趋近于 0 的正数来计算广义 Moore-Penrose 逆的近似形式:

$$[\mathbf{Z}\mid\mathbf{H}]^{+}=\lim_{\lambda\to0}(\lambda\mathbf{I}+[\mathbf{Z}\mid\mathbf{H}][\mathbf{Z}\mid\mathbf{H}]^{\mathrm{T}})[\mathbf{Z}\mid\mathbf{H}]^{\mathrm{T}} \tag{2-29}$$

则式(2-23)的解为:

$$\mathbf{W}^{\mathrm{O}}=(\lambda\mathbf{I}+[\mathbf{Z}\mid\mathbf{H}][\mathbf{Z}\mid\mathbf{H}]^{\mathrm{T}})[\mathbf{Z}\mid\mathbf{H}]^{\mathrm{T}}\mathbf{Y} \tag{2-30}$$

(3) 增量学习算法[1]

这里分三种情况对增量学习算法进行介绍,即 EN 增量、MF 增量和输入数据增量:

① EN 增量。如图 2-13 所示,当既定 BLS 无法达到目标精度时,最直接的方法是在网络结构中添加额外的增强节点,设 $\mathbf{A}^{m}=[\mathbf{Z}^{n}|\mathbf{H}^{m}]$,当增加了 p 个节点时:

$$\mathbf{A}^{m+1}=[\mathbf{A}^{m}\mid\sigma(\mathbf{Z}_{n}\mathbf{W}_{h m+1}+\boldsymbol{\beta}_{h m+1})] \tag{2-31}$$

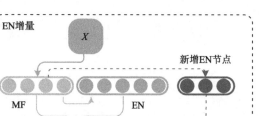

图 2-13　EN 增量的 BLS 示意图[1]

其中,$\mathbf{W}_{h m+1}$ 和 $\boldsymbol{\beta}_{h m+1}$ 分别为 MF 到新增加增强节点的连接权重和偏置,$\mathbf{W}_{h m+1}$ 为随机生成。则:

$$(\mathbf{A}^{m+1})^{+}=\begin{bmatrix}(\mathbf{A}^{m})^{+}-\mathbf{D}\mathbf{B}^{\mathrm{T}}\\\mathbf{B}^{\mathrm{T}}\end{bmatrix} \tag{2-32}$$

其中:

$$\mathbf{D}=(\mathbf{A}^{m})^{+}\sigma(\mathbf{Z}_{n}\mathbf{W}_{h m+1}+\boldsymbol{\beta}_{h m+1}) \tag{2-33}$$

$$\mathbf{B}^{\mathrm{T}}=\begin{cases}(\mathbf{C})^{+} & \text{if } \mathbf{C}\neq\mathbf{0}\\(1+\mathbf{D}^{\mathrm{T}}\mathbf{D})^{-1}\mathbf{B}^{\mathrm{T}}(\mathbf{A}^{m})^{+} & \text{if } \mathbf{C}=\mathbf{0}\end{cases} \tag{2-34}$$

最终,p 个新增的增强节点与输出层的连接权重为:

$$(\mathbf{W}^{m+1})^{+}=\begin{bmatrix}\mathbf{W}^{\mathrm{O}}-\mathbf{D}\mathbf{B}^{\mathrm{T}}\mathbf{Y}\\\mathbf{B}^{\mathrm{T}}\mathbf{Y}\end{bmatrix} \tag{2-35}$$

可以看出,对于因新增节点而增加的连接权重,可以根据既定的权重计算得到,而无须对全部网络参数进行重新训练。

② MF 增量。考虑这样一种常见的情况:由于网络节点个数过少,进而导致了特征表示能力不足。在这种情况下,深度学习常用的解决方法为:首先增加网络的复杂程度,如增加节点个数、网络层数、卷积核个数等;然后对整体网络进行重新训练。但这种方法不可避免地会因重新训练而耗费大量的时间,而 BLS 则可以避免这一种情况。如图 2-14 所示,当 MF 中的节点增加时,无须对既定的 BLS 中参数进行重新训练。

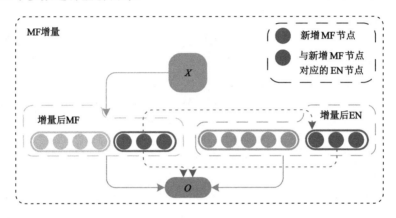

图 2-14　MF 增量的 BLS 示意图[1]

为方便描述,这里将 MF 中的节点分组表示,假设既定 BLS 的 MF 中节点有 n 组,当新增一组节点时:

$$Z_{n+1} = \phi(XW_{en+1} + \beta_{en+1}) \tag{2-36}$$

其中,$\phi(\cdot)$ 为输入 MF 映射过程中的非线性函数。则对应的 EN 为:

$$H_{exm} = \left[\sigma(Z_{n+1}W_{ex1} + \beta_{ex1}), \cdots, \sigma(Z_{n+1}W_{exm} + \beta_{exm})\right] \tag{2-37}$$

其中,W_{exi} 和 β_{exi} 为随机生成。进一步,$A_{n+1}^m = [A_n^m \mid Z_{n+1} \mid H_{exm}]$,且对应的广义逆为:

$$(A_{n+1}^m)^+ = \begin{bmatrix} (A_n^m)^+ - DB^T \\ B^T \end{bmatrix} \tag{2-38}$$

其中:

$$D = (A_n^m)^+ \left[Z_{n+1} \mid H_{exm}\right] \tag{2-39}$$

$$B^T = \begin{cases} (C)^+ & \text{if } C \neq 0 \\ (1 + D^T D)^{-1} B^T (A_n^m)^+ & \text{if } C = 0 \end{cases} \tag{2-40}$$

最后,输出层的权重为:

$$W_{n+1}^m = \begin{bmatrix} W_n^m - DB^{\mathrm{T}}Y \\ B^{\mathrm{T}}Y \end{bmatrix} \tag{2-41}$$

③ 输入增量。如图 2-15 所示,当有新增加的训练样本时,既定的 BLS 需要进行相应的参数更新。设新增的样本为 X_a,A_n^m 为既定 BLS 中包括 n 组特征的 MF 和 m 组节点的 EN,则因新增样本对应的 A_x 为:

$$A_x = [\phi(X_a W_{e1} + \boldsymbol{\beta}_{e1}), \cdots, \phi(X_a W_{en} + \boldsymbol{\beta}_{en}) \mid$$
$$\sigma(Z_x^n W_{h1} + \boldsymbol{\beta}_{h1}), \cdots, \sigma(Z_x^n W_{hm} + \boldsymbol{\beta}_{hm})] \tag{2-42}$$

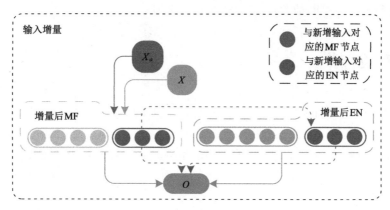

图 2-15　输入增量的 BLS 示意图[1]

其中,Z_x^n 为与 X_a 对应的 MF 增量特征组:

$$Z_x^n = [\phi(X_a W_{e1} + \boldsymbol{\beta}_{e1}), \cdots, \phi(X_a W_{en} + \boldsymbol{\beta}_{en})] \tag{2-43}$$

其中,W_{ei}、W_{hj}、$\boldsymbol{\beta}_{e1}$ 和 $\boldsymbol{\beta}_{hj}$ 为随机生成。对应的 $^x A_n^m$ 为:

$$^x A_n^m = \begin{bmatrix} A_n^m \\ A_x^{\mathrm{T}} \end{bmatrix} \tag{2-44}$$

进一步,对应的广义逆运算为:

$$(^x A_n^m)^+ = [(^x A_n^m)^+ - BD^{\mathrm{T}} \mid B] \tag{2-45}$$

其中:

$$D^{\mathrm{T}} = A_x^{\mathrm{T}} A_m^{n+} \tag{2-46}$$

$$B^{\mathrm{T}} = \begin{cases} (C)^+ & \text{if } C \neq 0 \\ (1 + D^{\mathrm{T}}D)^{-1}B^{\mathrm{T}}(A_n^m)^+ D & \text{if } C = 0 \end{cases} \tag{2-47}$$

$$C = A_x^{\mathrm{T}} - D^{\mathrm{T}} A_n^m \tag{2-48}$$

最终,权重更新为:

$$^x W_n^m = W_n^m + (Y_a^{\mathrm{T}} - A_x^{\mathrm{T}} W_n^m)B \tag{2-49}$$

其中,Y_a 为新增样本对应的监督信息。

2.5　本章小结

本章重点介绍了高光谱图像分析的相关知识。首先概述了高光谱图像的特点以及评价指标;然后介绍了本书相关的高光谱图像数据集;接着具体介绍了深度学习和宽度学习的基本知识,是本书研究的基础。

参 考 文 献

［1］ CHEN C L P,LIU Z L.Broad learning system:an effective and efficient incremental learning system without the need for deep architecture［J］.IEEE transactions on neural networks and learning systems,2018,29(1):10-24.

［2］ 谭琨.基于支持向量机的高光谱遥感影像分类研究［D］.徐州:中国矿业大学,2010.

［3］ HE N J,PAOLETTI M E,HAUT J M,et al.Feature extraction with multiscale covariance maps for hyperspectral image classification［J］. IEEE transactions on geoscience and remote sensing,2019,57(2):755-769.

［4］ 张明阳.基于进化优化学习的高光谱特征选择与提取［D］.西安:西安电子科技大学,2018.

［5］ YU C Y,WANG Y L,SONG M P,et al.Class signature-constrained background- suppressed approach to band selection for classification of hyperspectral images［J］.IEEE transactions on geoscience and remote sensing,2019,57(1):14-31.

［6］ 王雪松,程玉虎,孔毅,等.高光谱遥感数据降维［M］.北京:科学出版社,2017.

［7］ LI J Y,ZHANG H Y,ZHANG L P.Efficient superpixel-level multitask joint sparse representation for hyperspectral image classification［J］.IEEE transactions on geoscience and remote sensing,2015,53(10):5338-5351.

［8］ PENG J T,SUN W W,DU Q.Self-paced joint sparse representation for the classification of hyperspectral images［J］.IEEE transactions on geoscience and remote sensing,2019,57(2):1183-1194.

[9] SU H J,ZHAO B,DU Q,et al.Kernel collaborative representation with lo-cal correlation features for hyperspectral image classification[J].IEEE transactions on geoscience and remote sensing,2019,57(2):1230-1241.

[10] ZHOU X C,LI S L,TANG F,et al.Deep learning with grouped features for spatial spectral classification of hyperspectral images[J].IEEE geosci-ence and remote sensing letters,2017,14(1):97-101.

[11] LIU B,YU X C,ZHANG P Q,et al.Supervised deep feature extraction for hyperspectral image classification[J].IEEE transactions on geoscience and remote sensing,2018,56(4):1909-1921.

[12] PAOLETTI M E,HAUT J M,FERNANDEZ-BELTRAN R,et al.Deep pyramidal residual networks for spectral-spatial hyperspectral image clas-sification[J].IEEE transactions on geoscience and remote sensing,2019,57(2):740-754.

[13] ALAM F I,ZHOU J,LIEW A W C,et al.Conditional random field and deep feature learning for hyperspectral image classification[J].IEEE transactions on geoscience and remote sensing,2019,57(3):1612-1628.

[14] ZHANG L P,ZHANG L F,DU B.Deep learning for remote sensing data: a technical tutorial on the state of the art[J].IEEE geoscience and remote sensing magazine,2016,4(2):22-40.

[15] WANG X S,MA Y T,CHENG Y H,et al.Heterogeneous domain adapta-tion network based on autoencoder[J].Journal of parallel and distributed computing,2018,117:281-291.

[16] XU J,XIANG L,LIU Q S,et al.Stacked sparse autoencoder(SSAE) for nuclei detection on breast cancer histopathology images[J].IEEE transac-tions on medical imaging,2016,35(1):119-130.

[17] ZHANG X L,WU J.Deep belief networks based voice activity detection [J].IEEE transactions on audio,speech,and language processing,2013,21(4):697-710.

[18] MOHAMED A R,DAHL G E,HINTON G.Acoustic modeling using deep belief networks[J].IEEE transactions on audio,speech,and language processing,2012,20(1):14-22.

[19] LV E H,WANG X S,CHENG Y H,et al.Deep convolutional network based on pyramid architecture[J].IEEE access,2018,6:43125-43135.

[20] XU B,WANG N,CHEN T,et al.Empirical evaluation of rectified activa-

tions in convolutional network[EB/OL].2015:arXiv:1505.00853.https://arxiv.org/abs/1505.00853.pdf.

[21] WANG X S,CHEN C,CHENG Y H,et al.Zero-shot learning based on deep weighted attribute prediction[J].IEEE transactions on systems, man,and cybernetics:systems,2020,50(8):2948-2957.

[22] WANG X S,BAO A C,CHENG Y H,et al.Multipath ensemble convolutional neural network[J].IEEE transactions on emerging topics in computational intelligence,2021,5(2):298-306.

[23] BORDES A,BOTTOU L,GALLINARI P.SGD-QN:careful quasi-Newton stochastic gradient descent[J].Journal of machine learning research,2009,10(3): 1737-1754.

[24] LIU Z L,ZHOU J,CHEN C L P.Broad learning system:feature extraction based on K-means clustering algorithm[C]//2017 4th International Conference on Information,Cybernetics and Computational Social Systems(ICCSS).Dalian, China.IEEE,2017:683-687.

[25] XU M L,HAN M,CHEN C L P,et al.Recurrent broad learning systems for time series prediction[J].IEEE transactions on cybernetics,2020,50 (4):1405-1417.

[26] IGELNIK B,PAO Y H.Stochastic choice of basis functions in adaptive function approximation and the functional-link net[J].IEEE transactions on neural networks,1995,6(6):1320-1329.

[27] CHEN C L P,WAN J Z.A rapid learning and dynamic stepwise updating algorithm for flat neural networks and the application to time-series prediction[J].IEEE transactions on systems,man,and cybernetics,Part B (cybernetics),1999,29(1):62-72.

[28] CHEN C L P,LIU Z L,FENG S.Universal approximation capability of broad learning system and its structural variations[J].IEEE transactions on neural networks and learning systems,2019,30(4):1191-1204.

[29] PAO Y H,PARK G H.Learning and generalization characteristics of the random vector functional-link net[J].Neurocomputing,1994,6(2):163-180.

[30] TROPP J A,GILBERT A C.Signal recovery from random measurements via orthogonal matching pursuit[J].IEEE transactions on information theory,2007,53(12):4655-4666.

[31] WANG J,KWON S,SHIM B.Generalized orthogonal matching pursuit

[J]. IEEE transactions on signal processing, 2012, 60(12): 6202-6216.

[32] ERSEGHE T, ZENNARO D, DALL'ANESE E, et al. Fast consensus by the alternating direction multipliers method [J]. IEEE transactions on signal processing, 2011, 59(11): 5523-5537.

[33] LING Q, SHI W, WU G, et al. DLM: decentralized linearized alternating direction method of multipliers [J]. IEEE transactions on signal processing, 2015, 63(15): 4051-4064.

[34] BECK A, TEBOULLE M. A fast iterative shrinkage-thresholding algorithm for linear inverse problems [J]. SIAM journal on imaging sciences, 2009, 2 (1): 183-202.

[35] HANG R L, LIU Q S, SONG H H, et al. Graph regularized nonlinear ridge regression for remote sensing data analysis [J]. IEEE journal of selected topics in applied earth observations and remote sensing, 2017, 10 (1): 277-285.

第3章 基于监督超图和样本扩充 CNN 的高光谱图像光谱-空间特征提取

　　由于高光谱图像具有波段数多、光谱和空间相关性强以及标记样本有限等特点,高光谱图像分类仍是一个具有挑战性的问题。为此,本章提出了一种基于图嵌入和深度学习的光谱-空间特征提取方法用于高光谱图像分类。针对常规图无法对高光谱图像的复杂流形关系充分描述和光谱域中存在的类内差异和类间相似度较高现象,构造监督类内/类间超图(SWBH)来提取高光谱图像的光谱特征。针对深度学习模型在训练样本有限的情况下难以习得对高光谱图像空间信息充分表示的特征,提出了样本扩充卷积神经网络(SECNN)用以提取高光谱图像的空间特征。最后,通过特征堆叠的方式,整合上述两种特征,得到光谱-空间特征,用于高光谱图像的分类任务。

　　本章结构安排如下:第 3.1 节说明了本章的研究背景;第 3.2 节对所提SWBH-SECNN 进行详细介绍;第 3.3 节给出了实验结果与分析;第 3.4 节对本章内容进行总结。

3.1　研究背景

　　由高光谱传感器获取的高光谱图像(HSI)具有较高的光谱和空间分辨率,对地面物体具有强大的判别能力[1],因此被广泛应用于农业监测[2]、环境分析预测[3]、气候监测[4]等多个领域。高光谱分类是这些应用中常见任务之一,可根据少量的训练样本来确定 HSI 中每个像素的类别。然而,每个 HSI 像素均包含大量的波段,且相邻波段间往往是高度相关的[5]。因此,在 HSI 分类之前,研究有效的特征选择或特征提取[6](FE)算法是非常有必要的[7-8]。

　　特征选择方法是根据一定的搜索策略(如进化计算算法),直接从原始的波段中选择若干波段。Su 等[9]提出了一种粒子群优化系统来优化 HSI 的波段选择,其近似自动运行,只有少量数据独立型参数。Gao 等[10]提出了两种基于蚁群优化的波段选择方法,分别以监督 Jeffreys-Matusita 距离和无监督形体体积作为目标函数。Su 等[11]提出一种萤火虫优化算法的 ELM 框架用于波段选择，该方法将 ELM 的分类精度作为萤火虫算法的目标函数。考虑到特定的搜索策略和决策准则对波段选择的影响较大，无论采用何种方法，通常都会造成巨大的信息损失，故本章的工作基于 FE 进行。

FE 的目标是找到一个投影矩阵将样本变换到一个新的特征子空间中。目前，大量的机器学习算法被用于 HSI 特征提取。如主成分分析（PCA），通过最大化协方差来求解最优投影矩阵。线性判别分析通过最大化类间距离和最小化类内距离来搜索最优投影子空间。成对约束判别分析利用正相关样本和负相关样本构建成对约束，并通过块对齐框架[12]求解目标函数，得到最优投影矩阵。图是通过边连接顶点组成的数据结构，其有助于对集合中对象之间的关系进行建模。因此基于图嵌入的方法适用于 HSI 的 FE。如在局部保持投影[13]中，通过构造 K-nearest 或 ε-ball 邻域图来反映 HSI 像素的局部几何结构，进而定义投影矩阵。Sugiyama[14]提出的局部 Fisher 判别分析（Local Fisher Discriminant Analysis，LFDA）有效结合了 FDA 和 LPP 的思想。有学者提出局部自适应度量学习方法，利用联合最大边际度量学习模型，将全局度量和局部自适应决策约束结合起来。在构造的邻域图中，顶点表示 HSI 像素点，边以相似度约束成对的像素点。非负稀疏保持嵌入（Non-negative Sparse Preserving Embedding，NSPE）[15]采用非负稀疏重构系数作为邻矩阵，使 HSI 像素在特征提取后具有与原始数据相同的非负稀疏重构关系。Wang 等[16]基于 NSPE 提出了非负稀疏半监督最大边缘准则（NS^{3}MMC），Chen 等[17]提出基于无监督稀疏图学习的 HSI FE 方法。边缘 Fisher 分析（Marginal Fisher Analysis，MFA）[18]利用边缘准则对 HSI 进行分析，能够在缩短类内样本距离的同时增加类间样本的距离。然而，MFA 只考虑了相邻点的结构关系，无法有效地对 HSI 的本征结构进行表示，进而对异构区域的分析能力有限。为此，Luo 等[19]提出了局部几何结构 Fisher 分析（Local Geometric Structure Feature Analysis，LGSFA），Li 等[20]提出基于稀疏低秩图的判别分析（Sparse and Low-rank Graph for Discriminant Analysis，SLGDA）。Zhang 等[21]基于块对齐框架，提出多域子空间（Multidomain Subspace，MDS）。然而，传统的图嵌入模型只能捕捉到 HSI 成对像素之间的关系，忽略了成对以外的高阶关系，进而无法挖掘 HSI 复杂的流形关系[22]。一种有效的解决方法是引入超图嵌入[23]，如 Yuan 等[24]将超图嵌入方法引入 HSI 的 FE 中，并构造了空间超图模型。Sun 等[25]提出基于超图嵌入的 HSI 光谱-空间 FE 方法。一般地，超图为无监督模型。Li 等[20]指出：对于 HSI，尤其是高空间分辨率的 HSI，光谱信息表现出类内差异和类间相似性高的特点。因此，无监督方法的判别能力受限。为此，这里引入类内/类间构图准则，以期 HSI 像素在映射到特征子空间后，在类别相同的像素互相靠近的同时，不同类别的像素互相远离。所提 SWBH 有助于提取判别性较强的 HSI 特征，但无法区分波段信息相同的样本。为此，需要进一步研究空间特征提取方法。

大量工作证明，通过引入空间信息能够显著提高 HSI 的分类精度[26]。然而，常用的 HSI 空间特征提取方法如灰度共生矩阵[27]、局部二值模式（LBP）、Gabor 滤波[28]等为浅层算法，仅能够提取特定类型的特征。近年来，深度学习（DL）[29]在机器学习领域引起了广泛的研究兴趣。DL 通过堆叠多个非线性单元构成，能够自动从数据中提取表示性较强的特征，已被成功应用到 HSI 分析中。作为一种典型的深度学习模型，卷积神经网络（CNN）采用局部连接和权值共享机制，减少了深度网络参数的同时，提高了所提特征的鲁棒性。有学者通过逐层训练算法，提出了无监督 CNN 用于 HSI 的特征提取。相比无监督 CNN，监督 CNN 能够提取鲁棒性更强的特征。Makantasis 等[30]结合监督 CNN 和张量表示，实现了 HSI 的光谱-空间分类。然而，监督 CNN 的训练仍然需要大量的标记样本。为此，常见的解决方法有：

（1）减少网络参数或简化网络结构。如 Santara 等[31]提出波段适应光谱-空间特征学习神经网络（BASS-Net）。与常规 CNN 相比，BASS-Net 具有更少的连接权重。对于简化网络结构，Pan 等[32]引入 PCANet，并利用核 PCA 替代 PCA 实现更加复杂的非线性映射。进一步地，通过综合利用滚动导向滤波（RGF）和顶点成分分析网络（VCANet）提出 R-VCANet。值得注意的是，无论是减少网络参数或是简化网络结构，均会造成 DL 表示能力的下降。

（2）样本扩充，如 Li 等[33]提出结合成对像素特征的 CNN（CNN-PPF）以解决标记样本不足的问题。首先，将 HSI 表示为 1D 向量形式，即只考虑了光谱信息。接着，通过对比成对像素之间的类别，生成个数远大于原始训练集的扩充样本集来保证 CNN 中大量参数的充分训练。

为了保证卷积神经网络得到足够的训练，且能提取出具有代表性的空间特征，需要扩展包含空间信息的训练样本。为此，基于高光谱图像的区域近邻表示，提出了基于随机置零机制的样本扩充方法，该方法不仅能够生成远大于原始训练集的扩充集，而且随机零值机制相当于在训练样本中添加噪声，使得训练后的深度模型鲁棒性更强（不仅可以识别无噪声样本，且对噪声样本也具有一定的识别能力）。此外，为以较少的参数增加为代价来获得更具表示性的特性，引入 1×1 卷积核[34]来构造样本扩展卷积神经网络（SECNN）。综上所述，利用超图嵌入和深度学习模型，提出一种 HSI 光谱-空间特征提取方法，该方法可以同时学习 HSI 的光谱和空间特征。本章的主要贡献如下：

（1）构造监督类内/类间超图（SWBH），提取表示性较强的 HSI 光谱特征。

（2）构造样本扩充卷积神经网络（SECNN），提取表征能力较强的 HSI 空间特征。

3.2　光谱-空间特征提取方法

所提用于 HSI 分类的光谱-空间 FE 方法结构如图 3-1 所示，包括 3 个阶段：① 将 HSI 分别转化为光谱向量和空间近邻表示；② 分别利用 SWBH 和 SECNN 提取 HSI 的光谱和空间特征；③ 将提取到的光谱和空间特征进行拼接，得到光谱-空间特征。

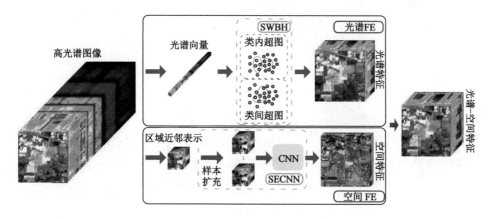

图 3-1　SWBH-SECNN 结构图

SWBH 用于提取 HSI 的光谱特征，其最大化异类像素之间的距离的同时，保持同类像素互相靠近。给定 HSI 的向量表示 $\boldsymbol{X} = [\boldsymbol{x}_1, \cdots, \boldsymbol{x}_N] \in \mathbf{R}^{N \times B}$，定义类内/类间超图 $\boldsymbol{G}^{p,q} = (\boldsymbol{V}^{p,q}, \boldsymbol{E}^{p,q}, \boldsymbol{w}^{p,q})$[35]。其中 $\boldsymbol{V}^{p,q} = \{\boldsymbol{v}_1^{p,q}, \cdots, \boldsymbol{v}_N^{p,q}\} \in \mathbf{R}^{N \times B}$ 分别表示类内和类间超图的顶点集合，N 为样本的个数，B 为波段个数。$\boldsymbol{E}^{p,q} = \{\boldsymbol{e}_1^{p,q}, \cdots, \boldsymbol{e}_M^{p,q}\}$ 分别为类内和类间超图的超边集合。类内超边 $\boldsymbol{e}_j^p$ 由第 j 个样本 K_1 个类别相同的近邻顶点组成，类间超边 $\boldsymbol{e}_j^q$ 由第 j 个样本的 K_2 个类别不同的近邻顶点组成，这里设置 $K_1 = K_2 = K$，$M = K + 1$。$\boldsymbol{w}^p$ 和 $\boldsymbol{w}^q$ 分别表示类内和类间超图的权重矩阵。SWBH 的目标是学习一个映射矩阵 $\boldsymbol{P}$，将输入的 HSI 向量映射到特征子空间：

$$\boldsymbol{z}^{\text{spe}} = \boldsymbol{P}^{\mathrm{T}} \boldsymbol{X} \tag{3-1}$$

其中，$\boldsymbol{z}^{\text{spe}}$ 为提取的光谱特征，$\boldsymbol{P}$ 可以通过求解如下问题得到：

$$\underset{P}{\arg\min} \operatorname{tr}\left[P^{\mathrm{T}}X(L^{\mathrm{p}}-\lambda L^{\mathrm{q}})X^{\mathrm{T}}P\right]$$
$$\text{s.t.} P^{\mathrm{T}}P = I \tag{3-2}$$

其中,λ 为平衡系数,L^{p} 和 L^{q} 分别为类内和类间拉普拉斯矩阵。其计算公式为:

$$L^{\mathrm{p,q}} = D_{\mathrm{v}}^{\mathrm{p,q}} - HW(D_{e}^{\mathrm{p,q}})^{-1}H^{\mathrm{T}} \tag{3-3}$$

其中,$D_{\mathrm{v}}^{\mathrm{p,q}}$ 和 $D_{e}^{\mathrm{p,q}}$ 分别为顶点和超边度量矩阵的对角矩阵,计算方法分别为:

$$\begin{cases} D_{\mathrm{v}}^{\mathrm{p,q}} = \operatorname{diag}(\boldsymbol{\alpha}^{\mathrm{p,q}}) \\ D_{e}^{\mathrm{p,q}} = \operatorname{diag}(\boldsymbol{\beta}^{\mathrm{p,q}}) \end{cases} \tag{3-4}$$

其中,$\boldsymbol{\alpha}^{\mathrm{p,q}}$ 和 $\boldsymbol{\beta}^{\mathrm{p,q}}$ 分别表示顶点和超边度量矩阵,可以通过下式计算得到:

$$\begin{cases} \alpha_i^{\mathrm{p,q}} = \sum_{j=1}^{M} w_i^{\mathrm{p,q}} H_{ij}^{\mathrm{p,q}} \\ \beta_i^{\mathrm{p,q}} = \sum_{j=1}^{M} H_{ij}^{\mathrm{p,q}} \end{cases} \tag{3-5}$$

其中,$H^{\mathrm{p}} \in \mathbf{R}^{|V\mathrm{p}| \times |E\mathrm{p}|}$ 和 $H^{\mathrm{q}} \in \mathbf{R}^{|V\mathrm{q}| \times |E\mathrm{q}|}$ 分别表示类内/类间超图的关联矩阵:

$$H_{ij}^{\mathrm{p,q}} = \begin{cases} 1, & \text{if} v_i^{\mathrm{p,q}} \in e_j^{\mathrm{p,q}} \\ 0, & \text{otherwise.} \end{cases} \tag{3-6}$$

则用于度量像素之间相关性的权重矩阵可以通过下式计算得到:

$$w_i^{\mathrm{p,q}} = \sum_{v\mathrm{p,q} \in e\mathrm{p,q}} \exp\left(-\frac{\|v_j^{\mathrm{p,q}} - v_i^{\mathrm{p,q}}\|_2^2}{\delta^{\mathrm{p,q}}}\right) \tag{3-7}$$

其中,$\delta^{\mathrm{p,q}} = \dfrac{1}{K} \sum\limits_{v\mathrm{p,q} \in e\mathrm{p,q}} \|v_j^{\mathrm{p,q}} - v_i^{\mathrm{p,q}}\|_2^2$。进一步,权重矩阵的对角矩阵为:

$$W^{\mathrm{p,q}} = \operatorname{diag}(w^{\mathrm{p,q}}) \tag{3-8}$$

3.2.2　基于 SECNN 的空间特征提取

通过选择目标像素周围若干个像素,可以构成 HSI 的区域近邻表示。设第 i 个样本 x_i 的区域近邻表示为 $\chi = [\chi_1, \cdots, \chi_N] \in \mathbf{R}^{F_1 \times F_2 \times B \times N}$,其中 B 为波段个数,F_1 和 F_2 分别为单个波段 HSI 的宽和高,这里设置 $F_1 = F_2 = F$。图 3-2 给出了窗口大小为 5×5 的 HSI 区域近邻表示示意图。

如果所有的波段均用于构成 HSI 的区域近邻表示,并将其作为 SECNN 的输入,会存在如下问题:① 波段冗余;② SECNN 网络参数量的大幅度增加。为此,常见的解决方法为利用 PCA 等降维方法,对 HSI 区域近邻表示进行波段维降维,则降维后的 HSI 区域近邻表示为 $\chi' = [\chi'_1, \cdots, \chi'_N] \in \mathbf{R}^{F_1 \times F_2 \times b \times N}$,其中 b

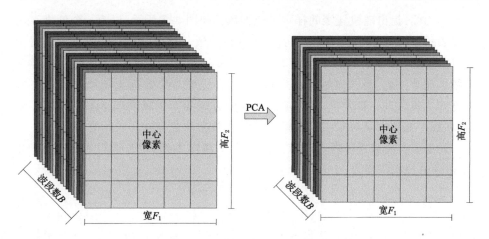

图 3-2　5×5 窗口大小的 HSI 区域近邻表示

为降维后区域近邻表示波段维的维数。

　　基于 SECNN 的空间特征提取框图如图 3-3 所示(以每种层仅包含一层为例),包括训练样本扩充和 CNN 训练两个阶段。其中,CNN 包括卷积层、池化层、非线性层、1×1 卷积层、全连接层和 Softmax 层,所提 HSI 的空间特征为 F1 层中的特征。

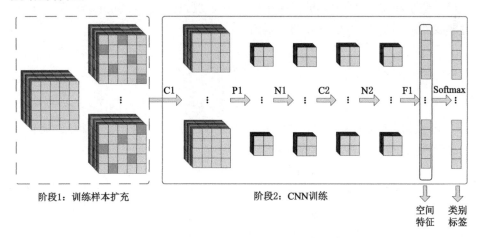

图 3-3　基于 SECNN 的空间特征提取

　　由于 HSI 标记样本获取的困难性,利用 CNN 进行 HSI 特征提取常面临如下矛盾:当选择较少的层次,会导致提取到的特征非线性表示能力有限;而选择的层数较多时,在标记样本有限的情况下,会导致深度网络训练不充分和过拟合现象。为此,提出随机置零的样本扩充方法。如图 3-3 所示,以第 i 个低维区域近邻表示 $\boldsymbol{\chi}'_i \in \mathbf{R}^{F_1 \times F_2 \times b}$ 为例,其若干个随机位置(图中深色位置)的数值设置为 0。这里设置置零数值的个数为 $F_2 \times b$,重复这一过程 F_1 次,即可将训练样本个数扩充 F_1 倍。通过这种方式,可以得到标记样本个数远大于原始训练集的扩充训练集。进一步分析,这种随机置零的方式相当于在训练样本中添加了噪声,利用扩充训练集对 CNN 训练,能够增强模型的鲁棒性和泛化能力。

设第 i 个区域近邻表示对应的第 j 个扩充样本为 $\boldsymbol{\chi}'_{i,j}$,通过卷积层 C1 和 C2 得到的卷积特征为:

$$\begin{cases} \boldsymbol{F}_{i,j}^{\mathrm{C1}} = \boldsymbol{\chi}'_{i,j} * \boldsymbol{K}^{\mathrm{C1}} + \boldsymbol{b}^{\mathrm{C1}} \\ \boldsymbol{F}_{i,j}^{\mathrm{C2}} = \boldsymbol{F}_{i,j}^{\mathrm{N1}} * \boldsymbol{K}^{\mathrm{C2}} + \boldsymbol{b}^{\mathrm{C2}} \end{cases} \tag{3-9}$$

其中,$\boldsymbol{b}^{\mathrm{C1}}$ 和 $\boldsymbol{b}^{\mathrm{C2}}$ 分别表示 C1 层和 C2 层的偏置,$\boldsymbol{K}^{\mathrm{C1}}$ 和 $\boldsymbol{K}^{\mathrm{C2}}$ 为卷积核,$*$ 表示卷积操作,C2 层的卷积核大小为 1×1。卷积层后一般连接池化层,旨在快速降低特征维数的同时增强局部特征不变性。常用的池化方法包括最大池化、平均池化等。鉴于最大池化在大多数应用中的出色表现,这里选择最大池化,则通过池化层 P1 到的特征图为:

$$\boldsymbol{F}_{i,j}^{\mathrm{P1}} = \mathrm{down}(F_{i,j}^{\mathrm{C1}}) \tag{3-10}$$

其中,$\mathrm{down}(\cdot)$ 为最大池化操作。为实现非线性映射,在池化层之后添加非线性层。鉴于在多数 HSI 分析任务中的良好表现,这里选择 Sigmoid 函数,则经过非线性层 N1 和 N2 的特征图分别为:

$$\boldsymbol{F}_{i,j}^{\mathrm{N1}} = \frac{1}{1 + \exp(-\boldsymbol{F}_{i,j}^{\mathrm{P1}})}$$

$$\boldsymbol{F}_{i,j}^{\mathrm{N2}} = \frac{1}{1 + \exp(-\boldsymbol{F}_{i,j}^{\mathrm{P2}})} \tag{3-11}$$

全连接层也是 CNN 的主要构成单元之一,一般添加在多个卷积层、池化层和非线性层后,则通过 F1 层得到的特征为:

$$\boldsymbol{F}_{i,j}^{\mathrm{F1}} = \boldsymbol{W}^{\mathrm{F1}} \boldsymbol{F}_{i,j}^{\mathrm{C2}} + \boldsymbol{b}^{\mathrm{F1}} \tag{3-12}$$

其中,$\boldsymbol{W}^{\mathrm{F1}}$ 和 $\boldsymbol{b}^{\mathrm{F1}}$ 分别为 F1 层的权重和偏置。Softmax 层的神经元个数等于类别个数 C,每个神经元的激活值表示样本被预测到该类别的概率,则 Softmax 分类损失[36](这里仅用于构造 SECNN 的目标函数)的定义为:

$$J(\boldsymbol{W}^{\mathrm{S}}, \boldsymbol{b}^{\mathrm{S}}) = -\frac{1}{bF_2 N} \sum_{m=1}^{bF_2 N} \sum_{n}^{C} 1\{y_m = n\} \log \frac{\mathrm{e}^{\boldsymbol{W}_n^{\mathrm{S}} \boldsymbol{F}_m^{\mathrm{F1}} + b_n^{\mathrm{S}}}}{\sum_{l=1}^{C} \mathrm{e}^{\boldsymbol{W}_n^{\mathrm{S}} \boldsymbol{F}_m^{\mathrm{F1}} + b_l^{\mathrm{S}}}} \tag{3-13}$$

其中,$\boldsymbol{W}^{\mathrm{S}}$ 和 $\boldsymbol{b}^{\mathrm{S}}$ 分别为 Softmax 层的权重和偏置。$1\{\cdot\}$ 为指示函数,其计算方法为:$1\{\text{a true statement}\} = 1$,$1\{\text{a false statement}\} = 0$。CNN 的训练过程包括

两个步骤,前向计算和反向计算。在反向计算时,批量梯度下降算法(BSGD)用于网络中卷积核、权值和偏置的优化。

当利用 SECNN 进行特征提取时,将 F1 层的特征作为所提的 HSI 深度空间特征,则:

$$z^{spa} = F^{F1} \tag{3-14}$$

最终,拼接通过 SWBH 和 SECNN 提取到的特征,得到 HSI 光谱-空间特征 $z = [z^{spe}, z^{spa}]$。

3.3　实验与分析

为验证所提 SWBH-SECNN 算法的性能,在三组真实 HSI 数据集上进行实验,分别为 Indian Pines、Pavia University 和 Salinas。为实现对比,选用 SVM 对提取的 HSI 特征进行监督分类。SVM 的核函数选择为高斯核,并通过五折交叉验证选择最优参数,核函数宽度和惩罚因子的选择范围为 $\{2^{-2}, 2^{-1}, \cdots, 2^{12}\}$。为消除随机因素对实验结果的影响,每组实验重复五次取平均值。实验所用电脑配置为:Core i7-4790 CPU,GTX980 GPU。

3.3.1　HSI 数据集

三组真实 HSI 数据集的详细信息如 2.2 所述。对于 Indian Pines 数据集,共包括 16 类地物,由于其中 7 类所包含样本过少,这里仅选择剩余的 9 类用于实验,分别为:A1:Corn-notill, A2:Corn-mintill, A3:Grass-pasture, A4:Grass-trees, A5: Hay-windrowed, A6: Soybean-notill, A7: Soybean-mintill, A8: Soybean-clean, A9:Woods。对于 Pavia University 数据集,全部 9 个类别的样本用于实验,分别为:L1:Asphalt, L2:Meadows, L3:Gravel, L4:Trees, L5:Painted metal sheets, L6:Bare soil, L7:Bitumen, L8:Self-blocking bricks, L9:Shadows。对于 Sainas 数据集,16 个类别分别为:M1:Brocoli_green_weeds_1, M2:Brocoli_green_weeds_2, M3:Fallow, M4:Fallow_rough_plow, M5:Fallow_smooth, M6:Stubble, M7:Celery, M8:Grapes_untrained, M9:Soil_vinyard_develop, M10:Corn_senesced_green_weeds, M11:Lettuce_romaine_4wk, M12:Lettuce_romaine_5wk, M13:Lettuce_romaine_6wk, M14:Lettuce_romaine_7wk, M15:Vinyard_untrained, M16:Vinyard_vertical_trellis。

3.3.2 参数设置

由 3.2 的描述可知,影响 SWBH-SECNN 表现的参数包括:类内/类间超图的近邻参数、平衡系数、特征子空间维数、窗口大小、学习率和每类训练样本个数。下面将对这些参数进行分析以给出一般性的参数设置。

首先,分析 SWBH 中的近邻参数和平衡系数对 OA 的影响。一般地,较小的 K 可能会导致对数据的流形关系表示不充分,而较大的 K 值则会导致噪声点的连接。平衡系数 λ 用于控制类内和类间超图的贡献。一方面,HSI 不同类地物可能会具有相同的光谱波段,较小的 λ 值意味着类内超图占据主导地位,这会增加 SWBH 对这类样本区分的难度。另一方面,HSI 同类地物也可能存在不同的光谱波段,如果 λ 较大,则会导致 SWBH 对这类地物的识别能力有限。因此,过大或过小的 K 和 λ 均会导致较低的分类精度。图 3-4 给出 OA 与近邻参数和平衡系数之间的关系,由图可知:① 对于 Indian Pines 数据集,当 $\lambda=0.1$、$K=9$ 时,OA 达到最高值;② 对于 Pavia University 数据集,当 $\lambda=0.01$、$K=2$ 时,OA 达到最高值;③ 对于 Salinas 数据集,当 $\lambda=0.7$、$K=7$ 时,OA 达到最高值。综上,在后续的实验中,对于 Indian Pines 数据集选择 $\lambda=0.1$、$K=9$;对于 Pavia University 数据集,选择 $\lambda=0.01$、$K=2$;对于 Salinas 数据集选择 $\lambda=0.7$、$K=7$。

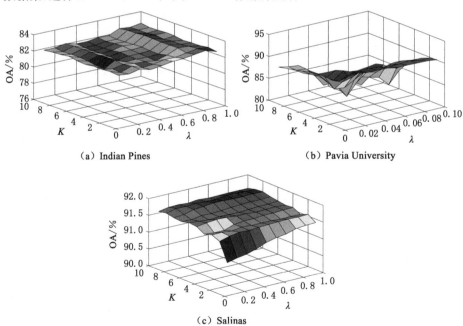

（a）Indian Pines （b）Pavia University

（c）Salinas

图 3-4 K,λ 与 OA 的关系

接着,分析特征子空间维数与 OA 之间的关系,如图 3-5 所示:① 随着特征子空间维数的增加,在三个 HSI 数据集上的 OA 呈先上升后稳定的趋势;② 当特征子空间维数达到 30 时,OA 达到最高值。因此,在后续的实验中,设置特征子空间维数为 30。

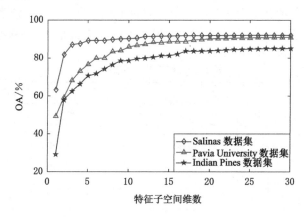

图 3-5 特征子空间维数和 OA 的关系

下面分析窗口大小对 SWBH-SECNN 分类表现的影响。表 3-1 给出在不同窗口大小下 OA 和耗时的比较。由表可知:① 随着窗口大小的增加,OA 逐渐升高,但耗时也相应增加;② 当窗口大小为 17×17 和 21×21 时,OA 非常相近,但较大的窗口会导致更高的计算代价。因此,综合考虑精度和效率,在后续的实验中选择窗口大小为 17×17。

表 3-1　不同窗口大小下的分类性能对比

Indian Pines 数据集				
窗口大小	5×5	9×9	13×13	17×17	21×21
OA/%	78.93	92.09	95.30	97.10	97.70
Time/s	443.07	834.01	1 157.36	1 762.08	2 168.44
Pavia University 数据集				
窗口大小	5×5	9×9	13×13	17×17	21×21
OA/%	91.31	95.77	97.58	99.24	99.27
Time/s	743.56	958.06	1 590.23	2 382.33	2 847.86
Salinas 数据集				
窗口大小	5×5	9×9	13×13	17×17	21×21
OA/%	93.42	95.69	97.25	98.31	98.79
Time/s	2 433.07	4 046.81	5 156.29	7 240.70	9 340.84

SECNN 的网络结构利用 MatConvNet 进行配置,其详细参数如表 3-2 所示,由 6 个特征提取模块和一个 Softmax 层构成。其中,第一个和第三个模块均包括一个卷积层、一个池化层和一个非线性层。第二个和第四个模块包括一个 1×1 卷积层和一个非线性层。最后两个模块分别包括一个卷积层和一个全连接层。值得注意的是,对于 Indian Pines 和 Pavia University 数据集,Softmax 层包括 9 个神经元;对于 Salinas 数据集,Softmax 层包括 16 个神经元。

表 3-2　SECNN 的网络参数

层类型	输入			滤波个数	滤波宽	滤波高	步长	输出			
	宽	高	通道					宽	高	通道	维数
I1								17	17	15	4 335
C1	17	17	15	30	4	4	1	14	14	30	5 880
P1	14	14	30	/	2	2	2	7	7	30	1 470
N1	7	7	30	/	/	/	/	7	7	30	1 470
C2	7	7	30	30	1	1	1	7	7	30	1 470
N2	7	7	30	30	1	1	1	7	7	30	1 470
C3	7	7	30	30	4	4	1	4	4	30	480
P3	4	4	30	/	2	2	2	2	2	30	120
N3	2	2	30	/	/	/	/	2	2	30	120
C4	2	2	30	30	1	1	1	2	2	30	120
N4	2	2	30	/	/	/	/	2	2	30	120
C5	2	2	30	30	2	2	1	1	1	9/16	9/16
Softmax	1	1	9	/	/	/	/	1	1	9/16	9/16

利用 BSGD 对 SECNN 的网络参数进行优化时,学习率不仅决定了收敛速度,而且会显著影响深度模型的表现。图 3-6 给出了 OA 与学习率之间的关系,由图可知:① 当学习率选择适当时,OA 随着迭代次数的增加呈现先上升后稳定的趋势;② 在一定的范围内,较大的学习率不仅会提高收敛速度,也会取得较高的 OA。然而,过大的学习率(如 $\alpha=0.5$)不仅会导致 OA 的降低,而且会出现大幅度的振荡现象。因此,在后续的实验中,三个数据集中均设置 $\alpha=0.1$。

最后,分析每类地物训练样本个数与 OA 之间的关系,如图 3-7 所示。由图可知:① 无论训练样本个数如何选择,SWBH-SECNN 在三个数据集上均取得了最高 OA。这是因为 SWBH-SECNN 同时利用了光谱和空间信息,而 SWBH 和 SECNN 分别只利用了光谱和空间信息;② 对于不同的 HSI 数据集,OA 均

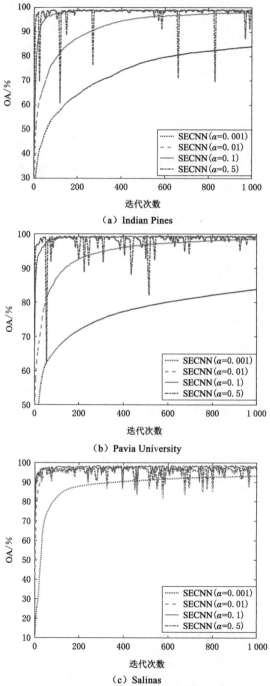

（a）Indian Pines

（b）Pavia University

（c）Salinas

图 3-6　不同学习率下的 OA 收敛曲线

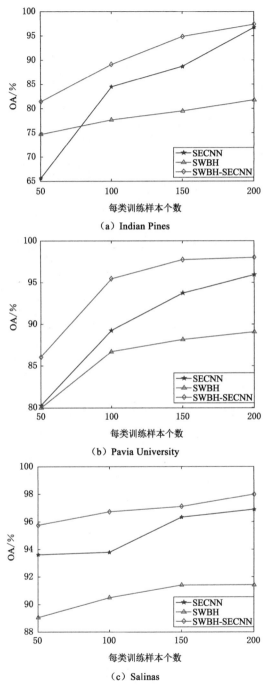

（a）Indian Pines

（b）Pavia University

（c）Salinas

图 3-7　每类训练样本个数与 OA 的关系

会随着训练样本个数的增加而提高,这是因为 SWBH、SECNN 和 SWBH-SECNN 均为监督型算法。

3.3.3　对比实验

为验证 SWBH-SECNN 的表现,进行如下实验:

(1) 选择对比算法:SLGDA[20]、无监督二值超图 (UBH)[24]、SWBH、CNN[30]、BASS-Net[36]、CNN-PPF[37]、R-VCANet[38]、光谱空间深度置信网络 (SS-DBN)[39],以及空间-光谱局部约束的低秩表示和半监督超图 (SSLR-HG)[26]。其中,SWBH 为所提算法的特例。

(2) 图 3-8 给出了每类标记样本个数和所有监督、半监督算法在 Indian Pines 数据集上取得的 OA 之间的关系。由图可知,随着训练样本个数的增加,OA 呈现上升的趋势。出于对精度和效率的综合考虑,在后续的实验中每类随机选择 200 个标记样本用于训练,剩余的样本用于测试。

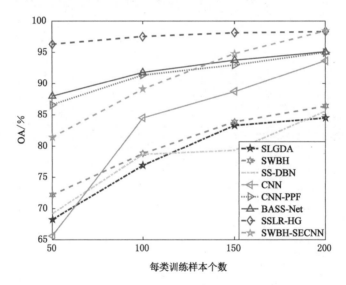

图 3-8　Indian Pines 数据集上每类训练样本个数与 OA 的关系

(3) 浅层的 FE 算法(SLGDA、UBH 和 SWBH)和一个深度学习算法(R-VCANet)实验基于 Matlab 2016a 平台,利用 CPU 训练。

(4) CNN 和 SWBH-SECNN 基于 MatConvNet 工具箱进行试验。

(5) CNN-PPF 和 BASS-Net 分别基于 Tensorflow 和 Torch 平台进行试验。

(6) CNN-PPF、BASS-Net、CNN 和 SWBH-SECNN 利用 GTX980 GPU 实

现加速训练。

选择常用的 AA、OA 和 Kappa 系数和耗时用于评价上述方法的表现。

表 3-3～3-5 给出了不同 FE 算法在三个数据集上的分类表现。

表 3-3　Indian Pines 数据集上不同 FE 方法的性能对比

Surface object	SLGDA	UBH	SWBH	SS-DBN	CNN
A1/%	77.24	79.83	79.62	76.71	92.35
A2/%	78.92	82.89	87.11	82.86	91.43
A3/%	97.93	96.07	97.93	93.99	97.88
A4/%	99.32	99.59	99.59	97.55	99.81
A5/%	100	99.58	99.58	99.28	100
A6/%	82.10	85.60	86.32	88.60	95.21
A7/%	69.94	73.48	74.30	73.84	87.14
A8/%	82.80	90.89	86.17	87.79	98.47
A9/%	98.34	98.97	98.26	92.58	99.53
AA/%	87.40	89.66	89.88	88.13	95.10
OA/%	83.21	85.79	86.13	83.44	93.37
Kappa	0.805 1	0.834 8	0.838 7	0.804 2	0.937
Time/s	8.65	2.88	4.15	357.43	602.45
Surface object	CNN-PPF	BASS-Net	R-VCANet	SSLR-HG	SWBH-SECNN
A1/%	90.64	96.09	96.58	96.74	98.29
A2/%	97.14	96.35	99.84	98.41	99.37
A3/%	99.29	97.88	99.65	99.65	100
A4/%	99.43	100	99.81	100	100
A5/%	100	100	100	100	100
A6/%	97.28	95.60	97.41	96.37	99.61
A7/%	91.00	89.18	95.65	97.47	96.10
A8/%	98.22	98.22	99.49	98.98	100
A9/%	99.81	99.81	99.72	100	99.91
AA/%	96.98	97.01	98.68	98.63	99.25
OA/%	95.01	95.10	97.74	98.12	98.43
Kappa	0.940 3	0.941 5	0.972 9	0.977 4	0.981 1
Time/s	12 399.00	358.31	2 914.14	65 100.74	2 701.94

表 3-4　**Pavia University 数据集上不同 FE 方法的性能对比**

Surface object	SLGDA	UBH	SWBH	SS-DBN	CNN
L1/%	86.65	82.99	87.60	87.60	91.46
L2/%	88.52	90.12	92.41	90.10	97.50
L3/%	85.28	86.14	86.37	89.42	91.57
L4/%	96.77	96.38	94.19	95.78	99.16
L5/%	99.93	99.41	99.70	100	99.91
L6/%	89.80	92.56	92.84	89.44	97.31
L7/%	95.79	95.11	94.89	89.56	94.34
L8/%	84.49	84.79	85.36	88.31	92.53
L9/%	99.79	99.89	100	99.73	99.73
AA/%	91.89	91.93	92.60	92.21	95.95
OA/%	89.30	89.75	91.41	90.28	95.97
Kappa	0.860 9	0.866 6	0.887 5	0.871 2	0.946 1
Time/s	17.48	3.81	5.01	376.20	608.92
Surface object	CNN-PPF	BASS-Net	R-VCANet	SSLR-HG	SWBH-SECNN
L1/%	95.35	97.08	97.59	97.01	99.77
L2/%	97.14	95.81	98.74	98.68	98.78
L3/%	93.94	94.63	97.95	99.76	97.79
L4/%	96.61	97.70	97.80	94.61	100
L5/%	100	100	100	99.85	100
L6/%	95.27	99.65	98.99	99.94	99.79
L7/%	97.79	97.08	99.47	100	100
L8/%	94.43	93.80	97.01	99.29	99.86
L9/%	99.73	99.73	100	96.94	99.87
AA/%	96.70	97.28	98.62	98.45	99.54
OA/%	96.37	96.59	98.42	98.42	99.27
Kappa	0.951 7	0.954 5	0.978 7	0.979 2	0.990 2
Time/s	6 229.00	346.15	9 927.02	419 275.52	2 808.37

表 3-5　**Salinas 数据集上不同 FE 方法的性能对比**

Surface object	SLGDA	UBH	SWBH	SS-DBN	CNN
M1/%	99.25	98.89	99.50	93.20	97.26

表3-5(续)

Surface object	SLGDA	UBH	SWBH	SS-DBN	CNN
M2/%	97.61	99.12	99.69	99.72	96.35
M3/%	99.34	99.21	98.65	98.82	97.47
M4/%	99.64	99.66	99.58	99.75	97.85
M5/%	97.68	97.94	98.26	99.44	96.04
M6/%	98.13	99.36	99.79	99.97	96.99
M7/%	98.66	99.35	99.97	99.53	98.07
M8/%	72.88	75.29	80.86	79.63	89.35
M9/%	98.15	98.15	99.00	99.32	97.47
M10/%	92.80	92.24	94.57	95.94	94.78
M11/%	99.16	97.35	98.85	69.12	97.38
M12/%	99.33	99.71	99.88	98.15	98.55
M13/%	99.67	98.04	99.44	98.46	98.80
M14/%	97.2	98.85	97.13	99.89	97.29
M15/%	70.97	74.36	73.30	85.80	84.89
M16/%	97.84	99.00	99.19	99.50	97.62
AA/%	94.89	95.41	96.10	94.77	96.01
OA/%	89.07	89.92	91.38	92.28	93.85
Kappa	0.878 3	0.887 5	0.903 6	0.913 7	0.931 3
Time/s	25.53	7.79	15.67	821.47	1592.62
Surface object	CNN-PPF	BASS-Net	R-VCANet	SSLR-HG	SWBH-SECNN
M1/%	98.41	98.76	100	100	100
M2/%	98.39	99.19	99.86	100	100
M3/%	98.73	99.24	99.89	100	99.89
M4/%	98.28	98.92	99.83	99.67	99.58
M5/%	97.76	98.92	99.84	98.47	99.76
M6/%	98.28	99.44	100	100	100
M7/%	98.77	99.27	99.88	99.97	99.94
M8/%	87.13	88.15	91.40	99.78	92.55
M9/%	98.77	99.32	99.98	100	99.75
M10/%	98.81	98.23	99.19	98.73	99.77
M11/%	98.97	99.72	99.88	100	99.54
M12/%	99.22	99.74	100	99.36	100
M13/%	99.56	99.89	99.30	98.73	100

表 3-5(续)

Surface object	CNN-PPF	BASS-Net	R-VCANet	SSLR-HG	SWBH-SECNN
M14/%	98.69	99.53	98.39	99.54	100
M15/%	86.30	89.87	92.94	99.66	96.18
M16/%	97.95	98.51	99.88	100	100
AA/%	97.13	97.92	98.77	99.62	99.18
OA/%	94.54	95.61	97.02	99.70	97.77
Kappa	0.939 3	0.951 2	0.966 7	0.996 6	0.975 0
Time/s	21 942.65	673.78	66 247.89	135 903.32	5 340.91

由表可知：

（1）同为基于浅层的 FE 方法（SLGDA、UBH、SWBH 和 SSLR-HG），UBH、SWBH 和 SSLR-HG 的分类精度高于 SLGDA，这是因为超图能够表示数据高阶复杂的流形信息。

（2）同为基于超图的 FE 方法（UBH、SWBH 和 SSLR-HG），分类精度最高的是 SSLR-HG，SWBH 次之。这是因为：类内/类间超图能够解决 HSI 中存在的类内相似度较小和类间相似度较高的问题；相比 SWBH，半监督的 SSLR-HG 不仅利用了大量的无标记样本，且考虑了 HSI 的空间信息。

（3）监督的 FE 算法中，CNN、CNN-PPF、BASS-Net 和 SWBH-SECNN 为深度模型，相比 SLGDA 和 SWBH 能够取得更高的分类精度。SS-DBN 取得了较低的 OA、AA 和 Kappa 系数，这是因为 DBN 为全连接型深度模型，其训练过程需要更多的训练样本支撑。较少的标记样本会导致 DBN 的训练不充分和过拟合现象的发生，进而导致较低的分类精度。

（4）与 CNN 相比，SWBH-SECNN 能够取得更高的 AA、OA 和 Kappa 系数，这得益于样本扩充和光谱信息的充分利用。

（5）SWBH-SECNN 相比 SWBH 能够取得更高的表现，验证了额外考虑空间信息的必要性。

（6）尽管 SSLR-HG 在 Salinas 数据集上取得的 OA 稍高于 SWBH-SECNN，但其耗时远长于 SWBH-SECNN。此外，SSLR-HG 的稳定性不足，如在 Indian Pines 数据集和 Pavia University 数据集上的分类精度较低。

（7）在耗时方面，与 CNN 相比，SWBH-SECNN 的训练集较大，故其耗时较长。但 SWBH-SECNN 相比 CNN 能够取得较高的分类精度。

图 3-9～3-11 清晰地给出了利用 SVM 对不同 FE 方法提取的 HSI 特征进行分类得到的分类效果图。

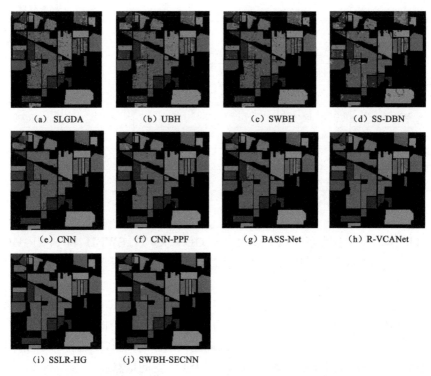

（a）SLGDA　　（b）UBH　　（c）SWBH　　（d）SS-DBN

（e）CNN　　（f）CNN-PPF　　（g）BASS-Net　　（h）R-VCANet

（i）SSLR-HG　　（j）SWBH-SECNN

图 3-9　Indian Pines 数据集上的分类效果图

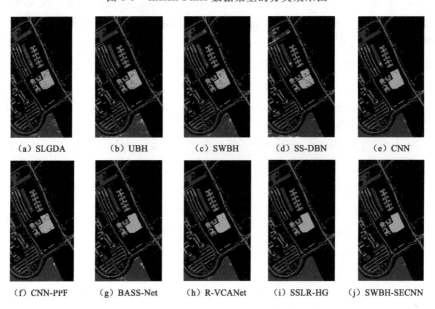

（a）SLGDA　　（b）UBH　　（c）SWBH　　（d）SS-DBN　　（e）CNN

（f）CNN-PPF　　（g）BASS-Net　　（h）R-VCANet　　（i）SSLR-HG　　（j）SWBH-SECNN

图 3-10　Pavia University 数据集上的分类效果图

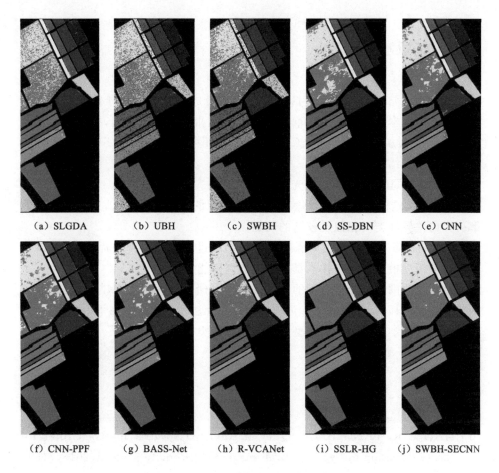

（a）SLGDA　　（b）UBH　　（c）SWBH　　（d）SS-DBN　　（e）CNN

（f）CNN-PPF　　（g）BASS-Net　　（h）R-VCANet　　（i）SSLR-HG　　（j）SWBH-SECNN

图 3-11　Salinas 数据集上的分类效果图

　　以 Indian Pines 数据集为例。SWBH-SECNN 能够更加准确地区分各类地物。其他方法可能会将 Soybean-clean 误分为 Soybean-notill、Soybean-mintill 和 Corn-mintill；将 Soybean-mintill 误分为 Corn-notill、Corn-mintill 和 Soybean-notill；将 Grass-tree 误分为 Hay-windrowed 和 Woods；将 Corn-notill、Corn-mintill、Soybean-notill 和 Soybean-clean 误分为 Soybean-mintill。因此，利用 SWBH-SECNN 对 HSI 进行特征提取并用于分类，能够得到更加清晰、平滑和细节更丰富的分类效果图。

3.4 本章小结

HSI 分类常面临的挑战包括由于相邻波段之间强相关性导致的波段冗余和标记训练样本的缺乏等。本章结合图像嵌入和深度学习模型,提出了一种高光谱特征提取方法(SWBH-SECNN)用于 HSI 的分类。所提 SWBH-SECNN 的主要优点总结如下:

(1) 能够同时提取 HSI 的光谱和空间特征。

(2) 所构造的 SWBH 能够表示高光谱图像的高阶流形关系,进而能有效地解决类内差异和类间相似度较高的问题。

(3) 随机置零方法不仅为深度模型的训练过程提供大量的标记样本,而且学习到的深度模型对噪声样本具有更强的判别能力。

本章主要围绕高光谱图像的特征提取展开研究,所提 SECNN-SWBH 不仅训练过程较为耗时,而且在无标记样本情况下无法使用。为此在下一章中,将基于高效的宽度学习研究无监督型高光谱图像聚类算法。

参考文献

[1] GAO L R, YANG B, DU Q, et al. Adjusted spectral matched filter for target detection in hyperspectral imagery[J]. Remote sensing, 2015, 7(6): 6611-6634.

[2] ONOYAMA H, RYU C, SUGURI M, et al. Integrate growing temperature to estimate the nitrogen content of rice plants at the heading stage using hyperspectral imagery[J]. IEEE journal of selected topics in applied earth observations and remote sensing, 2014, 7(6): 2506-2515.

[3] BRUNET D, SILLS D. A generalized distance transform: theory and applications to weather analysis and forecasting[J]. IEEE transactions on geoscience and remote sensing, 2017, 55(3): 1752-1764.

[4] ISLAM T, HULLEY G C, MALAKAR N K, et al. A physics-based algorithm for the simultaneous retrieval of land surface temperature and emissivity from VIIRS thermal infrared data [J]. IEEE transactions on geoscience and remote sensing, 2017, 55(1): 563-576.

[5] SUN W W, YANG G, DU B, et al. A sparse and low-rank near-isometric linear embedding method for feature extraction in hyperspectral imagery classification[J]. IEEE transactions on geoscience and remote sensing, 2017, 55(7):4032-4046.

[6] HANG R L, LIU Q S, SONG H H, et al. Matrix-based discriminant subspace ensemble for hyperspectral image spatial-spectral feature fusion[J]. IEEE transactions on geoscience and remote sensing, 2016, 54(2):783-794.

[7] HANG R L, LIU Q S, SUN Y B, et al. Robust matrix discriminative analysis for feature extraction from hyperspectral images[J]. IEEE journal of selected topics in applied earth observations and remote sensing, 2017, 10(5):2002-2011.

[8] LIU Q S, ZHOU F, HANG R L, et al. Bidirectional-convolutional LSTM based spectral-spatial feature learning for hyperspectral image classification[J]. Remote sensing, 2017, 9(12):1330.

[9] SU H J, DU Q, CHEN G S, et al. Optimized hyperspectral band selection using particle swarm optimization[J]. IEEE journal of selected topics in applied earth observations and remote sensing, 2014, 7(6):2659-2670.

[10] GAO J W, DU Q, GAO L R, et al. Ant colony optimization-based supervised and unsupervised band selections for hyperspectral urban data classification[J]. Journal of applied remote sensing, 2014, 8(1):085094.

[11] SU H J, CAI Y, DU Q. Firefly-algorithm-inspired framework with band selection and extreme learning machine for hyperspectral image classification[J]. IEEE journal of selected topics in applied earth observations and remote sensing, 2017, 10(1):309-320.

[12] GUAN N Y, TAO D C, LUO Z G, et al. Non-negative patch alignment framework[J]. IEEE transactions on neural networks, 2011, 22(8):1218-1230.

[13] ZHAI Y G, ZHANG L F, WANG N, et al. A modified locality-preserving projection approach for hyperspectral image classification[J]. IEEE geoscience and remote sensing letters, 2016, 13(8):1059-1063.

[14] SUGIYAMA M. Dimensionality reduction of multimodal labeled data by local fisher discriminant analysis [J]. Journal of machine learning research, 2007, 8:1027-1061.

[15] WONG W K. Discover latent discriminant information for dimensionality

reduction:non-negative sparseness preserving embedding[J].Pattern recognition,2012,45(4):1511-1523.

[16] WANG X S, GAO Y, CHENG Y H. A non-negative sparse semi-supervised dimensionality reduction algorithm for hyperspectral data[J]. Neurocomputing,2016,188:275-283.

[17] CHEN P H,JIAO L C,LIU F,et al.Dimensionality reduction of hyperspectral imagery using sparse graph learning[J].IEEE journal of selected topics in applied earth observations and remote sensing,2017,10(3):1165-1181.

[18] YAN S C,XU D,ZHANG B Y,et al.Graph embedding and extensions:a general framework for dimensionality reduction[J].IEEE transactions on pattern analysis and machine intelligence,2007,29(1):40-51.

[19] LUO F L, HUANG H, DUAN Y L, et al. Local geometric structure feature for dimensionality reduction of hyperspectral imagery[J].Remote sensing,2017,9(8):790.

[20] LI W,LIU J B,DU Q.Sparse and low-rank graph for discriminant analysis of hyperspectral imagery[J].IEEE transactions on geoscience and remote sensing,2016,54(7):4094-4105.

[21] ZHANG L P,ZHU X J,ZHANG L F,et al.Multidomain subspace classification for hyperspectral images[J].IEEE transactions on geoscience and remote sensing,2016,54(10):6138-6150.

[22] DU W B,QIANG W W,LV M,et al.Semi-supervised dimension reduction based on hypergraph embedding for hyperspectral images [J]. International journal of remote sensing,2018,39(6):1696-1712.

[23] LUO F L, DU B, ZHANG L P, et al. Feature learning using spatial-spectral hypergraph discriminant analysis for hyperspectral image[J]. IEEE transactions on cybernetics,2019,49(7):2406-2419.

[24] YUAN H L,TANG Y Y.Learning with hypergraph for hyperspectral image feature extraction[J]. IEEE geoscience and remote sensing letters, 2015,12(8):1695-1699.

[25] SUN Y B,WANG S J,LIU Q S,et al.Hypergraph embedding for spatial-spectral joint feature extraction in hyperspectral images[J].Remote sens, 2017,9:506.

[26] LIU Q S,SUN Y B,HANG R L,et al.Spatial-spectral locality-constrained low-rank representation with semi-supervised hypergraph learning for hy-

perspectral image classification[J].IEEE journal of selected topics in applied earth observations and remote sensing,2017,10(9):4171-4182.

[27] SOH L K,TSATSOULIS C.Texture analysis of SAR sea ice imagery using gray level co-occurrence matrices[J].IEEE transactions on geoscience and remote sensing,1999,37(2):780-795.

[28] LI W,DU Q.Gabor-filtering-based nearest regularized subspace for hyperspectral image classification[J].IEEE journal of selected topics in applied earth observations and remote sensing,2014,7(4):1012-1022.

[29] LECUN Y,BENGIO Y,HINTON G.Deep learning[J].Nature,2015,521(7553):436-444.

[30] MAKANTASIS K,KARANTZALOS K,DOULAMIS A,et al.Deep supervised learning for hyperspectral data classification through convolutional neural networks[C]//2015 IEEE International Geoscience and Remote Sensing Symposium(IGARSS).Milan,Italy.IEEE,2015:4959-4962.

[31] SANTARA A,MANI K,HATWAR P,et al.BASS net:band-adaptive spectral-spatial feature learning neural network for hyperspectral image classification[J].IEEE transactions on geoscience and remote sensing,2017,55(9):5293-5301.

[32] PAN B,SHI Z W,ZHANG N,et al.Hyperspectral image classification based on nonlinear spectral-spatial network[J].IEEE geoscience and remote sensing letters,2016,13(12):1782-1786.

[33] LI W,WU G D,ZHANG F,et al.Hyperspectral image classification using deep pixel-pair features[J].IEEE transactions on geoscience and remote sensing,2017,55(2):844-853.

[34] LIN M,CHEN Q,YAN S.Network in network[EB/OL].2013:arXiv:1312.4400.https://arxiv.org/abs/1312.4400.pdf.

[35] GAO Y,WANG X S,CHENG Y H,et al.Dimensionality reduction for hyperspectral data based on class-aware tensor neighborhood graph and patch alignment[J].IEEE transactions on neural networks and learning systems,2015,26(8):1582-1593.

[36] JIN J Q,FU K,ZHANG C S.Traffic sign recognition with hinge loss trained convolutional neural networks[J].IEEE transactions on intelligent transportation systems,2014,15(5):1991-2000.

[37] ROMERO A,GATTA C,CAMPS-VALLS G.Unsupervised deep feature

extraction for remote sensing image classification[J]. IEEE transactions on geoscience and remote sensing,2016,54(3):1349-1362.

[38] PAN B,SHI Z W,XU X. R-VCANet:a new deep-learning-based hyper-spectral image classification method[J]. IEEE journal of selected topics in applied earth observations and remote sensing,2017,10(5):1975-1986.

[39] CHEN Y S,ZHAO X,JIA X P. Spectral-spatial classification of hyper-spectral data based on deep belief network[J]. IEEE journal of selected topics in applied earth observations and remote sensing, 2015, 8 (6): 2381-2392.

第 4 章　基于块对角约束多阶段卷积宽度学习的高光谱图像分类

4.1　引言

　　CNN 具有较强的特征表示能力，但在标记样本有限的情况下，这一能力将在一定程度上受到限制。BLS 具有较为简单且灵活的网络结构，但其提取的线性特征无法对 HSIs 所具备的复杂光谱-空间特性进行充分表征。为此，本书提出一种块对角约束多阶段卷积宽度学习方法（Multi-stage Convolutional Broad Learning with a Block-diagonal Constraint，MSCBL-BD）用于 HSIs 的分类任务，以充分利用 CNN 和 BLS 各自的优势。本部分工作的主要贡献可以总结为：

　　（1）通过组合 CNN 和 BLS，这两种方法的优势可以被同时利用。在标记样本有限的情况下，训练集无法对 HSIs 完整的概率分布进行表征。尽管经过 CNN 提取的特征具有较强的判别能力，但这些特征可能会过拟合于训练集。卷积特征与宽度特征的串联可以看作是精细编码特征与粗糙编码特征的组合，因此相比单独的卷积特征或单独的宽度特征具有更强的泛化能力。

　　（2）在多层 CNN 的特征映射之后，原始 HSIs 中的部分信息不可避免地被丢弃。因此，借助多阶段的卷积特征并通过逐阶段的特征宽度拓展，能够在一定程度上缓解这一信息损失。

　　（3）多阶段的卷积特征和宽度特征往往存在相邻阶段特征间的相似性较高的问题，这会导致特征的冗余现象。为此，所提方法利用一个块对角矩阵来对多阶段的卷积宽度特征施加约束。这不仅可以降低特征的冗余程度，而且可以鼓励网络学习更加多样化的特征，帮助习得更加准确的 HSIs 分类模型。

　　本章余下部分的结构为：4.2 节对所提基于 MSCBL-BD 的 HSIs 分类方法进行了详细介绍；4.3 节给出了在三组常见真实 HSIs 数据集上的实验结果与分析；4.4 节给出了所提方法的讨论。

4.2 基于 MSCBL-BD 的高光谱图像分类

4.2.1 MSCBL-BD 的结构

MSCBL-BD 的结构如图 4-1 所示，主要包括如下部分：

（1）获得 HSI 的低维区域近邻表示。利用 PCA 对原始的 HSIs 进行波段维的降维，并构造 HSIs 的低维区域近邻表示（Neighboring Region Representation，NRR）。

（2）提取多阶段的 CBFs。首先，使用有限的标记样本来预训练三阶段 CNN，并提取 HSIs 多个阶段的卷积特征（Convolutional Features，CFs）。然后，对前两个阶段的特征进行逐通道全局平均池化。接着，对多阶段的 CFs 进行逐阶段宽度拓展来获得多阶段的宽度特征，并将其与 CFs 进行特征维级联，得到多阶段的卷积宽度特征（Convolutional Broad Features，CBFs）。

（3）在多阶段 CBFs 上施加块对角约束。将三个阶段的 CBFs 通过一个块

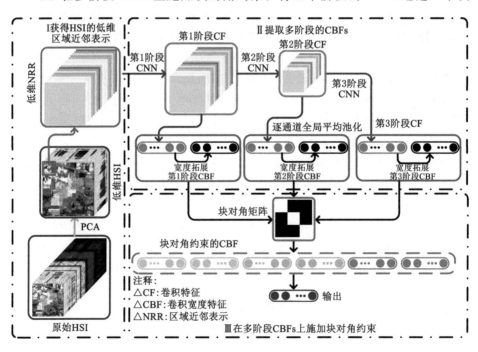

图 4-1　MSCBL-BD 结构图

对角矩阵进行映射以得到块对角约束的 CBFs,使得每个阶段的 CBFs 仅由本阶段的特征进行线性表示。输出层的权重和所需的块对角矩阵可以通过交替方向乘子法(Alternating Direction Method of Multipliers,ADMM)进行优化求解。

4.2.2　CNN 预训练

原始的 HSIs 以 3D 立方体的形式呈现。如果直接将 HSIs 进行向量化处理,不仅会导致维度的大幅度提高,而且会导致数据固有结构的破坏。区域近邻表示是 HSIs 常见的光谱-空间表示方法[1],可通过选择某个像素周围若干个近邻像素构造得到。图 4-2 给出了选择像素周围 24 个近邻像素构成维度为 $5 \times 5 \times B$ 区域近邻表示的示意图,其中,B 表示原始 HSIs 中波段的个数。通过这种表示方法,目标像素和近邻像素的波段信息均能够被同时包含。进一步,如果直接将高维的区域近邻表示作为 CNN 的输入,不仅会存在波段的冗余,而且会导致网络参数的大幅度提高,进而影响 CNN 最终的分类精度。常用的解决方法为对区域近邻表示的波段进行降维操作。这里采用主成分分析(Principal Component Analysis,PCA)来降低 HSIs 区域近邻表示的波段数量。定义一个低维区域近邻表示 $\boldsymbol{\chi} \in \mathbf{R}^{d_1 \times d_2 \times d_3}$ 作为 CNN 的输入数据。其中,d_1、d_2 和 d_3 分别表示宽度、高度和波段数。

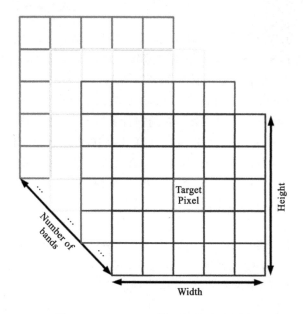

图 4-2　$5 \times 5 \times B$ 区域近邻表示示意图

鉴于全连接层所包含的参数量较大,本章所采用的 CNN 仅包括卷积层、池化层、非线性层和 Softmax 层。输入数据通过卷积核来得到输出的特征,其计算方法为:

$$\boldsymbol{F}^{C} = \boldsymbol{I}^{C} * \boldsymbol{K}^{C} + \boldsymbol{b}^{C} \tag{4-1}$$

其中,$\boldsymbol{b}^{C}$ 为偏置,$\boldsymbol{F}^{C}$ 为卷积层的输出特征,$\boldsymbol{I}^{C}$ 为卷积层的输入数据。对于第一层,输入数据为 HSIs 的区域近邻表示,即 $\boldsymbol{I}_1^{C} = \boldsymbol{\chi}$。$\boldsymbol{K}^{C}$ 表示卷积层的卷积核,$*$ 表示卷积操作。一般来说,卷积层之后一般添加池化层,旨在快速降低特征的维度并提高所提特征的不变性,则经过池化层得到的特征 $\boldsymbol{F}^{P}$ 为:

$$\boldsymbol{F}^{P} = \mathrm{down}(\boldsymbol{I}^{P}) \tag{4-2}$$

其中,$\mathrm{down}(\cdot)$ 表示最大池化操作,$\boldsymbol{I}^{P}$ 表示池化层的输入数据,同时也是前一层卷积层的输出数据。为实现非线性映射,卷积层或者池化层后面一般连接非线性层。这里,选择非线性层的激活函数为 Sigmoid 函数:

$$\boldsymbol{F}^{N} = 1/1 + \exp(-\boldsymbol{I}^{N}) \tag{4-3}$$

其中,$\boldsymbol{I}^{N}$ 表示非线性层的输入数据,同时也是前一个池化层的输出数据。$\boldsymbol{F}^{N}$ 表示非线性层的输出特征。Softmax 函数一般为 CNN 的最后一层,其神经元的个数与类别的个数相等,则 Softmax 函数的定义为[2]:

$$J(\boldsymbol{W}^{S}, \boldsymbol{b}^{S}) = -\frac{1}{N} \sum_{i=1}^{N} \sum_{j=1}^{C} 1\{y_i = j\} \log \frac{e^{\boldsymbol{W}_j^{S} \boldsymbol{I}^{S} + b_j^{S}}}{\sum_{l=1}^{C} e^{\boldsymbol{W}_l^{S} \boldsymbol{I}^{S} + b_l^{S}}} \tag{4-4}$$

其中,N 表示训练样本的个数,C 表示类别的个数,y_i 表示第 i 个样本的标签,$\boldsymbol{W}^{S}$ 和 $\boldsymbol{b}^{S}$ 表示 Softmax 层的权重和偏置。$\boldsymbol{I}^{S}$ 表示 Softmax 层的输入数据,通过前面多层卷积、池化和非线性层的计算得到。$1\{\cdot\}$ 表示指示函数,其定义为:$1\{a\ true\ statement\} = 1$,and $1\{a\ false\ statement\} = 0$。CNN 的训练过程包括两个部分:前向计算和反向计算。在前向计算过程中,各层依据当前的网络参数来进行计算以得到各层输出;在反向计算过程中,各层权重和偏置的更新通过最小化损失函数。本章选择批量梯度下降算法来对权重和偏置进行更新。

这里,定义一个卷积层、一个池化层和一个非线性层为一个阶段,则通过已训练的 CNN 可以提取到多个阶段的卷积特征:

$$\boldsymbol{F}_i^{\mathrm{stage}} = f(\boldsymbol{\chi} \mid \boldsymbol{\theta}_i) \tag{4-5}$$

其中,$\boldsymbol{F}_i^{\mathrm{stage}}$ 表示第 i 个阶段的特征,$i = 1, \cdots, s$,s 为阶段的数量,$\boldsymbol{\theta}_i = \{\boldsymbol{K}_1^{C}, b_1^{C}, \cdots, \boldsymbol{K}_i^{C}; b_i^{C}\}$ 表示从输入到第 i 个阶段 CNN 的待学习参数集合,包括卷积核和偏置。$f(\cdot)$ 表示 CNN 在参数 $\boldsymbol{\theta}_i$ 下实现的非线性映射。

4.2.3 MSCBL-BD

常规的 BLS 可以看作是一个三层的神经网络,包括一个输入层、一个中间层(由 MF 和 EN 组成)和一个输出层。MF 可通过输入数据经线性稀疏自动编码器优化的权重进行映射得到,但该特征无法对 HSIs 复杂的光谱-空间特性进行充分表征,从而影响最终的分类精度。EN 可以通过对 MF 经随机生成的权重进行映射来实现非线性的宽度拓展。输出层同时连接 MF 和 EN。通过最小化输出层向量与标签向量之间的误差,常规 BLS 的目标函数为:

$$\min_{\boldsymbol{W}_{B}^{m}} \left\| \left[\boldsymbol{Z}_{B} \mid \boldsymbol{H}_{B} \right] \boldsymbol{W}_{B}^{m} - \boldsymbol{Y} \right\|_{2}^{2} + \lambda_{1} \left\| \boldsymbol{W}_{B}^{m} \right\|_{2}^{2} \tag{4-6}$$

其中,第一项为经验风险项,旨在计算模型的输出向量与真实标签向量之间的误差,$\boldsymbol{Y}$ 表示样本的标签,$\| \cdot \|_{2}$ 表示 l_{2} 范数。第二项为结构风险项,用以提高模型的泛化性能。$\boldsymbol{Z}_{B}$ 和 $\boldsymbol{H}_{B}$ 分别表示 MF 和 EN 的特征向量,$\boldsymbol{W}_{B}^{m}$ 为输出层的连接权重,λ_{1} 为结构风险项的系数。式(3-6)可通过岭回归理论进行求解。

由于 BLS 提取的线性特征无法对 HSIs 复杂的光谱-空间特征进行充分表征,所以用 CFs 替换 MF 中的线性系数特征来实现更加复杂的非线性映射。进一步,为降低 CNN 在多层映射过程中存在的信息损失,这里利用 CNN 提取多个阶段的特征并对其分别进行宽度拓展。要给定多阶段特征 $[\boldsymbol{F}_{1}^{stage} \mid \cdots \mid \boldsymbol{F}_{s-1}^{stage} \mid \boldsymbol{F}_{s}^{stage}]$,首先需对前两个阶段的 CFs 进行逐通道全局平均池化操作:

$$\boldsymbol{P}^{stage} = \mathrm{down}^{G}(\boldsymbol{F}^{stage}) \tag{4-7}$$

其中,$\mathrm{down}^{G}(\cdot)$ 表示逐通道全局平均池化操作,以综合每个通道特征图的全局信息。在池化操作后,可得到多个 1D 向量 $\boldsymbol{P}^{stage} = [\boldsymbol{P}_{1}^{stage} \mid \cdots \mid \boldsymbol{P}_{s-1}^{stage}]$,将其与最后一个阶段的 CFs 共同做成多阶段的 $\mathrm{CFs}\boldsymbol{F}^{stage} = [\boldsymbol{P}_{1}^{stage} \mid \cdots \mid \boldsymbol{P}_{s-1}^{stage} \mid \boldsymbol{F}_{s}^{stage}]$。进一步,利用随机权重得到多个阶段 BFs(Multi-stage BFs,MSBFS)$\boldsymbol{H}_{i}^{stage}$:

$$\boldsymbol{H}_{i}^{stage} = \varphi(\boldsymbol{P}_{i}^{stage}\boldsymbol{W}_{i}^{E} + \boldsymbol{b}_{i}^{E}) \tag{4-8}$$

其中,$\varphi(\cdot)$ 为非线性函数,如 Tansig。将 MSCFs 与 MSBFs 进行级联即可得到 MSCBFs A,将其改写为:

$$\begin{aligned} \boldsymbol{A} &= \left[\left[\boldsymbol{P}_{1}^{stage} \mid \boldsymbol{H}_{1}^{stage} \right] \mid \cdots \mid \left[\boldsymbol{P}_{s}^{stage} \mid \boldsymbol{H}_{s}^{stage} \right] \right] \\ &= \left[\boldsymbol{A}_{1}^{stage} \mid \cdots \mid \boldsymbol{A}_{s}^{stage} \right] \end{aligned} \tag{4-9}$$

提高特征间的相互独立性能够帮助学习更准确的分类模型,为此,这里引入块对角约束[3]。在常用的块对角表示方法中,每个样本仅有相同类别的样本进行线性表示,从而增加了不同类样本之间的相互独立性[4-5]。这里,使用一个块对角矩阵 $\boldsymbol{D} = \mathrm{diag}(\boldsymbol{d}_{11}, \cdots, \boldsymbol{d}_{ss})$ 将 MSCBFs 映射到一个特征子空间中,使得每个特征仅有相同阶段的特征进行线性表示。MSCBL-BD 优化如下目标函数:

$$\min_{\boldsymbol{W}^m,\boldsymbol{D}} \left\| (\boldsymbol{AD})\boldsymbol{W}^m - \boldsymbol{Y} \right\|_2^2 + \lambda_1 \left\| \boldsymbol{W}^m \right\|_2^2$$
$$\text{s.t.} \boldsymbol{A} = \boldsymbol{AD}, \boldsymbol{D} = \text{diag}(\boldsymbol{d}_{11}, \cdots, \boldsymbol{d}_{ss}) \tag{4-10}$$

其中，$\boldsymbol{W}^m$ 表示 MSCBL-BD 的输出层权重。进一步考虑误差项 $\boldsymbol{E}$，则式(4-10)可改写为：

$$\min_{\boldsymbol{W}^m,\boldsymbol{D}} \left\| (\boldsymbol{AD})\boldsymbol{W}^m - \boldsymbol{Y} \right\|_2^2 + \lambda_1 \left\| \boldsymbol{W}^m \right\|_2^2$$
$$\text{s.t.} \boldsymbol{A} = \boldsymbol{AD} + \boldsymbol{E}, \boldsymbol{D} = \text{diag}(\boldsymbol{d}_{11}, \cdots, \boldsymbol{d}_{ss}) \tag{4-11}$$

由于绝对的块对角矩阵是非常难以习得的，这里参考文献[6]。假设块对角矩阵非对角线上的元素尽可能地小，从而在增强相同阶段内的连通性的同时，降低不同阶段间的相似性[5]。通过构造两项来实现上述目标：① $\boldsymbol{P} \odot \boldsymbol{D}_F^2$ 用以最小化非对角线元素的值，$\boldsymbol{P} = \boldsymbol{1}_D \boldsymbol{1}_D^T - \widetilde{\boldsymbol{Y}}, \widetilde{\boldsymbol{Y}} = \begin{bmatrix} \boldsymbol{1}_{d_1} \boldsymbol{1}_{d_1}^T & \cdots & 0 \\ \vdots & \ddots & \vdots \\ 0 & \cdots & \boldsymbol{1}_{d_s} \boldsymbol{1}_{d_s}^T \end{bmatrix}$，其中 $\odot$ 表示

Hadamard 点乘，$\|\cdot\|_F$ 表示傅里叶范数，$\boldsymbol{1}_D$ 表示 D 维且元素为 1 的向量；② 构造稀疏项 $\boldsymbol{Q} \odot \boldsymbol{D}_0$ 来增强阶段内部特征的连通性。其中，$\|\cdot\|_0$ 表示 l_0 范数，用以计算矩阵非零元素的个数。$\boldsymbol{Q}_{ij} = \|\boldsymbol{x}_i - \boldsymbol{x}_j\|_2^2$。通过最小化稀疏项，可以使得非对角线上的元素尽可能多地等于 0。由于 l_0 范数的优化过程为 NP 难问题，这里将其替换为放松项 $\|\boldsymbol{Q} \odot \boldsymbol{D}\|_1$，其中 $\|\cdot\|_1$ 表示 l_1 范数，则式(4-11)可以改写为：

$$\min_{\boldsymbol{W}^m,\boldsymbol{D},\boldsymbol{E}} \frac{1}{2} \left\| (\boldsymbol{AD})\boldsymbol{W}^m - \boldsymbol{Y} \right\|_2^2 + \frac{\lambda_1}{2} \left\| \boldsymbol{W}^m \right\|_2^2 + \frac{\lambda_2}{2} \left\| \boldsymbol{P} \odot \boldsymbol{D} \right\|_F^2 +$$
$$\lambda_3 \left\| \boldsymbol{Q} \odot \boldsymbol{D} \right\|_1 + \lambda_4 \left\| \boldsymbol{E} \right\|_{2,1} + \lambda_5 \left\| \boldsymbol{D} \right\|_* \tag{4-12}$$
$$\text{s.t.} \boldsymbol{A} = \boldsymbol{AD} + \boldsymbol{E}$$

其中，$\lambda_2 \sim \lambda_4$ 为平衡系数，$\|\boldsymbol{D}\|_*$ 用来挖掘潜在的相关性模式[7]，$\|\cdot\|_*$ 表示核范数。由于 l_1 范数和核范数的求解困难，引入辅助变量 $\boldsymbol{M}$ 和 $\boldsymbol{N}$，则式(4-12)可改写为：

$$\min_{\boldsymbol{W}^m,\boldsymbol{D},\boldsymbol{E},\boldsymbol{N},\boldsymbol{M}} \frac{1}{2} \left\| (\boldsymbol{AD})\boldsymbol{W}^m - \boldsymbol{Y} \right\|_2^2 + \frac{\lambda_1}{2} \left\| \boldsymbol{W}^m \right\|_2^2 +$$
$$\frac{\lambda_2}{2} \left\| \boldsymbol{P} \odot \boldsymbol{D} \right\|_F^2 + \lambda_3 \left\| \boldsymbol{Q} \odot \boldsymbol{M} \right\|_1 + \lambda_4 \left\| \boldsymbol{E} \right\|_{2,1} + \lambda_5 \left\| \boldsymbol{N} \right\|_* \tag{4-13}$$
$$\text{s.t.} \boldsymbol{A} = \boldsymbol{AD} + \boldsymbol{E}, \boldsymbol{M} = \boldsymbol{D}, \boldsymbol{N} = \boldsymbol{D}$$

式(4-13)可通过 ADMM 算法进行求解[5]，则增广拉格朗日表达式为：

$$L(\boldsymbol{W}^m, \boldsymbol{D}, \boldsymbol{E}, \boldsymbol{N}, \boldsymbol{M}, \boldsymbol{C}_1, \boldsymbol{C}_2, \boldsymbol{C}_3)$$

$$= \frac{1}{2} \| (\boldsymbol{A}\boldsymbol{D})\boldsymbol{W}^m - \boldsymbol{Y} \|_F^2 + \frac{\lambda_1}{2} \| \boldsymbol{W}^m \|_F^2 + \frac{\lambda_2}{2} \| \boldsymbol{P} \odot \boldsymbol{D} \|_F^2 +$$

$$\lambda_3 \| \boldsymbol{Q} \odot \boldsymbol{M} \|_1 + \lambda_4 \| \boldsymbol{E} \|_{2,1} + \lambda_5 \| \boldsymbol{N} \|_* + \tag{4-14}$$

$$\langle \boldsymbol{C}_1, \boldsymbol{A} - \boldsymbol{A}\boldsymbol{D} - \boldsymbol{E} \rangle + \langle \boldsymbol{C}_2, \boldsymbol{M} - \boldsymbol{D} \rangle + \langle \boldsymbol{C}_3, \boldsymbol{N} - \boldsymbol{D} \rangle +$$

$$\frac{\mu}{2} (\| \boldsymbol{A} - \boldsymbol{A}\boldsymbol{D} - \boldsymbol{E} \|_F^2 + \| \boldsymbol{M} - \boldsymbol{D} \|_F^2 + \| \boldsymbol{N} - \boldsymbol{D} \|_F^2)$$

其中，$\boldsymbol{C}_1$、$\boldsymbol{C}_2$ 和 $\boldsymbol{C}_3$ 分别为拉格朗日乘子，均为中间变量。此外，$\langle \boldsymbol{C}_1, \boldsymbol{A} - \boldsymbol{A}\boldsymbol{D} - \boldsymbol{E} \rangle = \mathrm{tr}(\boldsymbol{C}_1^{\mathrm{T}}(\boldsymbol{A} - \boldsymbol{A}\boldsymbol{D} - \boldsymbol{E}))$，$\mu > 0$ 为惩罚参数。每个变量可以通过交替迭代的方式来求得最优解，每个变量详细的计算过程如下。

（1）更新 $\boldsymbol{W}^m$。固定其余变量，则 $\boldsymbol{W}^m$ 的更新过程等价于求解如下目标函数：

$$L = \min_{\boldsymbol{W}^m} \frac{1}{2} \| (\boldsymbol{A}\boldsymbol{D})\boldsymbol{W}^m - \boldsymbol{Y} \|_F^2 + \frac{\lambda_1}{2} \| \boldsymbol{W}^m \|_F^2 \tag{4-15}$$

计算式（4-15）关于 $\boldsymbol{W}^m$ 的倒数并使其为零，即可得到 $\boldsymbol{W}^m$ 的封闭解：

$$\boldsymbol{W}^{m,(t+1)} = (\boldsymbol{D}^{\mathrm{T},(t)} \boldsymbol{A}^{\mathrm{T},(t)} \boldsymbol{A}\boldsymbol{D}^{(t)} + \lambda_1 \boldsymbol{I})^{-1} \boldsymbol{D}^{\mathrm{T},(t)} \boldsymbol{A}^{\mathrm{T}} \boldsymbol{Y} \tag{4-16}$$

（2）更新 $\boldsymbol{D}$。当其余变量固定时，式（4-14）关于 $\boldsymbol{D}$ 的表达式为：

$$L = \min_{\boldsymbol{D}} \frac{1}{2} \| (\boldsymbol{A}\boldsymbol{D})\boldsymbol{W}^{m,(t+1)} - \boldsymbol{Y} \|_F^2 + \frac{\lambda_2}{2} \| \boldsymbol{P}^{(t)} \odot \boldsymbol{D} \|_F^2 +$$

$$\langle \boldsymbol{C}_1^{(t)}, \boldsymbol{A} - \boldsymbol{A}\boldsymbol{D} - \boldsymbol{E}^{(t)} \rangle + \langle \boldsymbol{C}_2^{(t)}, \boldsymbol{M}^{(t)} - \boldsymbol{D} \rangle +$$

$$\langle \boldsymbol{C}_3^{(t)}, \boldsymbol{N}^{(t)} - \boldsymbol{D} \rangle + \frac{\mu^{(t)}}{2} (\| \boldsymbol{A} - \boldsymbol{A}\boldsymbol{D} - \boldsymbol{E}^{(t)} \|_F^2 +$$

$$\| \boldsymbol{M}^{(t)} - \boldsymbol{D} \|_F^2 + \| \boldsymbol{N}^{(t)} - \boldsymbol{D} \|_F^2)$$

$$= \frac{1}{2} \| (\boldsymbol{A}\boldsymbol{D})\boldsymbol{W}^{m,(t+1)} - \boldsymbol{Y} \|_F^2 + \frac{\lambda_2}{2} \| \boldsymbol{P}^{(t)} \odot \boldsymbol{D} \|_F^2 +$$

$$\frac{\mu^{(t)}}{2} (\| \boldsymbol{A} - \boldsymbol{A}\boldsymbol{D} - \boldsymbol{E}^{(t)} + \frac{\boldsymbol{C}_1^{(t)}}{\mu^{(t)}} \|_F^2 + \tag{4-17}$$

$$\| \boldsymbol{M}^{(t)} - \boldsymbol{D} + \frac{\boldsymbol{C}_2^{(t)}}{\mu^{(t)}} \|_F^2 + \| \boldsymbol{N}^{(t)} - \boldsymbol{D} + \frac{\boldsymbol{C}_3^{(t)}}{\mu^{(t)}} \|_F^2)$$

$$= \frac{1}{2} \| (\boldsymbol{A}\boldsymbol{D})\boldsymbol{W}^{m,(t+1)} - \boldsymbol{Y} \|_F^1 + \frac{\lambda_2}{2} \| \boldsymbol{D} - \boldsymbol{R} \|_F^2 +$$

$$\frac{\mu^{(t)}}{2} (\| \boldsymbol{A} - \boldsymbol{A}\boldsymbol{D} - \boldsymbol{E}^{(t)} + \frac{\boldsymbol{C}_1^{(t)}}{\mu^{(t)}} \|_F^2 +$$

$$\| \boldsymbol{M}^{(t)} - \boldsymbol{D} + \frac{\boldsymbol{C}_2^{(t)}}{\mu^{(t)}} \|_F^2 + \| \boldsymbol{N}^{(t)} - \boldsymbol{D} + \frac{\boldsymbol{C}_3^{(t)}}{\mu^{(t)}} \|_F^2)$$

其中，$\boldsymbol{R}=\tilde{\boldsymbol{Y}}\odot\boldsymbol{D}^{(t)}$。计算式(4-17)关于 $\boldsymbol{D}$ 的导数并使其为 0，则 $\boldsymbol{D}$ 的最优解为：

$$\boldsymbol{D}^{(t+1)} = \left[\frac{1}{\mu^{(t)}}\boldsymbol{A}^{\mathrm{T}}\boldsymbol{A}\boldsymbol{W}^{m,(t+1)}\boldsymbol{W}^{m,(t+1),\mathrm{T}} + \left(\frac{\lambda_2}{\mu^{(t)}}+2\right)\boldsymbol{I} + \right.$$

$$\left. +\boldsymbol{A}^{\mathrm{T}}\boldsymbol{A}\right]^{-1}\left(\frac{1}{\mu^{(t)}}\boldsymbol{A}^{\mathrm{T}}\boldsymbol{Y}\boldsymbol{W}^{m,(t+1),\mathrm{T}} + \frac{\lambda_2}{\mu^{(t)}}\boldsymbol{R} + \boldsymbol{A}^{\mathrm{T}}\boldsymbol{S}_1 + \boldsymbol{S}_2 + \boldsymbol{S}_5\right) \quad (4\text{-}18)$$

其中，$\boldsymbol{S}_1$、$\boldsymbol{S}_2$ 和 $\boldsymbol{S}_3$ 分别为：$\boldsymbol{S}_1 = \boldsymbol{A} - \boldsymbol{E} + (\boldsymbol{C}_1^{(t)}/\mu^{(t)})$，$\boldsymbol{S}_2 = \boldsymbol{N}^{(t+1)} + (\boldsymbol{C}_2^{t}/\mu^{(t)})$，$\boldsymbol{S}_3 = \boldsymbol{M}^{(t)} + (\boldsymbol{C}_3^{(t)}/\mu^{(t)})$。

（3）更新 $\boldsymbol{N}$。通过固定其余变量，仅求解式(4-14)关于 $\boldsymbol{N}$ 的导数：

$$\boldsymbol{N}^{(t+1)} = \min_{\boldsymbol{N}}\lambda_5\|\boldsymbol{N}\|_* + \langle\boldsymbol{C}_3^{(t)},\boldsymbol{N}-\boldsymbol{D}\rangle + \frac{\mu^{(t)}}{2}\left\|\boldsymbol{N}-\boldsymbol{D}^{(t+1)}\right\|_F^2$$

$$= \lambda_5\|\boldsymbol{N}\|_* + \frac{\mu^{(t)}}{2}\left\|\boldsymbol{N}-\left(\boldsymbol{D}^{(t+1)}-\frac{\boldsymbol{C}_3^{(t)}}{\mu^{(t)}}\right)\right\|_F^2 \quad (4\text{-}19)$$

依据相关工作[8]，上式的解可以通过奇异值阈值操作得到：

$$\boldsymbol{N}^{(t+1)} = \boldsymbol{U}h_{\lambda 5/\mu^{(t)}}\left(\sum\right)\boldsymbol{V}^{\mathrm{T}} \quad (4\text{-}20)$$

其中，$\boldsymbol{U}\sum\boldsymbol{V}^{\mathrm{T}}$ 为 $\boldsymbol{D}^{(t+1)}-\dfrac{\boldsymbol{C}_3^{(t)}}{\mu^{(t)}}$ 的奇异值分解，$h_{\lambda 5/\mu^{(t)}}(\cdot)$ 为软阈值操作：

$$h_\lambda(x) = \begin{cases} x-\lambda, & \text{if } x > \lambda \\ x+\lambda, & \text{if } x < -\lambda \\ 0, & \text{otherwise.} \end{cases} \quad (4\text{-}21)$$

其中，λ 为阈值。

（4）更新 $\boldsymbol{M}$。$\boldsymbol{M}$ 的更新过程等价于求解下面的优化问题：

$$L = \min_{\boldsymbol{M}}\lambda_3\|\boldsymbol{Q}\odot\boldsymbol{M}_1 + \langle\boldsymbol{C}_2^{(t)},\boldsymbol{M}-\boldsymbol{D}^{(t+1)}\rangle + \frac{\mu^{(t)}}{2}\|\boldsymbol{M}-\boldsymbol{D}^{(t+1)}\|_F^2$$

$$= \lambda_3\|\boldsymbol{Q}\odot\boldsymbol{M}\|_1 + \frac{\mu^{(t)}}{2}\left\|\boldsymbol{M}-\left(\boldsymbol{D}^{(t+1)}-\frac{\boldsymbol{C}_2^{(t)}}{\mu^{(t)}}\right)\right\|_F^2 \quad (4\text{-}22)$$

上式可通过点乘机制进行更新，则最优解的表达式如下：

$$\boldsymbol{M}_{i,j}^{(t+1)} = \underset{\boldsymbol{M}_{i,j}}{\operatorname{argmin}}\lambda_3\boldsymbol{Q}_{i,j}|\boldsymbol{M}_{i,j}| + \frac{\mu^{(t)}}{2}(\boldsymbol{Q}_{i,j}-\boldsymbol{K}_{i,j})^2$$

$$= h_{\lambda 3\boldsymbol{Q}_{i,j}/\mu^{(t)}}(\boldsymbol{K}_{i,j}) \quad (4\text{-}23)$$

其中，$\boldsymbol{K}_{i,j} = \boldsymbol{D}_{i,j}^{(t+1)} - ((\boldsymbol{C}_3^{(t)})_{i,j}/u^{(t)})$。

（5）更新 $\boldsymbol{E}$。在固定其余变量后，对式(4-14)进行仅关于 $\boldsymbol{E}$ 的改写：

$$L = \min_{\boldsymbol{E}}\lambda_4\|\boldsymbol{E}\|_{2,1} + \langle\boldsymbol{C}_1^{(t)},\boldsymbol{A}-\boldsymbol{A}\boldsymbol{D}^{(t+1)}-\boldsymbol{E}\rangle + \frac{\mu^{(t)}}{2}\|\boldsymbol{A}-\boldsymbol{A}\boldsymbol{D}^{(t+1)}-\boldsymbol{E}\|_F^2$$

$$=\lambda_4\|\boldsymbol{E}\|_{2,1}+\frac{\mu^{(t)}}{2}\left\|\boldsymbol{E}-(\boldsymbol{A}-\boldsymbol{A}\boldsymbol{D}^{(t+1)}+\frac{\boldsymbol{C}_1^{(t)}}{\mu^{(t)}})\right\|_F^2 \tag{4-24}$$

依据文献[6]，令 $\boldsymbol{G}=\boldsymbol{A}-\boldsymbol{A}\boldsymbol{D}^{(t+1)}+\dfrac{\boldsymbol{C}_1^{(t)}}{\mu^{(t)}}$ 且：

$$\boldsymbol{E}^{(t+1)}(i,:)=\begin{cases}\dfrac{\|\boldsymbol{G}^i\|_2-\dfrac{\lambda_4}{u^{(t)}}}{\|\boldsymbol{G}^i\|_2}\boldsymbol{G}^i, & \text{if}\|\boldsymbol{G}^i\|_2>\dfrac{\lambda_4}{u^{(t)}}\\[4mm] 0, & \text{if}\|\boldsymbol{G}^i\|_2\leqslant\dfrac{\lambda_4}{u^{(t)}}\end{cases} \tag{4-25}$$

上述步骤迭代进行直至达到预设的迭代次数，即可得到所求的输出层权重 $\boldsymbol{W}^m$、块对角矩阵 $\boldsymbol{D}$，并进一步可求得预测标签 $\boldsymbol{Y}'$：

$$\boldsymbol{Y}'=\boldsymbol{A}\boldsymbol{D}\boldsymbol{W}^m \tag{4-26}$$

一般来说，稀疏信号修复问题可以通过众多方法进行求解，如正交匹配追踪、K-SVD、ADMM 等。在这些方法中，ADMM 是为一般分解方法和分散算法而设计的优化方法，并在众多 L_1 优化问题中取得了较好的表现。此外，式(4-13)可以看作经典 ADMM 问题的特例。为此，这里选择 ADMM 用于求解式(4-13)。

4.3　实验与分析

为验证所提方法的有效性，选择三组真实的 HSIs 数据集：Indian Pines、Pavia University 和 Salinas。真实标记图和更多样本信息如图 4-3 所示。这三个数据集的大小分别为 145×145、610×340 和 512×217。所有的实验在 MATLAB 2016a 平台运行，所使用的电脑配备 CPU Intel I7-4790、16G 内存以及 GPU GTX 980。为消除随机因素的影响，所有的实验重复 10 次取平均值。每类随机选择 200 个标记样本用于训练，其余的样本用于测试。选择四个评价指标来评估实验结果，分别为每类地物的分类精度、平均分类精度（Average Accuracy，AA）、整体分类精度（Overall Accuracy，OA）以及 Kappa 系数。

4.3.1　参数设置

除最后一个卷积层的特征图数量外（用于 Indian Pines、Pavia University 和 Salinas 三个数据集的 CNN 的最后一个卷积层特征图个数分别为 9、9 和 16），用于三个 HSIs 数据集的 CNN 网络结构均相同。更加详细的结构信息如表 4-1 所示。由表可知：① 所选 CNN 共包含 5 个卷积层，分别为 C1～C5。C2 和 C4

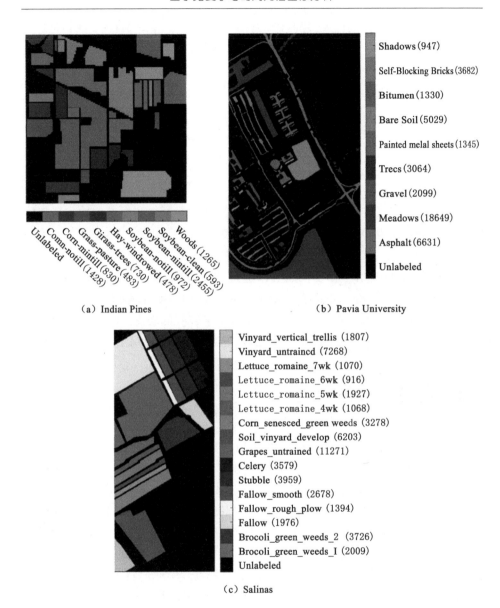

（a）Indian Pines （b）Pavia University

（c）Salinas

图 4-3　不同 HSIs 数据集的真实标记图与样本信息

卷积核的大小为 1×1，旨在以较少的参数增加为代价获取更深的网络结构。卷积核 C1 和 C3 的大小为 4×4，卷积核 C5 的大小为 2×2；② 所选 CNN 包括两个最大池化层，分别为 P1 和 P3，其步长均设置为 2；③ 共 4 个非线性层，分别为 N1~N4，所有非线性层的激活函数均选择为 Sigmoid 函数。

表 4-1　CNN 结构

层索引	输入宽度	输入高度	输入通道	滤波个数	滤波尺寸	步长	输出宽度	输出高度	输出通道
I1							17	17	15
C1	17	17	15	30	4×4	1	14	14	30
P1	14	14	30		2	2	7	7	30
N1	7	7	30	/	/	/	7	7	30
C2	7	7	30	30	1×1	1	7	7	30
N2	7	7	30	30	1	1	7	7	30
C3	7	7	30	30	4×4	1	4	4	30
P3	4	4	30	/	2	2	2	2	30
N3	2	2	30	/	/	/	2	2	30
C4	2	2	30	30	1×1	1	2	2	30
N4	2	2	30	/	/	/	2	2	30
C5	2	2	30	9/16	2×2	1	1	1	9/16
Softmax	1	1	9/16	/	/	/	1	1	9/16

此外,设置 CNN 的迭代次数为 1 000,设置学习率为 0.1,CNN 的训练基于 Matconvnet 工具箱[9]。MSCBL-BD 在三个数据集上的超参数设置如表 4-2 所示,其中 $\lambda_1 \sim \lambda_5$ 在取值范围 $\{0.01, 0.1, 1, 5, 10\}$ 内通过五折较差验证得到。

表 4-2　MSCBL-BD 超参数设置

	迭代次数	EN 中的节点个数	$\lambda_1 \sim \lambda_5$
Indian Pines		500	$\{0.1, 10, 1, 5, 1\}$
Pavia University	110	400	$\{0.01, 5, 0.01, 10, 0.1\}$
Salinas		500	$\{0.1, 5, 0.1, 1, 1\}$

4.3.2　对比实验

为验证所提 MSCBL-BD 方法的有效性,选择 6 个对比算法及 2 个 MSCBL-BD 的算法特例(CBL 和 MSCBL)来进行对比实验。

(1)传统分类方法:SVM[10],其超参数通过五折交叉验证方法选择最优。

(2)深度学习方法:SS-DBN[11],CNN-PPF[12] 以及 CNN[13]。SS-DBN 和 CNN-PPF 的参数设置参照相应的参考文献,CNN 的网络参数设置如表 4-1 所示。

(3)MSCBL-BD 方法的特例:CBL(最后一个阶段的 CBFs 连接到输出层且

不添加块对角约束);MSCBL(MSCBFs 连接到输出层但不添加块对角约束)。

表 4-3~4-5 给出了不同方法在三个真实 HSIs 数据集上的分类表现,其中最高值以加粗的形式给出。

表 4-3　Indian Pines 数据集上的分类表现对比

	SVM[14]	BLS[15]	SS-DBN[11]	CNN-PPF[12]	CNN[16]	CBL	MSCBL	MSCBL-BD
A1/%	75.49	82.54	77.20	92.23	89.98	92.84	94.14	**96.58**
A2/%	73.78	82.29	82.76	96.69	97.75	98.43	99.06	**99.32**
A3/%	95.26	95.26	94.42	99.86	98.80	99.40	99.82	**100**
A4/%	98.45	99.10	98.30	99.43	99.21	99.68	99.85	**99.96**
A5/%	99.71	99.71	99.86	99.86	99.93	**100**	**100**	**100**
A6/%	78.21	86.68	87.23	95.10	94.69	96.22	97.20	**99.02**
A7/%	66.18	69.65	76.02	89.48	89.59	92.28	94.12	**95.96**
A8/%	83.77	93.39	90.59	97.00	98.19	98.93	99.42	**99.87**
A9/%	98.27	98.91	94.93	**99.89**	99.02	99.54	99.81	99.81
AA/%	85.46	89.73	89.04	96.62	96.35	97.48	98.16	**98.95**
OA/%	79.80	84.26	84.61	94.51	94.10	95.78	96.80	**98.01**
Kappa	0.761 1	0.814 2	0.817 8	0.934 4	0.929 6	0.949 5	0.961 7	**0.976 2**

表 4-4　Pavia University 数据集上的分类表现对比

	SVM[14]	BLS[15]	SS-DBN[11]	CNN-PPF[12]	CNN[16]	CBL	MSCBL	MSCBL-BD
A1/%	83.35	76.32	81.46	97.40	96.68	97.21	97.78	**98.25**
A2/%	86.12	90.13	92.96	97.40	98.93	99.10	99.27	**99.39**
A3/%	83.23	82.59	88.37	92.29	97.91	98.40	98.78	**98.79**
A4/%	94.66	95.49	95.55	97.63	98.54	98.62	**98.80**	**98.80**
A5/%	99.55	99.62	99.91	99.93	99.89	99.97	**100**	99.99
A6/%	88.87	91.25	88.92	97.89	99.64	**99.96**	**99.96**	99.92
A7/%	90.48	94.67	90.35	97.33	99.11	99.58	99.74	**99.83**
A8/%	84.39	84.54	85.93	93.97	98.31	98.27	98.73	**98.96**
A9/%	**99.90**	99.65	99.49	99.57	99.69	99.80	99.84	99.85
AA/%	90.06	90.47	91.44	97.05	98.74	98.99	99.21	**99.31**
OA/%	87.07	88.21	90.29	97.05	98.58	98.82	99.06	**99.21**
Kappa	0.830 1	0.844 5	0.870 8	0.962 6	0.980 9	0.984 2	0.987 3	**0.989 3**

表 4-5　Salinas 数据集上的分类表现对比

	SVM[14]	BLS[15]	SS-DBN[11]	CNN-PPF[12]	CNN[16]	CBL	MSCBL	MSCBL-BD
A1/%	99.14	99.60	98.94	99.86	99.97	99.98	**100**	**100**
A2/%	99.45	99.65	98.95	99.59	99.95	99.98	**100**	**100**
A3/%	99.46	99.46	79.60	99.83	99.46	99.85	**99.93**	99.90
A4/%	99.58	99.43	99.58	99.68	99.51	99.92	99.91	**99.93**
A5/%	98.79	99.28	99.71	98.41	98.94	99.40	99.53	**99.76**
A6/%	99.79	99.81	99.91	99.78	**100**	**100**	**100**	**100**
A7/%	99.67	99.57	98.90	99.85	99.87	99.95	99.98	**99.99**
A8/%	84.40	83.18	87.04	83.28	85.61	91.05	92.41	**94.24**
A9/%	99.37	**99.75**	97.93	97.44	99.31	99.47	99.55	99.63
A10/%	94.65	95.76	95.79	95.84	98.98	99.44	99.64	**99.72**
A11/%	98.87	98.66	98.64	99.75	99.60	99.88	**99.94**	99.90
A12/%	99.95	**100**	99.73	**100**	99.90	99.95	99.94	99.98
A13/%	99.52	99.16	99.50	99.38	**100**	**100**	**100**	**100**
A14/%	97.91	98.12	99.95	99.52	99.79	99.96	**100**	**100**
A15/%	69.35	73.82	85.92	81.18	95.12	95.02	95.90	**97.17**
A16/%	99.02	98.94	99.75	98.51	99.84	99.89	99.91	**99.97**
AA/%	96.19	96.51	96.24	96.99	98.49	98.98	99.16	**99.39**
OA/%	91.67	92.18	93.76	92.98	95.94	97.22	97.67	**98.27**
Kappa	0.906 7	0.912 5	0.930 2	0.921 5	0.954 6	0.968 9	0.974 0	**0.980 7**

4.4　讨论

图 4-4～图 4-6 给出了由不同方法获得的分类效果图。从上述实验结果中可知：

（1）在三个 HSIs 数据集上，在三个评价指标（AA、OA 和 Kappa 系数）上，MSCBL-BD、MSCBL 和 CBL 能够相比其他对比方法取得更高的分类精度。以 Indian Pines 数据集为例，CBL 在指标 OA 上高出 BLS 方法 11.52%。主要原因是两个方面的：由 BLS 提取的线性稀疏特征的非线性表征能力有限且仅利用了 HSIs 的光谱特性，因此 HSIs 的特性无法被充分表征。此外，CBL、MSCBL 和 MSCBL-BD 分别在 OA 指标上高出 CNN 1.68%、2.7% 和 3.91%，从而验证了宽度拓展的有效性。

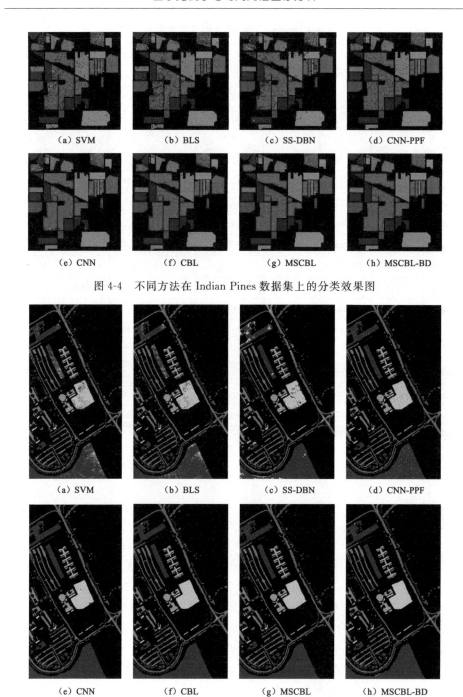

（a）SVM　　　　（b）BLS　　　　（c）SS-DBN　　　　（d）CNN-PPF

（e）CNN　　　　（f）CBL　　　　（g）MSCBL　　　　（h）MSCBL-BD

图 4-4　不同方法在 Indian Pines 数据集上的分类效果图

（a）SVM　　　　（b）BLS　　　　（c）SS-DBN　　　　（d）CNN-PPF

（e）CNN　　　　（f）CBL　　　　（g）MSCBL　　　　（h）MSCBL-BD

图 4-5　不同方法在 Pavia University 数据集上的分类效果图

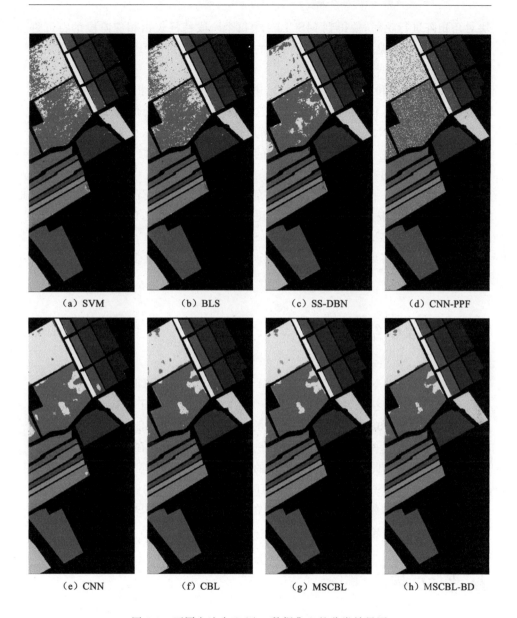

図 4-6　不同方法在 Salinas 数据集上的分类效果图

（2）在三个 HSIs 数据集上，MSCBL 在 OA 指标上高出 CBL 方法 1.02％、0.24％和 0.45％。这是因为 MSCBL 利用了 MSCFs，并且对每个阶段的特征均进行了宽度拓展，从而增强了中间层特征的判别性。此外，MSCBL-BD 在 OA 指标上高出 MSCBL 方法 1.21％、0.15％和 0.6％，这是因为 MSCBFs 经过一个块对角矩阵进行映射,使得到 MSCBFs 中每个阶段特征仅由相应阶段的特征进行线性表示,从而提高了每个阶段特征的线性独立性,帮助习得更加准确的类别预测模型。

（3）SS-DBN 和 CNN 均为深度光谱-空间分类方法。相比 SS-DBN,CNN 能够在所有数据集上取得更高的 OA,这是因为 SS-DBN 使用向量化后的区域近邻表示作为 DBN 的输入,这不仅会增加输入数据的维度,而且会导致数据固有结构的破坏。此外,在有限标记样本的情况下,作为全连接型神经网络的 SS-DBN 难免会发生过拟合的现象。

（4）由图 4-4～图 4-6 可知:在所有的数据集上,由 MSCBL-BD 获取的分类效果图更加平滑、椒盐噪声更少且细节更加丰富。以 Indian Pines 数据集为例,对比算法将更多的 Soybean-clean、Soybean-notill 和 Corn-notill 误分为 Soybean-mintill;将更多的 Grass-trees 误分为 Woods;将更多的 Corn-notill 误分为 Corn-minitill。

4.5　本章小结

本章提出一种基于宽度学习的 HSIs 分类方法,即 MSCBL-BD。通过将线性稀疏特征替换为卷积特征,模型的非线性映射能力获得了提高,从而能够对 HSIs 复杂的光谱和空间特征进行更好的表征。因此,CBL 能够比 BLS 取得更高的分类精度。进一步,为降低 CNN 在多层映射过程中存在的信息损失问题,可引入 MSCBFs。此外,为习得更准确的 HSIs 类别预测模型,将块对角约束引入 MSCBL 中。MSCBFs 经过块对角矩阵的映射后,得到的特征具备更强的线性独立性。在三组真实 HSIs 数据集上的分类实验表明,MSCBL-BD 相较于对比算法能够取得更高的分类精度。

参 考 文 献

[1] GAO Y,WANG X S,CHENG Y H,et al.Dimensionality reduction for hyperspectral data based on class-aware tensor neighborhood graph and patch alignment[J].IEEE transactions on neural networks and learning systems, 2015,26(8):1582-1593.

[2] JIN J Q,FU K,ZHANG C S.Traffic sign recognition with hinge loss

trained convolutional neural networks[J].IEEE transactions on intelligent transportation systems,2014,15(5):1991-2000.

[3] ZHANG Z,XU Y,SHAO L,et al.Discriminative block-diagonal representation learning for image recognition[J].IEEE transactions on neural networks and learning systems,2018,29(7):3111-3125.

[4] WANG Q,HE X,LI X L.Locality and structure regularized low rank representation for hyperspectral image classification[J].IEEE transactions on geoscience and remote sensing,2019,57(2):911-923.

[5] WANG J,WANG X,TIAN F,et al.Constrained low-rank representation for robust subspace clustering[J].IEEE transactions on cybernetics,2017, 47(12):4534-4546.

[6] GANIN Y,LEMPITSKY V.Unsupervised domain adaptation by backpropagation[C]//Proceedings of the 32nd International Conference on International Conference on Machine Learning-Volume 37. New York:ACM, 2015:1180-1189.

[7] LIU G C,LIN Z C,YAN S C,et al.Robust recovery of subspace structures by low-rank representation[J].IEEE transactions on pattern analysis and machine intelligence,2013,35(1):171-184.

[8] CAI J F, CANDÈS E J, SHEN Z W. A singular value thresholding algorithm for matrix completion[J].SIAM journal on optimization,2010, 20(4):1956-1982.

[9] VEDALDI A, LENC K. MatConvNet:convolutional neural networks for MATLAB[C]//Proceedings of the 23rd ACM international conference on Multimedia.Brisbane,Australia.ACM,2015:689-692.

[10] TAN K, ZHANG J P, DU Q, et al. GPU parallel implementation of support vector machines for hyperspectral image classification[J].IEEE journal of selected topics in applied earth observations and remote sensing,2015,8(10):4647-4656.

[11] CHEN Y S,ZHAO X,JIA X P.Spectral-spatial classification of hyperspectral data based on deep belief network[J].IEEE journal of selected topics in applied earth observations and remote sensing, 2015, 8 (6): 2381-2392.

[12] LI W,WU G D,ZHANG F,et al.Hyperspectral image classification using deep pixel-pair features[J].IEEE transactions on geoscience and remote

sensing,2017,55(2):844-853.

[13] MAKANTASIS K,KARANTZALOS K,DOULAMIS A,et al.Deep supervised learning for hyperspectral data classification through convolutional neural networks[C]//2015 IEEE International Geoscience and Remote Sensing Symposium(IGARSS).Milan,Italy.IEEE,2015:4959-4962.

[14] TAN K, ZHANG J P, DU Q, et al. GPU parallel implementation of support vector machines for hyperspectral image classification[J].IEEE journal of selected topics in applied earth observations and remote sensing,2015,8(10):4647-4656.

[15] CHEN C L P,LIU Z. Broad learning system:an effective and efficient incremental learning system without the need for deep architecture[J]. IEEE transactions on neural networks and learning systems, 2018, 29 (1):10-24.

[16] CHEN Y S,JIANG H L,LI C Y,et al.Deep feature extraction and classification of hyperspectral images based on convolutional neural networks [J].IEEE transactions on geoscience and remote sensing,2016,54(10): 6232-6251.

第 5 章　基于半监督宽度学习系统的高光谱图像分类

近年来,基于 DL 的 HSI 分类方法因为其强大的非线性映射能力而受到越来越多的关注。然而,由于网络结构复杂、参数众多,导致 DL 网络的训练过程较为耗时。为此,本章将 BLS 应用于 HSI 分类。首先,为充分利用 HSI 丰富的光谱和空间信息,对原始的 HSI 进行分层导向滤波,得到 HSI 的光谱-空间表示。其次,将类概率结构引入 BLS,提出半监督宽度学习系统(SBLS),以同时利用有限的标记样本和大量的无标记样本。最后,利用岭回归理论计算出 SBLS 输出层的连接权重。

第 5.1 节介绍本章研究背景,并说明了本章的主要贡献;第 5.2 节对所提出的 SBLS 方法进行了详细说明;第 5.3 节为实验与分析;第 5.4 节为本章小结。

5.1　研究背景

由高光谱传感器获取的 HSI 具有较高的光谱和空间分辨率,对地物具有强大的判别能力[1],因而获得了广泛的应用[2-4]。HSI 分类是这些应用中常见的任务之一,通过利用少量训练样本判别出每个像素的类别。近年来,众多 HSI 分类方法被提出。如 K-近邻通过计算测试样本和训练样本之间的欧氏距离来确定测试样本的类别[5]。SVM 利用核函数将样本投影到高维空间,通过学习分类超平面来区分不同类别的样本,并在小样本分类任务中取得了较高的分类精度[6-7]。ELM 为单隐藏层的神经网络,其具有如下特点:① 输入层和隐藏层神经元之间的连接权重是随机生成的,在学习过程中不需要调整;② 隐藏层和输出层神经元之间的连接权重可以通过最小二乘法进行计算。因此,ELM 具有较高的计算效率[8]。

DL 通过堆叠多个非线性单元[9-10],能够自动从数据中学习表征能力较强的特征,并在 HSI 分析中得到了成功应用。然而,DL 方法需要复杂的结构调整和大量的网络训练计算。针对这些问题,Chen 等[11]提出了 BLS,其基于随机向量函数链神经网络[12]。首先,原始数据通过随机生成或 LSAE 优化后的权重映射到 MF;随后,通过随机权重将 MF 映射到 EN 中;最后,利用岭回归理论求解 BLS 输出层的权重。与 DL 相比,BLS 具有如下的优点:① BLS 仅由三部分构成,而 DL 由多个非线性单元叠加而成;② BLS 利用岭回归求解网络权值,而 DL 采用梯度下降法,且当网络权值初始状态较差时,需要大量的迭代次数,因此,BLS 的训练过程更加简单高效;③ BLS 中 MF 到 EN 之间的连接权值是随机生成的,可训练的参数仅包括从 MF 和 EN 到输出层的连接权重,与深度学习相比,具有更少的可训练参数,故而需要更少的标记样本。而且在 HSI 分类任务中,常存在标记样本有限的问题。因此,BLS 相比 DL 更适合 HSI 分类。然而,BLS 为监督型方法,无法利用大量的无标记样本,为此有必要研究半监督 BLS。

半监督学习(SSL)能够充分利用大量无标记样本和有限的标记样本,故近年来受到了广泛的关注。大量基于图的 SSL 方法相继被提出,如由 K-近邻或 ε-ball 近邻构造的邻接结构,进而由高斯核[13-14]、非负局部线性重构系数[15]等确定权重矩阵。然而,基于常规图的 SSL 方法具有如下的缺点:① 算法性能受构图策略的影响较大;② 对近邻参数较为敏感。针对这些问题,基于稀疏图的 SSL 方法相继被提出。如 Zhuang 等[16]提出非负低秩稀疏图,其通过低秩度捕捉子空间全局混合结构的同时,利用稀疏度捕捉数据的局部线性结构,因此不仅具有生成性而且具有判别性。Morsier 等[17]提出核低秩稀疏图,其基于再生希尔伯特空间计算样本的相似性,并在稀疏和低秩的约束下对样本进行描述。但是,上述方法忽略了数据的类别概率结构。为此,Shao 等[18]提出类概率(CP)框架,通过类概率矩阵来表示每个样本和每个类之间的关系。

综上,本书提出了一种基于 SBLS 的 HSI 分类方法,主要贡献如下:① 将 BLS 引入 HSI 的分类任务中;② 通过结合 CP 框架,提出 SBLS,以同时利用有限的标记样本和大量的无标记样本。

5.2　基于半监督宽度学习的高光谱图像分类

基于 SBLS 的 HSI 分类流程如图 5-1 所示,主要包含以下三个步骤:① 利用 HGF 对原始 HSI 进行处理,得到 HSI 的光谱-空间表示;② 利用 CP 框架得到无标记样本的伪标签;③ 利用标记样本和未标记样本对 SBLS 进行训练。

5.2.1　分层导向滤波

如图 5-1 中的步骤 1 所示,SBLS 的第一步是获取基于 HGF 的 HSI 表示。原始的 HSI 是以三维张量的形式呈现,如果直接将其向量化,不仅会导致数据维数大幅度增加,而且会破坏数据固有结构。为此,Pan 等[19]提出利用 HGF 获取 HSI 的光谱-空间表示。作为一种边缘保持滤波方法,HGF 可以在保持图像整体结构的同时去除噪声和细节,从而将原始的 HSI 映射到具有更丰富特征表达的特征子空间中。鉴于 HGF 的优越性,这里利用其对原始的 HSI 进行预处理,得到 HSI 的光谱-空间表示,更多的细节如文献[19]所述。HGF 是一种预处理技巧,文献[19-20]中也使用了类似的方法。

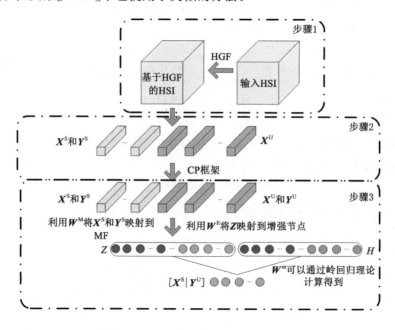

图 5-1　基于 SBLS 的 HSI 分类流程

5.2.2　类别概率框架

如图 5-1 中的步骤 2 所示,SBLS 的第二步是通过 CP 框架获得无标记样本的伪标签。给定基于 HGF 的 HSI 表示 $X^S = \{x_1, \cdots, x_n\} \in R^{ns \times m}$,以及相应的标签 $Y^S = \{y_1, \cdots, y_{ns}\} \in R^{ns \times c}$。其中,$n^s$ 为标记样本的数量,m 表示维度,c 是类别总数,y_{ij} 为二进制数,如果第 i 个样本属于第 j 类,则 $y_{ij} = 1$,否则 $y_{ij} = 0$。给定无标记样本 $X^U = \{x_1, \cdots, x_n\} \in R^{n^U \times m}$,$n^U$ 为无标记样本的数量,样本总数

为 $n = n^S + n^U$，则标记样本 $\boldsymbol{X}^S$ 和无标记样本 $\boldsymbol{X}^U$ 之间的相似性可以表示如下：

$$\begin{cases} \min \| \boldsymbol{a} \|_1 \\ \text{s.t.} \boldsymbol{X}^S a = x'_i \end{cases} \tag{5-1}$$

其中，$\boldsymbol{a}$ 为稀疏系数。式(5-1)可以用自适应惩罚的交替方向乘子法[18]求解。$\boldsymbol{x}_i$ 的类概率向量为：

$$\boldsymbol{p}_i = \boldsymbol{a}^{\mathrm{T}} \boldsymbol{Y}^S \tag{5-2}$$

其中，$\boldsymbol{p}_i = (p_{i1}, p_{i2}, \cdots, p_{ic}) \in \boldsymbol{R}^{1 \times c}$，$p_{ic}$ 表示第 i 个样本属于第 c 类的概率。对于无标记样本，可以通过对给定样本进行标签传播得到类别概率矩阵 $\boldsymbol{p}^S \in \boldsymbol{R}^{S \times c}$。对于标记样本，定义类别概率矩阵 $\boldsymbol{p}^S \in \boldsymbol{R}^{S \times c}$。因此，第 i 个和第 j 个样本属于同一类的概率为：

$$\boldsymbol{P}_{ij} = \begin{cases} 1 & i = j \\ \boldsymbol{p}_i \boldsymbol{p}_j{}^{\mathrm{T}} & i \neq j \end{cases} \tag{5-3}$$

进一步，$\boldsymbol{P}$ 可以表示为 $\boldsymbol{P} = \begin{pmatrix} \boldsymbol{P}^{SS} & \boldsymbol{P}^{US} \\ \boldsymbol{P}^{SU} & \boldsymbol{P}^{UU} \end{pmatrix}$，其中 $\boldsymbol{P}^{SS}$ 表示标记样本之间类别相同的概率矩阵，$\boldsymbol{P}^{UU}$ 表示无标记样本之间类别相同的概率矩阵，$\boldsymbol{P}^{US}$ 和 $\boldsymbol{P}^{SU}$ 表示标记样本和无标记样本之间类别相同的概率矩阵，取 $\boldsymbol{P}^{US}$ 并对行求最大概率对应的样本索引，即可得到无标记样本与标记样本标签的对应关系，进而可以得到无标记样本的伪标签 $\boldsymbol{Y}^U$，计算准则为：

$$\text{if } p_{ij} = \max(\boldsymbol{p}_i), \text{ then } \boldsymbol{y}_i^U = \boldsymbol{y}_j^S \tag{5-4}$$

5.2.3　半监督宽度学习系统

如图 5-1 中的步骤 3 所示，SBLS 的第三步是训练 SBLS 模型并对无标记样本进行预测。BLS 基于 RVFLNN，包括三个部分，即 MF、EN 和输出层。可训练参数为 $\boldsymbol{W}^m$，其可利用岭回归理论快速求得。但 BLS 模型为监督方法，无法利用 HSI 中大量的无标记样本。为此，这里将 CP 引入 BLS，提出 SBLS。

给定基于 HGF 表示的 HSI 样本 $\boldsymbol{X} = [\boldsymbol{X}^S; \boldsymbol{X}^U] \in \boldsymbol{R}^{n \times m}$，以及通过 CP 框架得到的标签 $\boldsymbol{Y}^S$ 和 $\boldsymbol{Y}^U$。对于 SBLS，输入首先通过权重 $\boldsymbol{W}^M = [\boldsymbol{W}_1^M, \cdots, \boldsymbol{W}_{GM}^M]$ 和偏置 $\boldsymbol{\beta}^M = [\beta_1^M, \cdots, \beta_{GM}^M]$ 映射到 MF：

$$\boldsymbol{Z}_i = \varphi_i(\boldsymbol{X} \boldsymbol{W}_i^M + \beta_i^M) \tag{5-5}$$

其中，G^M 为 MF 中特征的组数。$\varphi_i(\cdot)$ 是非线性函数，不同组 MF 可以选择不同的非线性函数，这里为简单起见，所有组 MF 均选用线性函数，即 $\boldsymbol{Z}_i = \boldsymbol{X} \boldsymbol{W}_i^M + \beta_i^M$。为得到输入更好的特征，$\boldsymbol{W}_i^M$ 通常由 LSAE 进行微调，则在得到 MF 中特征 $\boldsymbol{Z} = [\boldsymbol{Z}_1, \boldsymbol{Z}_2, \cdots, \boldsymbol{Z}_{GM}]$ 后，通过随机权重 $\boldsymbol{W}^E$ 和偏差 $\boldsymbol{G}^E$ 将其映射到 EN 以实现宽度拓展：

$$H_j = \varphi_j(ZW_j^E + \beta_j^E) \tag{5-6}$$

其中，G^E 为 EN 中节点的个数。进一步地，SBLS 模型可以表示为：

$$[Y^S \mid Y^U] = [Z \mid H]W^m \tag{5-7}$$

其中，W^m 为 MF 和 EN 到输出的连接权重，可以通过求解如下问题得到解：

$$\underset{W^m}{\operatorname{argmin}} \| [Z \mid H]W^m - [Y^S \mid Y^U] \|_2^2 + \lambda \| W^m \|_2^2 \tag{5-8}$$

其中，λ 为正则项系数。式(5-8)可以利用岭回归理论进行求解：

$$W^m = (\lambda I + [Z \mid H]^{\mathrm{T}}[Z \mid H])^{-1}[Z \mid H]^{\mathrm{T}}[Y^S \mid Y^U] \tag{5-9}$$

当 $\lambda = 0$ 时，式(5-8)退化为最小二乘问题；而当 $\lambda \to \infty$ 时，解会受到严重的限制，并趋向于 **0**。因此，这里设 $\lambda \to 0$，例如 2^{-30}。通过计算 $[Z \mid H]$ Moore-Penrose 广义逆的近似，式(5-9)可以写为：

$$W^m = [Z \mid H]^+[Y^S \mid Y^U] \tag{5-10}$$

其中：

$$[Z \mid H]^+ = \lim_{\lambda \to 0}(\lambda I + [Z \mid H]^{\mathrm{T}}[Z \mid H])^{-1}[Z \mid H]^{\mathrm{T}} \tag{5-11}$$

最终，预测标签可以由下式计算得到：

$$Y = [Z \mid H]W^m \tag{5-12}$$

综上，基于 SBLS 的 HSI 分类算法步骤如表 5-1 所示。

表 5-1　基于 SBLS 的 HSI 分类算法步骤

输入：基于 HGF 的 HSI 光谱-空间表示

(a) 根据式(5-3)计算类概率矩阵 P。

(b) 根据式(5-4)计算无标记样本 P 的伪标签 Y^U。

(c) 根据式(5-5)、式(5-6)分别计算 Z 和 H。

(d) 根据式(5-10)、式(5-11)计算 BLS 的权值 W^m。

(e) 根据 W^M、W^E 和 W^m，利用式(5-5)、式(5-6)和式(5-12)计算预测标签

输出：预测标签 Y

5.3　实验与分析

5.3.1　HSI 数据集

在 Indian Pines、Salinas 和 Botswana 三个真实 HSI 数据集上评估 SBLS 的

性能,每类随机选择 20 个样本作为训练集,其余的样本作为测试集。

(1) 对于监督分类方法,只使用标记样本训练分类器,训练完成的分类器用于预测无标记样本的标签。

(2) 对于半监督分类方法,标记样本和无标记样本均用于训练。此外,由于 Salinas 数据集的总量较大,故只选择部分无标记样本用于训练。

(3) 由于 Indian Pines 数据集中"Oats"的样本总数较少,故选择标记样本 (s.l.s.)数量和未标记样本(s.u.s.)数量相同,三个数据集更详细的样本设置如表 5-2 所示。

表 5-2　不同 HSI 数据集的标记样本和无标记样本的数量

No.	Indian Pines		
	地物类别	s.l.s.	s.u.s.
1	Alfalfa	20	26
2	Corn-notill	20	1408
3	Corn-mintill	20	810
4	Corn	20	217
5	Grass-pasture	20	463
6	Grass-trees	20	710
7	Grass-pasture-mowed	20	8
8	Hay-windrowed	20	458
9	Oats	10	10
10	Soybean-notill	20	952
11	Soybean-mintill	20	2435
12	Soybean-clean	20	573
13	Wheat	20	185
14	Woods	20	1245
15	Buildings-Grass-Trees-Drives	20	366
16	Stone-Steel-Towers	20	73

No.	Salinas			Botswana		
	地物类别	s.l.s.	s.u.s.	地物类别	s.l.s.	s.u.s.
1	Brocoli_green_weeds_1	20	500	Water	20	250
2	Brocoli_green_weeds_2	20	500	Hippo grass	20	81
3	Fallow	20	500	Floodplain grasses1	20	231

表 5-2(续)

No.	Salinas			Botswana		
	地物类别	s.l.s.	s.u.s.	地物类别	s.l.s.	s.u.s.
4	Fallow_rough_plow	20	500	Floodplain grasses2	20	195
5	Fallow_smooth	20	500	Reeds1	20	249
6	Stubble	20	500	Riparian	20	249
7	Celery	20	500	Firescar2	20	239
8	Grapes_untrained	20	500	Island interior	20	183
9	Soil_vinyard_develop	20	500	Acacia woodlands	20	294
10	Corn_senesced_green_weeds	20	500	Acacia shrublands	20	228
11	Lettuce_romaine_4wk	20	500	Acacia grasslands	20	285
12	Lettuce_romaine_5wk	20	500	Short mopane	20	161
13	Lettuce_romaine_6wk	20	500	Mixed mopane	20	248
14	Lettuce_romaine_7wk	20	500	Exposed soils	20	75
15	Vinyard_untrained	20	500			
16	Vinyard_vertical_trellis	20	500			

5.3.2　对比实验

为评估 SBLS 在 HSI 分类上的表现,选择以下对比算法:

(1)传统的分类器包括 SVM[6]、ELM[21] 和 SPELM[8]。由于 BLS 和 SBLS 中只使用了线性特征映射,故 SVM 和 ELM 中选择线性核函数。SVM 和 ELM 的超参数通过五折交叉验证选择最优,SVM 的惩罚因子以及 ELM 和 SPELM 的正则化系数从 $\{1,10,100,1\,000\}$ 中选取。此外,为进行公平比较,SVM、ELM 和 SPELM 的输入也经过 HGF 滤波预处理,SPELM 的尝试次数设为 50。

(2)基于图的半监督分类方法[22]:SSG,高斯和正则化参数的宽度从 $\{10^{-5},10^{-4},\cdots,10^{5}\}$ 中选择。

(3)基于深度学习的方法包括 CNN-PPF[23]、R-VCANet[24] 和 BASS-Net[25]。三种方法的网络配置分别参见相应的文献。

(4)光谱-空间分类方法:HiFi-We[49]。

(5)BLS[12]输入经过 HGF 预处理。

所提 SBLS 和九个对比算法在三个数据集上进行分类实验。其中,CNN-PFF 和 BASS-Net 的相关实验分别基于 Tensorflow 和 Torch,并利用 GPU GTX980 实现加速训练。其余算法基于 MATLAB R2014a,电脑配置为:3.60

GHz Intel Core i7-4790 CPU，16 G RAM。为消除随机性的影响，所有实验重复五次取平均值。表 5-3～表 5-5 分别给出了不同数据集上分类性能的比较，这里考虑五个评价指标：每类地物的分类精度（%）、AA（%）、OA（%）、Kappa 系数以及耗时 t（s）。

表 5-3　不同分类方法在 Indian Pines 数据集上的性能比较

地面目标	SVM	ELM	SPELM	SSG	CNN-PPF
Alfalfa/%	54.15	66.63	90.13	96.15	32.84
Corn-notill/%	75.00	79.17	**87.01**	71.46	53.64
Corn-mintill/%	72.11	87.93	85.30	84.07	56.36
Corn/%	54.13	61.31	77.35	93.82	33.73
Grass-pasture/%	87.88	**98.58**	94.31	85.40	79.34
Grass-trees/%	98.15	99.40	99.62	97.35	94.67
Grass-pasture-mowed/%	27.34	28.59	38.46	97.50	57.14
Hay-windrowed/%	**100**	98.35	99.57	98.69	91.02
Oats/%	66.21	73.78	94.85	**100**	58.82
Soybean-notill/%	72.36	71.24	80.18	79.33	53.83
Soybean-mintill/%	91.85	82.31	**94.38**	78.94	72.81
Soybean-clean/%	75.78	57.59	82.56	78.25	43.46
Wheat/%	99.78	99.47	**100**	99.14	98.90
Woods/%	99.57	99.50	99.74	94.18	93.14
Buildings-Grass-Trees-Drives/%	83.83	92.84	97.97	85.74	73.10
Stone-Steel-Towers/%	99.19	96.35	98.12	98.63	87.18
AA/%	78.58	80.82	88.72	89.91	67.50
OA/%	83.56	83.01	90.78	83.91	67.20
Kappa	0.8139	0.8071	0.8950	0.8177	0.6325
t/s	0.98	**0.34**	35.80	372.96	1500.03
地面目标	BASS-Net	R-VCANet	HiFi-We	BLS	SBLS
Alfalfa/%	80.77	**100**	**100**	96.15	99.23
Corn-notill/%	55.33	64.98	85.72	78.69	84.73
Corn-mintill/%	59.75	86.05	91.36	**98.52**	94.49
Corn/%	91.24	99.54	98.16	**100**	**100**
Grass-pasture/%	89.42	91.14	91.14	96.33	90.67

表 5-3(续)

地面目标	BASS-Net	R-VCANet	HiFi-We	BLS	SBLS
Grass-trees/%	94.93	99.30	**99.86**	90.14	**99.86**
Grass-pasture-mowed/%	**100**	**100**	**100**	**100**	**100**
Hay-windrowed/%	99.56	98.47	98.69	87.12	99.34
Oats/%	**100**	**100**	**100**	**100**	**100**
Soybean-notill/%	73.11	**89.50**	83.82	82.98	88.11
Soybean-mintill/%	54.74	72.98	83.61	89.40	88.38
Soybean-clean/%	63.18	95.64	87.09	**97.91**	93.40
Wheat/%	98.92	98.92	99.46	**100**	99.68
Woods/%	82.09	94.14	99.20	98.96	**99.81**
Buildings-Grass-Trees-Drives/%	65.57	90.16	89.89	**99.73**	99.07
Stone-Steel-Towers/%	98.63	**100**	98.63	98.63	99.18
AA/%	81.70	92.55	94.16	94.66	**95.99**
OA/%	69.95	84.36	89.94	90.88	**92.47**
Kappa	0.661 6	0.823 4	0.885 5	0.895 9	**0.914 3**
t/s	1251.78	3238.74	250.16	4.81	420.02

表 5-4　不同分类方法在 Salinas 数据集上的性能比较

地面目标	SVM	ELM	SPELM	SSG	CNN-PPF
Brocoli_green_weeds_1/%	**100**	**100**	**100**	98.06	99.95
Brocoli_green_weeds_2/%	99.80	**100**	99.95	93.84	98.84
Fallow/%	91.07	99.80	99.88	88.20	78.47
Fallow_rough_plow/%	97.33	97.01	98.87	94.29	95.81
Fallow_smooth/%	97.26	91.77	96.82	90.32	96.21
Stubble/%	99.70	99.97	**99.98**	94.54	99.61
Celery/%	98.26	**99.90**	99.81	92.89	97.66
Grapes_untrained/%	85.31	77.57	86.12	56.65	72.84
Soil_vinyard_develop/%	99.20	98.43	98.50	89.73	99.08
Corn_senesced_green_weeds/%	84.84	95.92	**96.61**	77.38	80.84
Lettuce_romaine_4wk/%	86.68	92.56	96.49	89.43	63.20
Lettuce_romaine_5wk/%	97.27	97.76	95.56	95.02	91.72

表5-4(续)

地面目标	SVM	ELM	SPELM	SSG	CNN-PPF
Lettuce_romaine_6wk/%	96.52	88.63	96.41	91.58	96.84
Lettuce_romaine_7wk/%	86.62	76.20	88.69	89.60	88.61
Vinyard_untrained/%	67.10	81.56	79.71	72.97	60.14
Vinyard_vertical_trellis/%	99.24	99.93	**99.98**	88.35	96.74
AA/%	92.89	93.56	95.84	87.68	88.53
OA/%	89.12	90.73	93.29	81.21	84.76
Kappa	0.879 3	0.896 5	0.925 2	0.792 7	0.830 6
t/s	3.26	**1.68**	131.60	156.20	1 560.19

地面目标	BASS-Net	R-VCANet	HiFi-We	BLS	SBLS
Brocoli_green_weeds_1/%	99.50	99.60	99.66	99.97	**100**
Brocoli_green_weeds_2/%	99.65	99.87	99.19	99.51	99.81
Fallow/%	99.49	98.06	99.06	**100**	99.96
Fallow_rough_plow/%	98.84	98.91	99.07	99.33	**99.80**
Fallow_smooth/%	97.03	**99.32**	98.59	98.98	99.13
Stubble/%	99.80	98.65	99.20	99.78	99.80
Celery/%	99.72	98.20	98.73	99.53	99.84
Grapes_untrained/%	65.18	70.71	78.99	88.81	**91.31**
Soil_vinyard_develop/%	98.61	99.74	99.87	**99.97**	99.65
Corn_senesced_green_weeds/%	87.78	91.22	89.13	93.52	94.12
Lettuce_romaine_4wk/%	92.18	98.66	97.73	99.54	**99.79**
Lettuce_romaine_5wk/%	98.53	**100**	99.97	99.94	**100**
Lettuce_romaine_6wk/%	96.21	**99.44**	96.58	99.11	99.00
Lettuce_romaine_7wk/%	96.95	**97.33**	96.50	97.18	97.10
Vinyard_untrained/%	67.43	74.66	87.14	82.75	**89.27**
Vinyard_vertical_trellis/%	98.15	99.44	95.86	98.68	98.80
AA/%	93.44	95.23	95.95	97.28	**97.96**
OA/%	86.77	89.42	92.56	94.67	**96.14**
Kappa	0.8533	0.8824	0.9174	0.9406	**0.957 0**
t/s	1294.50	17080.47	352.24	13.95	240.26

表 5-5　不同分类方法在 Botswana 数据集上的性能比较

地面目标	SVM	ELM	SPELM	SSG	CNN-PPF
Water/%	**100**	99.84	**100**	**100**	99.21
Hippo grass/%	88.89	93.33	97.83	87.90	**100**
Floodplain grasses1/%	95.43	98.5	99.57	98.35	**100**
Floodplain grasses2/%	91.26	78.09	95.81	96.21	94.20
Reeds1/%	89.19	94.79	93.8	79.52	89.02
Riparian/%	62.43	**100**	**100**	77.83	78.74
Firescar2/%	97.07	**100**	**100**	98.74	94.35
Island interior/%	97.83	98.19	98.71	97.27	87.56
Acacia woodlands/%	93.40	87.69	98.47	93.47	92.09
Acacia shrublands/%	75.18	88.31	99.39	90.61	93.62
Acacia grasslands/%	93.85	99.02	99.93	88.14	95.40
Short mopane/%	89.70	94.43	98.43	98.14	**100**
Mixed mopane/%	89.52	97.80	99.84	92.42	95.38
Exposed soils/%	94.94	99.84	100	97.87	**100**
AA/%	96.51	94.61	98.70	92.61	94.26
OA/%	96.71	94.16	98.67	92.15	93.40
Kappa	0.9644	0.9367	0.9856	0.9149	0.9284
t/s	1.59	**1.31**	12.57	16.35	1020.09
地面目标	BASS-Net	R-VCANet	HiFi-We	BLS	SBLS
Water/%	**100**	**100**	**100**	**100**	98.32
Hippo grass/%	**100**	**100**	96.05	99.26	97.28
Floodplain grasses1/%	99.57	**100**	96.62	**100**	**100**
Floodplain grasses2/%	97.44	**100**	99.49	99.28	**100**
Reeds1/%	86.35	96.79	90.84	93.57	**96.87**
Riparian/%	82.33	90.36	94.46	87.71	99.28
Firescar2/%	**100**	**100**	95.73	**100**	**100**
Island interior/%	**100**	**100**	**100**	**100**	**100**
Acacia woodlands/%	94.22	87.07	95.78	99.25	**99.86**
Acacia shrublands/%	96.49	99.56	98.77	**100**	**100**
Acacia grasslands/%	92.63	97.54	94.95	**100**	**100**
Short mopane/%	**100**	**100**	97.52	**100**	**100**
Mixed mopane/%	95.56	99.19	93.79	98.47	**99.27**

表 5-5(续)

地面目标	BASS-Net	R-VCANet	HiFi-We	BLS	SBLS
Exposed soils/%	**100**	98.67	99.73	98.93	97.33
AA/%	96.04	97.80	96.70	98.32	**99.16**
OA/%	95.25	97.27	96.36	98.13	**99.32**
Kappa	0.9485	0.970 4	0.960 6	0.979 8	**0.992 6**
t/s	1120.53	908.54	439.56	3.83	70.97

由表可知：

(1) 在分类精度方面，SBLS 能够取得较高的 OA、AA 和 Kappa 系数。这是因为：首先，BLS 能够利用少量的标记样本实现输入和标签之间更准确的映射；其次，通过利用 CP 框架计算每个样本和每个类别之间的关系，进而获得与每个无标记样本最相似的标记样本。进一步地，可以给出无标记样本的伪标签。

(2) ELM 的耗时最短，其次为 SVM。除 SVM 和 ELM 外，BLS 拥有最短的耗时，这是因为 BLS 的网络参数可以直接通过计算广义逆矩阵得到，且 BLS 的网络较为简单。

(3) CNN-PPF、BASS-Net 和 R-VCANet 的耗时较长。这是因为这些方法属于深度学习方法。对于 BASS-Net，基于梯度下降的网络参数更新需要大量的迭代步骤。对于 CNN-PPF，为了保证深度 CNN 训练，扩充样本集的样本数量远大于原始训练集，因此，需要更长的训练时间。对于 R-VCANet，由于测试过程中每层特征提取的维数较高导致耗时较长。

(4) 与 BLS 相比，SBLS 耗时更长。这是由于 CP 框架在计算样本之间的相关性时，耗费了较多的时间。

Indian Pines 和 Salinas 数据集上的分类效果图分别如图 5-2～图 5-3 所示。由图可以得出与上述一致的结论：基于 SBLS 的 HSI 分类效果最好。

5.3.3 参数分析

SBLS 中可调节的参数包括：MF 组数，每组的 MF 节点数。这里设置 MF 组数和每个 MF 的节点数相等，即 G^M。EN 中节点数量设为 G^E。SBLS 在三个数据集上 OA 和 G^M 或 G^E 之间的关系如图 5-4 所示，由图可知：

① 随着 G^M 和 G^E 的增加，三个数据集上的 OA 均呈现先增加后减小的趋势。这是因为 SBLS 的表征能力随着 G^M 和 G^E 的增加而逐渐增加直至饱和。

② 当 G^M 和 G^E 过低时，OA 会减小；反之，当 G^M 和 G^E 过高时，会导致额外的计算。因此，在三个数据集中，G^M 和 G^E 分别选择为 30-100，40-400 和 20-500。

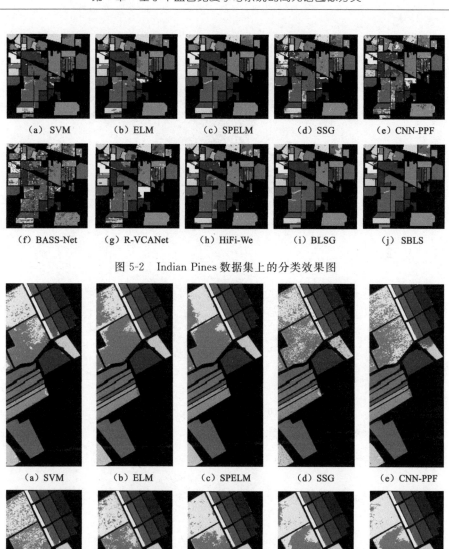

图 5-2　Indian Pines 数据集上的分类效果图

图 5-3　Salinas 数据集上的分类效果图

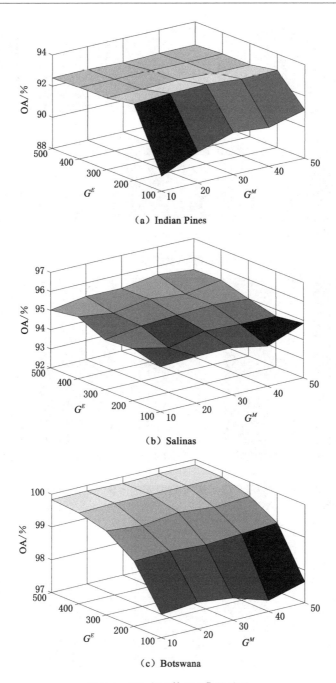

（a）Indian Pines

（b）Salinas

（c）Botswana

图 5-4 OA 与 G^M 和 G^E 的关系

5.4　本章小结

  HSI 分类一直是遥感领域富有挑战性的课题之一。本章针对 HSI 标记样本获取困难的问题，通过将类概率框架引入 BLS，提出了一种基于半监督宽度学习系统的 HSI 分类方法，即 SBLS。其可以同时利用有限的标记样本和大量的无标记样本。与基于深度学习的方法相比，SBLS 的权值可以利用岭回归近似法简单地计算出来，故更高效。与传统分类器（SVM、ELM 和 SPELM）、基于图的半监督方法（SSG）、三种基于深度学习的方法（CNN-PPF、BASS-Net 和 R-VCANet）、光谱-空间法（HiFi-We）以及原始的 BLS 相比，在三个真实的高光谱数据集上的实验结果表明，在标记样本有限的情况下，SBLS 方法不仅能够获得更高的分类精度，而且和基于深度学习的方法相比耗时更少。本章围绕高光谱图像半监督分类展开研究，在下一章中，将综合利用 CNN 和 BLS，研究基于深、宽度网络结合的高光谱图像分类方法。

参考文献

[1] GAO L R, YANG B, DU Q, et al. Adjusted spectral matched filter for target detection in hyperspectral imagery[J]. Remote sensing, 2015, 7(6): 6611-6634.

[2] ONOYAMA H, RYU C, SUGURI M, et al. Integrate growing temperature to estimate the nitrogen content of rice plants at the heading stage using hyperspectral imagery[J]. IEEE journal of selected topics in applied earth observations and remote sensing, 2014, 7(6): 2506-2515.

[3] BRUNET D, SILLS D. A generalized distance transform: theory and applications to weather analysis and forecasting[J]. IEEE transactions on geoscience and remote sensing, 2017, 55(3): 1752-1764.

[4] ISLAM T, HULLEY G C, MALAKAR N K, et al. A physics-based algorithm for the simultaneous retrieval of land surface temperature and emissivity from VIIRS thermal infrared data [J]. IEEE transactions on geoscience and remote sensing, 2017, 55(1): 563-576.

[5] LI W, DU Q, ZHANG F, et al. Collaborative-representation-based nearest

neighbor classifier for hyperspectral imagery[J]. IEEE geoscience and remote sensing letters,2015,12(2):389-393.

[6] WU Y F,YANG X H,PLAZA A,et al. Approximate computing of remotely sensed data: SVM hyperspectral image classification as a case study[J].IEEE journal of selected topics in applied earth observations and remote sensing,2016,9(12):5806-5818.

[7] XUE Z H,DU P J,SU H J. Harmonic analysis for hyperspectral image classification integrated with PSO optimized SVM[J].IEEE journal of selected topics in applied earth observations and remote sensing,2014,7(6): 2131-2146.

[8] ALOM M Z,SIDIKE P,TAHA T M,et al.State preserving extreme learning machine:a monotonically increasing learning approach[J].Neural processing letters,2017,45(2):703-725.

[9] FENG S,CHEN C L P.A fuzzy restricted boltzmann machine:novel learning algorithms based on the crisp possibilistic mean value of fuzzy numbers[J].IEEE transactions on fuzzy systems,2018,26(1):117-130.

[10] CHEN C L,ZHANG C Y,CHEN L,et al.Fuzzy restricted boltzmann machine for the enhancement of deep learning[J].IEEE transactions on fuzzy systems,2015,23(6):2163-2173.

[11] CHEN C L,LIU Z L.Broad learning system:an effective and efficient incremental learning system without the need for deep architecture[J]. IEEE transactions on neural networks and learning systems,2018,29(1): 10-24.

[12] CHEN C L.A rapid supervised learning neural network for function interpolation and approximation[J].IEEE transactions on neural networks, 1996,7(5):1220-1230.

[13] CAMPS-VALLS G,BANDOS M T,ZHOU D Y.Semi-supervised graph-based hyperspectral image classification[J].IEEE transactions on geoscience and remote sensing,2007,45(10):3044-3054.

[14] BELKIN M,NIYOGI P,SINDHWANI V.Manifold regularization:a geometric framework for learning from labeled and unlabeled examples[J]. Journal of machine learning research,2006,7:2399-2434.

[15] WANG F,ZHANG C S.Label propagation through linear neighborhoods [J].IEEE transactions on knowledge and data engineering,2008,20(1):

55-67.

[16] ZHUANG L S,GAO S H,TANG J H,et al.Constructing a nonnegative low-rank and sparse graph with data-adaptive features[J].IEEE transactions on image processing,2015,24(11):3717-3728.

[17] MORSIER F,BORGEAUD M,GASS V,et al.Kernel low-rank and sparse graph for unsupervised and semi-supervised classification of hyperspectral images[J].IEEE transactions on geoscience and remote sensing,2016,54(6):3410-3420.

[18] SHAO Y J,SANG N,GAO C X,et al.Spatial and class structure regularized sparse representation graph for semi-supervised hyperspectral image classification[J].Pattern recognition,2018,81:81-94.

[19] PAN B,SHI Z W,XU X.Hierarchical guidance filtering-based ensemble classification for hyperspectral images [J]. IEEE transactions on geoscience and remote sensing,2017,55(7):4177-4189.

[20] PAN B,SHI Z W,XU X.R-VCANet:a new deep-learning-based hyperspectral image classification method[J].IEEE journal of selected topics in applied earth observations and remote sensing,2017,10(5):1975-1986.

[21] ZHAI H,ZHANG H Y,ZHANG L P,et al.A new sparse subspace clustering algorithm for hyperspectral remote sensing imagery[J].IEEE geoscience and remote sensing letters,2017,14(1):43-47.

[22] BASEDOW R W,ALDRICH W S,COLWELL J E,et al. HYDICE system performance:anupdate [J]. Proceedings of SPIE - the international society for optical engineering,1996,DOI:10.1117/12.257186.

[23] LI W,WU G D,ZHANG F,et al.Hyperspectral image classification using deep pixel-pair features[J].IEEE transactions on geoscience and remote sensing,2017,55(2):844-853.

[24] DENG Y J,LI H C,PAN L,et al.Modified tensor locality preserving projection for dimensionality reduction of hyperspectral images[J].IEEE geoscience and remote sensing letters,2018,15(2):277-281.

[25] SANTARA A,MANI K,HATWAR P,et al.BASS net:band-adaptive spectral-spatial feature learning neural network for hyperspectral image classification[J].IEEE transactions on geoscience and remote sensing,2017,55(9):5293-5301.

第6章 基于光谱注意力图卷积网络的高光谱图像分类

6.1 引言

高光谱图像(HyperSpectral Image,HSI)每个像素都包含数十至上百个密集且近似连续的光谱波段[1],能够将空间成像技术与光谱测量技术有机结合,不仅提供了丰富的光谱特征,而且包含了地物形状、位置关系等空间信息,借助HSI能够更准确区分场景中不同类别的地物[2]。HSI分类旨在依据像素的光谱和空间特征为每个像素赋予类别标签。常用的分类方法包括支持向量机(Support Vector Machine,SVM)[3]、稀疏表示分类(Sparse Represent Classification,SRC)[4]等。然而,鉴于HSI的非线性可分特性,传统分类算法往往难以对HSI复杂的光谱和空间特征进行充分表征,存在欠拟合问题。为此,众多深度学习(Deep Learning,DL)方法被应用到HSI分类任务中。

DL一般由多个简单非线性单元构成,常见DL模型包括栈式自动编码器(Stacked Auto-Encoder, SAE)[5]、深度置信网络(Deep Belief Network, DBN)[6]、卷积神经网络(Convolutional Neural Network,CNN)[7]等。早期基于DL的HSI分类方法多为监督型,如Chen等人[8]先后尝试利用SAE与DBN提取HSI的层次、空-谱特征。该工作首先利用主成分分析(Principal Component Analysis,PCA)对原始HSI进行波段维的降维操作;然后,利用空间近邻表示对每个像素的空间特性和光谱特性进行表征,并将向量化后的数据作为SAE或DBN的输入;最后,通过反向传播与梯度下降算法实现对网络的训练。倪鼎等[9]利用地物在空间中的平滑特性,获取近邻判别信息来对中心像素进行类别判定。Li等[10]提出一种基于像素对的CNN,通过对可用标记数据中任意两个样本进行配对来构建新的数据组合。利用该方法可构建大量的标记像素对,从而保证了深度网络的充分训练。Li等[11]提出的多级融合密集网络(Multi-layer Fusion Dense Network,MFDN)通过对输入样本进行多尺度的特征提取,获取丰富的光谱和空间相关信息。此外,MFDN 采用紧密连接多层融合策略对空间特征和光谱特征进行融合,以提取更具鉴别性的光谱空间特征。Li 等[7] 在 CNN 中引入了注意力机制和残差模块,以并行获取局部信息和全局信息,从而自适应学习融合权值。

众所周知,监督型 DL 具有"数据饥渴"属性,需要大量的标记像素来支撑网络参数的训练,否则会出现严重的过拟合现象。然而,HSI 像素的标记工作往往需要依赖领域专家知识,耗时且费力。相对于标记的 HSI,无标记 HSI 的获取更加容易。为此,众多基于半监督型 DL 的方法相继被提出。相比于监督型 DL,半监督型 DL 能够同时利用标记和无标记的像素,学习更加准确的类别预测模型。近年来,图卷积网络(Graph Convolutional Network,GCN)[12]因其能够同时借助局部图结构和节点特征实现有效的信息聚合,而被广泛应用于 HSI 的半监督型分类任务。在 GCN 的基础上,Qin 等[13]通过结合光谱信息和局部空间近邻信息,提出了光谱-空间 GCN(Spectral-Spatial GCN,SSGCN)。Ding 等[14] 提出的全局一致 GCN(Global Consistent GCN,GCGCN),首先从拓扑连通性的角度构建全局一致图,并将初始图作为待优化的变量,从而获得一个自适应的、可靠的图结构。然后,通过探索自适应全局高阶邻域来捕获潜在的空间信息。最后,将自适应全局高阶图结构与双层网络相结合,实现了对同类样本的全局特征平滑,并保持了较高的全局特征一致性。Wang 等[15]利用 GCN 从原始的 HSI 中提取非线性特征,再通过宽度网络对所提取的特征进行宽度扩展,进一步增强特征表示能力。Sha 等[16]引入图注意力层,自动计算相邻节点之间的相似性,并将生成的特定权值作为节点间距离。然而,大多数基于 GCN 的 HSI 分类方法忽略了如下两个问题:① 不同光谱波段对分类任务的贡献不均等。如在一些感测光谱范围内存在噪声带和吸水带,这些波段会使得近邻图不能准确对像素间的近邻关系进行表征。② 强初始近邻图依赖性。静态的初始图在构造完成之后,被用于整个 GCN 的训练过程。当初始图中存在噪声近邻点时,会使得 GCN 在特征聚合中出现异类顶点的特征趋于一致,从而导致无效的特征聚合[17]。

为解决以上两个问题,本书提出一种基于光谱注意力图卷积网络(Spectral Attention Graph Convolutional Network,SAGCN)的 HSI 分类方法,主要贡献包括:① 构建结合局部信息和全局信息的光谱注意力模块,以综合考虑每一个光谱在近邻光谱中的冗余度及对分类任务的贡献,从而增强光谱注意力模块的表达能力。② 将构造的光谱注意力模块引入 GCN 中,以对 HSI 的每一维光谱自适应加权。通过度量加权更新后的光谱特征,得到对 HSI 像素间近邻关系表达更为准确的近邻图。

6.2　光谱注意力图卷积网络

所提 SAGCN 方法如图 6-1 所示,主要包括 4 个步骤。

步骤 1,利用 PCA 对原始 HSI 进行降维处理。

步骤 2,将降维后的 HSI 输入光谱注意力模块,利用光谱通道信息之间的交互来提取注意力特征,得到自适应的光谱权重向量 t,向量中的每个元素 t_i($i=$ $1,2,\cdots,C$)代表相应光谱的重要程度。其中,C 代表经过降维后的光谱维数。

步骤 3,使用光谱权重 t 来对 HSI 每维光谱进行更新,通过距离度量得到节点间更新后的光谱距离,再结合空间信息来构建 GCN 的近邻矩阵。

步骤 4,在 GCN 训练过程中动态更新光谱通道的权重,以实现对 HSI 近邻结构更加准确的描述,从而帮助获取更高的分类精度。

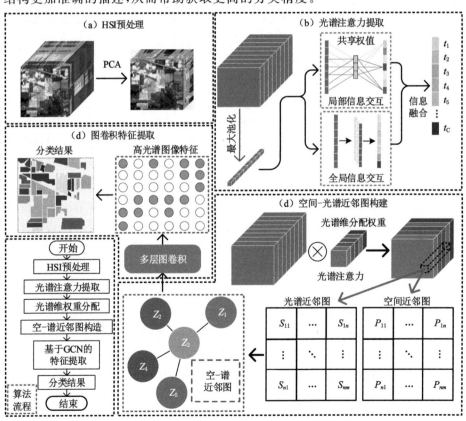

图 6-1　基于 SAGCN 的高光谱图像分类

6.2.1　HSI 预处理

在原始的 HSI 中,较强的光谱间相关性导致数据存在很多冗余波段,不仅会增加数据处理的负担,而且会影响对地物识别的效果。因此,这里首先对 HSI 进行 PCA 降维。设初始 HSI 为 $O \in \mathbb{R}^{H \times W \times D}$,其中,$H$,$W$ 和 D 分别代表 HSI 的高度、宽度和原始光谱波段数。经过 PCA 方法降维并重构后的 HSI 为 $X \in \mathbb{R}^{N \times C}$,其中 $N = H \times W$ 代表像素的总个数。

6.2.2　光谱注意力模块

注意力机制是受人类视觉系统的启发,能够捕捉关键区域的信息,其本质是一种通过神经网络自主学习权重系数,并以加权的方式来强调所感兴趣区域,抑制不相关背景区域的机制。在本书中,注意力机制用以实现对光谱特征重新调整,通过不同通道之间的信息交互,为每个光谱特征赋予不同的权重系数,从而增强重要的光谱特征、抑制非重要的光谱特征。为同时考虑近邻光谱波段之间的重要性和每个波段的独特性,实现降低近邻通道间冗余性的目标,提出一种包含局部信息交互和全局信息交互的光谱注意力模块。光谱注意力模块首先通过使用全局最大池化操作对每一个光谱波段进行信息压缩,并将生成的统计信息 $s \in \mathbb{R}^c$ 作为每维光谱的特征表示

$$s = \frac{1}{N} \sum_{i=1}^{N} X_{ic}, c = 1, 2, \ldots, C \tag{6-1}$$

其中,C 为通道的数量。接着,分别通过局部信息交互分支和全局信息交互分支提取 HSI 的局部和全局光谱注意力。对于局部信息交互分支,旨在提取 HSI 近邻光谱波段所包含的统计信息,从而反映每个波段在局部的重要性。为此,首先利用 1-D CNN 对近邻光谱进行自然分组。每层 1-D CNN 的卷积核大小设置为 $k(k < C)$,则经过卷积后特征的每个维度为 k 个近邻光谱特征的加权和,从而实现对局部特征的表征,则局部光谱对应的权重为

$$t_l = s * g_k \tag{6-2}$$

其中,t_l 表示通过局部信息获取的光谱注意力,g_k 表示大小为 k 的卷积核,$*$ 表示 1-D 卷积操作。通过该权重可以反映出每个波段的重要性。对于全局信息交互分支,通过全部的光谱特征来计算得到每个波段的重要性。这里选择一个由多个全连接层组成的神经网络来实现,每个全连接层的神经元个数与光谱维度相同,则通过全局交互信息分支得到的全局光谱注意力 t_g 为

$$t_g = f_{\theta_g}(s) \tag{6-3}$$

其中,θ_g 为全局信息交互分支的网络参数。最后,通过对局部和全局的光

谱注意力进行融合,进而得到局部-全局注意力

$$t = \varphi(t_1 + t_g) \tag{6-4}$$

其中,φ 表示 sigmoid 函数。

6.2.3 空间-光谱图的自适应构建

GCN 的性能很大程度取决于近邻图构建的质量,如果构建的初始近邻图可靠性较差,GCN 会因噪声近邻的存在而出现无效特征聚合,从而使得最终分类精度下降。为使近邻图在训练的过程中自适应调节近邻节点间的距离,将光谱注意力机制引入近邻图的构建过程。首先,利用注意力模块习得的权值更新 HSI 每个光谱波段,在增强重要的光谱特征表示的同时,抑制冗余的特征表示,从而得到增强后的高光谱图像 X'

$$X' = t \odot X \tag{6-5}$$

其中,$\odot$ 表示对应元素的 Hadamard 乘积。然后,使用欧氏距离来对更新后的特征进行度量,得到样本之间的光谱距离

$$L_{spe} = \| X'_i - X'_j \|_2 = \sqrt{\sum_1^N (X'_i - X'_j)^2} \tag{6-6}$$

其中,X'_i 表示 X' 中第 i 个样本。光谱距离越近,表示两个样本在重要光谱上的相似度越高。由式(6-5)可知,在光谱权重的学习过程中,光谱度量矩阵会根据光谱权重 t 的更新而动态调整,从而增强对分类任务更有帮助的光谱。由于 HSI 具有空间同质性,有必要在构建近邻矩阵时考虑空间信息,则像素之间的空间距离为

$$L_{spa} = \| d_i - d_j \|_2 = \sqrt{(c_{ix} - c_{jx})^2 + (c_{iy} - c_{jy})^2} \tag{6-7}$$

其中,c_{ix} 和 c_{iy} 分别表示第 i 个样本在 HSI 中的横坐标和纵坐标,则光谱-空间联合距离为

$$\text{dist} = \| X'_i - X'_j \|_2 + \| d_i - d_j \|_2 \tag{6-8}$$

这里将节点所在空间位置的 $n \times n$ 范围内的像素(包括自身)作为近邻[13]。通过这种方式,近邻节点的空间距离为定值,使得网络能更专注地学习各个光谱的权重系数。随后通过高斯递减函数来得到各个节点的连接强度。近邻矩阵 A' 可在训练过程中自适应构建,任意两个节点间的连接强度 $a_{i,j} \in A'$

$$a_{i,j} = \begin{cases} \exp[-(\| X'_i - X'_j \|_2 + \| d_i - d_j \|_2)/\sigma], & X'_i \in \text{Nei}(X'_j) \\ 0, & \text{其他} \end{cases} \tag{6-9}$$

其中,$\text{Nei}(\cdot)$ 为近邻集合,d_i 为该像素所在的空间位置。

6.2.4 基于图卷积的 HSI 半监督分类

谱域积为信号 X 在傅里叶域中与由 $\theta \in \mathbb{R}^{C \times 1}$ 参数化的滤波器 g_θ 的乘积

$$g_\theta * X = U g_\theta U^{\mathrm{T}} X \tag{6-10}$$

其中，$*$ 表示信号的卷积操作，U 是归一化的图拉普拉斯矩阵 $L = I - D^{-1/2} A D^{-1/2} = U L U^{\mathrm{T}}$ 的特征向量矩阵。Λ 是 L 的特征值对角矩阵。D 是 A 的度矩阵。$U^{\mathrm{T}} X$ 是关于 X 的傅里叶变换，可以将 g_θ 理解为 L 特征值的函数 $g_\theta(\Lambda)$。为减小特征分解时的计算量，用切比雪夫多项式的 k 阶展开式将 $g_\theta(\Lambda)$ 近似为

$$g_\theta{}'(\Lambda) \approx \sum_{k=0}^{K} \theta'_k T_k(\widetilde{\Lambda}) \tag{6-11}$$

其中，θ' 是切比雪夫系数，$\widetilde{\Lambda} = \dfrac{2}{\lambda_{\max}} \Lambda - I_N$，$\lambda_{\max}$ 是 L 最大的特征值。容易证明得 $U \Lambda^{\mathrm{T}} U = (U \Lambda U)^{\mathrm{T}} = L^{k}{}^{[12]}$，则信号 X 与滤波器的卷积可以写成

$$g_\theta{}' * X \approx \sum_{k=0}^{K} \theta'_k T_k(\widetilde{L}) X \tag{6-12}$$

其中，$\widetilde{L} = (2/\lambda_{\max}) L - I_N$，这里只考虑一阶邻域，即 $k = 1$，$\lambda_{\max}$ 近似为 2。式 (6-12) 可以进一步简化为

$$g_\theta{}' * X \approx \theta'_0 X + \theta'_1 (L - I) X = \theta'_0 X - \theta'_1 D^{-\frac{1}{2}} A D^{-\frac{1}{2}} X \tag{6-13}$$

其中，θ'_0 和 θ'_1 为两个自由参数。为进一步限制网络参数的数量，缓解网络训练过程中存在的过拟合问题，将式 (6-13) 写为

$$g_\theta * X \approx \theta' (I_N + D^{-\frac{1}{2}} A D^{-\frac{1}{2}}) X \tag{6-14}$$

其中，$\theta' = \theta'_0 = -\theta'_1$。为缓解多层图卷积过程中存在的梯度消失问题，将 $I_N + D^{-\frac{1}{2}} A D^{-\frac{1}{2}}$ 重构为 $\widetilde{D}^{-\frac{1}{2}} \widetilde{A} \widetilde{D}^{-\frac{1}{2}}$。其中，$\widetilde{A} = A + I_N$ 和 $\widetilde{D}_{ii} = \sum_j \widetilde{A}_{ij}$，则 GCN 的前向传播过程为

$$H^l = \sigma(A H^{(l-1)} W^l) \tag{6-15}$$

其中，H^l 为第 l 层的输出，H^0 为 X，$\sigma(\cdot)$ 表示激活函数，W^l 表示第 l 层可训练的权重矩阵，A 为拉普拉斯正则化矩阵 $\widetilde{D}^{-\frac{1}{2}} \widetilde{A} \widetilde{D}^{-\frac{1}{2}}$。基于图的半监督型学习方法是通过构建近邻矩阵，使用 GCN 来聚合近邻节点的特征（包含标记节点特征和无标记节点特征），从而平滑图上的标签信息，使得共享邻居节点具有相似的特征表示。在 GCN 训练的过程中，仅根据标记节点的分类损失来反向传播梯度，从而对网络的参数进行更新，则包含双隐层 GCN 所实现的映射为

$$Z = \mathrm{softmax}[A' \mathrm{Relu}(A' X' W^0) W^1] \tag{6-16}$$

其中，$\mathrm{Relu}(\cdot) = \max(0, \cdot)$ 是用于隐藏层的激活函数，$W^0 \in \mathbb{R}^{M \times F}$ 和 $W^1 \in \mathbb{R}^{F \times C}$ 是网络中可训练的参数。$\mathrm{softmax}(z_i) = \exp(z_i) / \sum_i \exp(z_i)$ 为网络输

出层的激活函数。GCN 模型的最后一层输出使用 softmax 分类器预测所有节点的标签。假设 $Z \in \mathbb{R}^{N \times C}$ 是 N 个节点关于 C 个类别的预测结果，只有标记样本对应的节点 y_L 被用于交叉熵损失的监督回归

$$L = -\sum_{l \in y_L} \sum_{f=1}^{F} Y_{lf} \ln Z_{lf} \tag{6-17}$$

其中，F 为输出层节点的个数（与类别数相同），$Y \in \mathbb{R}^{|y_L| \times F}$ 为对应的真实标签。综上，SAGCN 算法描述为：

输入：高光谱原始数据 O，标签 Y，近邻范围 $n \times n$，光谱交互个数 k，最大迭代次数 T；

输出：每个像素的预测标签。

步骤 1 使用 PCA 对原始数据 O 进行处理，得到 X；

步骤 2 根据式(6-1)～式(6-4)计算光谱的注意力权重 t，根据式(6-5)对 X 进行更新得到 X'；

步骤 3 根据式(6-9)对任意节点 X'_i 构建近邻个数为 $n \times n$ 的近邻矩阵 A'；

步骤 4 使用 A' 和 X' 训练 GCN；

步骤 5 根据式(6-16)得到输出；

步骤 6 根据标签 Y 和 GCN 的输出，用式(6-17)计算损失函数 L，重复步骤 3～步骤 7；

步骤 7 得到 SAGCN 的输出，确定测试样本的标签。

6.3　实验结果与分析

6.3.1　实验数据集

选择 Indian Pines，Kennedy Space Center(KSC)和 Botswana 3 个 HSI 数据集来评估 SAGCN 模型的性能。Indian Pines 数据集由 145×145 像素和 224 个光谱反射率波段组成，去除覆盖吸水区域的反射光谱后，光谱数量减少到 200。空间分辨率为 20 m，光谱分辨率为 10 nm，覆盖光谱范围为 200～2 400 nm，共包含 16 个类别。KSC 数据集的光谱覆盖范围为 $0.4 \sim 2.5 \ \mu\text{m}$。该数据集包含 224 个波段，614×512 像素，空间分辨率为 18 m。去除水分吸收和噪声波段后，保留图像的 176 个光谱波段，共有 13 个类别。Botswana 数据集包含 1 476× 256 个像素，242 个光谱波段，去除覆盖水吸收特征的未校准和有噪声的波段，剩

下 145 个波段,由 14 个类别组成。

6.3.2　实验结果

为验证所提方法的有效性,选择如下方法进行对比实验,包括:① 基于光谱的传统分类方法:SVM[3];② 基于深度卷积神经网络的分类方法:一维 CNN(1-Dimensional CNN,1-D CNN[18]),二维 CNN(2-Dimensional CNN,2-D CNN[18]),双流 CNN(Two-Stream CNN,T-S CNN[7]);③ 基于图卷积的分类方法:GCN[12],SSGCN[13],空间-光谱图注意力网络(Spatial-Spectral Graph Attention Network,SSGAN[16]);④ 所提方法的特例:利用全光谱特征的 SAGCN(SAGCN with Full Spectral Features,SAGCN-FSF)。采用平均分类精度(AA,%)、总体精度(OA,%)和 Kappa 系数 3 个评价指标对 SAGCN 模型的性能进行检验。为保证对比的公平,在 3 个 HSI 数据集上,使用相同数量训练样本体现 SAGCN 模型的分类结果。SAGCN 模型的分类结果重复 10 次减小随机性带来的影响。在所有基于 GCN 的方法均包含 2 个隐层,隐层节点数均为 40,迭代次数为 200,优化器设置为 Adam,学习率为 0.01,学习率下降参数设置为 5×10^{-18},SSGCN 中 KNN 的近邻个数设置为 20。1-D CNN,2-D CNN,T-S CNN 的参数根据相应文献[7,18]来设置。SVM 的参数通过网格搜索法来确定最优参数。

从 HSI 数据集的每类地物中随机选择 25 个样本作用于训练(不足 25 个样本只取 10 个)。表 6-1～表 6-3 给出不同方法在 3 个 HSI 数据集上的分类性能对比。

表 6-1　分类准确率(%)与 Kappa 系数的对比(Indian Pines 数据集)

	SVM[3]	1-D CNN[18]	2-D CNN[18]	GCN[12]	SSGCN[13]	T-S CNN[7]	SSGAN[16]	SAGCN-FSF	SAGCN
苜蓿	85.71	90.48	95.24	97.50	100	100	100	100	100
非犁耕玉米地	53.81	56.31	51.39	45.57	85.08	82.97	94.44	81.33	95.44
少犁耕玉米地	57.08	40.50	59.38	78.40	95.30	91.80	90.56	86.09	94.91
玉米地	72.97	82.55	81.13	82.25	100	89.62	98.58	98.11	98.11
草地/牧地	81.16	78.38	84.28	69.81	96.07	93.89	99.56	98.69	86.68
草地/树木	91.39	90.35	91.35	76.52	99.59	99.86	98.58	99.57	99.43
草地/修剪过的牧地	96.67	100	100	100	100	100	100	100	100
干草堆	85.67	86.98	90.29	88.14	100	96.69	100	98.45	100

表6-1(续)

	SVM[3]	1-D CNN[18]	2-D CNN[18]	GCN[12]	SSGCN[13]	T-S CNN[7]	SSGAN[16]	SAGCN-FSF	SAGCN
燕麦	97.00	80.00	100	100	100	100	100	90.00	100
非犁耕大豆地	63.54	59.87	61.77	70.81	90.43	95.88	99.05	88.28	97.04
少犁耕大豆地	46.83	49.55	58.77	54.02	80.29	88.64	86.17	87.08	84.86
清理过的大豆地	56.92	53.70	55.28	75.30	95.78	85.92	94.19	91.90	96.65
小麦	97.78	96.67	98.89	77.89	99.02	100	100	100	100
树林	78.05	73.79	89.84	66.16	91.94	98.47	87.26	98.55	99.35
建筑/草地/树木/机器	61.41	63.16	49.86	98.95	98.70	99.72	98.34	99.17	99.17
石钢塔	94.41	97.06	97.06	90.80	100	100	100	100	95.59
AA	76.28	74.96	79.03	79.51	95.76	95.21	96.97	94.83	96.70
OA	63.84	62.54	68.00	66.52	90.39	92.03	92.79	91.01	93.89
Kappa	0.594 1	0.580 7	0.63 67	0.629 8	0.881 6	0.909 1	0.918 1	0.897 5	0.930 4

表6-2 分类准确率(%)与Kappa系数的对比(KSC数据集)

	SVM[3]	1-D CNN[18]	2-D CNN[18]	GCN[12]	SSGCN[13]	T-S CNN[7]	SSGAN[16]	SAGCN-FSF	SAGCN
灌木丛	79.02	72.15	94.94	91.13	100	99.46	97.42	98.40	100
柳树沼泽	67.92	81.19	86.01	84.81	100	98.18	96.33	100	100
吊床	88.54	86.58	90.29	94.40	100	94.85	100	100	100
湿地松	19.28	55.95	77.72	57.32	50.43	89.96	93.39	100	100
橡树	74.05	49.26	81.98	74.19	82.98	100	94.85	81.76	100
硬木	80.09	62.25	73.74	47.09	98.56	97.57	97.06	96.76	100
沼泽	59.80	90.00	100	97.50	100	100	95.00	100	100
禾本科	57.71	82.27	88.45	94.82	100	99.51	98.28	99.52	100
米草沼泽	92.26	90.91	98.72	73.54	99.20	98.79	100	98.62	100
香蒲沼泽	73.82	84.70	76.27	68.59	100	99.74	99.74	100	100
盐沼	89.90	95.94	99.19	97.82	94.74	93.18	99.75	100	100
泥滩	88.40	79.29	65.12	88.73	96.48	97.50	97.49	95.31	97.07
水	98.16	97.89	89.05	97.94	100	100	99.00	100	100
AA	74.53	79.11	86.27	82.14	94.00	97.60	97.56	97.72	99.77
OA	79.97	82.81	87.15	85.39	96.28	98.05	98.18	98.45	99.71
Kappa	0.777 7	0.808 9	0.856 4	0.837 5	0.958 5	0.978 2	0.979 7	0.982 8	0.996 8

表 6-3　分类准确率(%)与 Kappa 系数的对比(Botswana 数据集)

	SVM[3]	1-D CNN[18]	2-D CNN[18]	GCN[12]	SSGCN[13]	T-S CNN[7]	SSGAN[16]	SAGCN-FSF	SAGCN
水	89.84	100	100	92.65	100	99.18	99.59	100	100
河马草	87.89	75.00	73.26	94.74	100	96.05	98.68	100	100
漫滩草 1	82.35	93.09	74.15	88.94	100	99.56	100	100	100
漫滩草 2	86.63	81.43	88.5	88.95	99.47	100	98.95	100	100
芦苇	70.57	68.94	53.54	68.85	97.13	99.59	100	100	100
河岸	59.10	56.82	92.91	63.93	78.69	97.54	94.26	100	96.72
火疤	82.44	86.61	95.90	95.30	100	99.15	92.74	100	100
岛屿内部	80.28	82.32	86.70	80.90	99.44	100	100	100	100
相思林地	69.10	74.43	51.84	63.67	98.96	87.89	98.27	99.31	100
相思灌木丛	69.33	65.84	95.28	72.20	99.55	100	95.52	98.21	100
相思草原	73.50	79.00	99.31	78.93	93.57	99.64	98.57	88.93	97.5
矮可乐豆	71.99	97.73	93.37	77.56	99.36	100	98.72	100	100
混合可乐豆	72.06	77.19	93.68	65.02	98.77	99.18	99.59	99.59	100
暴露的土壤	99.57	98.89	100	85.71	98.57	98.57	100	84.29	100
AA	78.19	81.24	85.60	79.81	97.39	98.31	98.21	97.88	99.59
OA	76.16	80.02	84.79	78.16	96.96	98.14	98.03	98.31	99.48
Kappa	0.742 7	0.783 5	0.835 1	0.763 2	0.967 1	0.979 8	0.978 7	0.982 8	0.994 4

由表 6-1～表 6-3 可以看出:

(1) 同为基于 GCN 的方法,综合利用 HSI 光谱和空间信息的 GCN(SSGCN,SSGAN,SAGCN-FSF 和 SAGCN)能够取得更高的 OA 和 Kappa 系数,这是因为基于空-谱信息的 GCN 能够借助 HSI 丰富的光谱和空间信息,降低异类近邻点的选择,从而促进更加有效的特征聚合。在所有方法中,SAGCN能够取得最高的 OA 和 Kappa 系数,这是因为 SAGCN 能够借助光谱注意力,挖掘出不同光谱对分类目标的不同贡献,从而构造能够动态更新且更加准确反映像素间关系的近邻图。

(2) 在 3 个 HSI 数据集上,SAGCN 均能够取得比 SAGCN-FSF 更高的OA。这是因为在有限标记样本的情况下,直接使用原始 HSI 会导致 GCN 参数量的增加,使得网络因过拟合出现 OA 降低的现象。

(3) 以 Indian Pines 数据集为例,图 6-2 给出了利用不同方法得到的分类效果图。可以看出,利用 SSGCN 能够得到更加清晰、平滑的分类效果图。其他方法可能会将"非犁耕玉米地"误分为"树林"和"干草堆";将"草地/树木"误分为

"玉米地"和"苜蓿";将"清理过的大豆""非犁耕玉米地""非犁耕大豆地"误分为"少犁耕大豆地"。

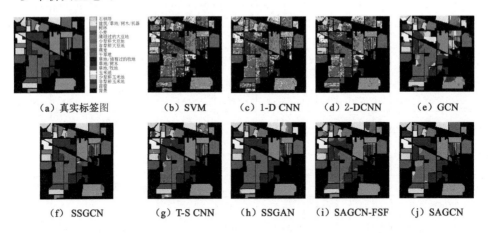

（a）真实标签图 　　（b）SVM 　　（c）1-D CNN 　　（d）2-DCNN 　　（e）GCN

（f）SSGCN 　　（g）T-S CNN 　　（h）SSGAN 　　（i）SAGCN-FSF 　　（j）SAGCN

图 6-2　不同方法在 Indian Pines 数据集上的分类效果图

然后,分析每类不同训练样本量对 OA 的影响,如图 6-3 所示。

由图 6-3 可知:

（1）SAGCN-L 和 SAGCN-G 分别为只使用局部交互和全局交互的 SAGCN。可以看出,在 3 个数据集上,SAGCN 取得的 OA 总是高于 SAGCN-L 和 SAGCN-G,这是因为全局交互信息与局部交互信息能相互补充,使得网络更好地分配对通道的注意力。

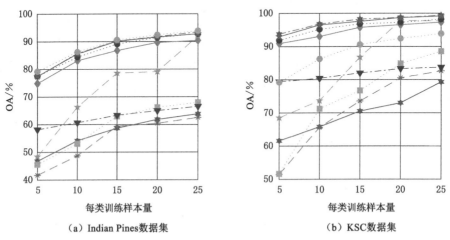

（a）Indian Pines数据集 　　　　（b）KSC数据集

图 6-3　每类训练样本量与 OA 的关系

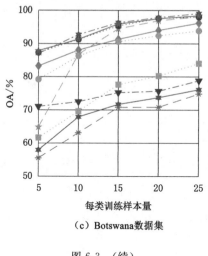

（c）Botswana数据集

图 6-3　（续）

（2）随着标记样本个数的增多，所有方法取得的 OA 均呈增长趋势，这是因为所有方法均为监督型或半监督型方法，更多的监督信息能够帮助习得更加准确的分类模型。SAGCN 在所有情况下，均能获得最高的 OA，证明通过光谱注意力模块自适应的为光谱分配权重，突出对分类任务贡献大的光谱特征。

以 Indian Pines 数据集为例，图 6-4 给出了原始数据、GCN 和 SAGCN 输出特征的 t-SNE 可视化图。由图可知，利用 GCN 提取的特征分布存在类别边界不明晰的现象，类别可分离性较差。这是因为 GCN 利用原始光谱特征构建初始图，较高的类间相似性导致部分像素的近邻包含异类样本。基于该初始图的特征聚合，会使得异类样本的特征趋于一致，从而导致无效的特征聚合。SAGCN 通过注意力机制构建更准确、可靠性更高的近邻图，增强聚合后的同类特征的相似性，使得不同类别的数据分布得更加清晰和紧凑，从而提高了SAGCN 在进行半监督型 HSI 分类时的判别能力。

6.3.3　参数分析

本节分析参数 k 和 n 对 OA 的影响，如图 6-5 所示。k 为通道信息交互的近邻个数，n 为空间图中像素点的方形近邻范围。设置 k 和 n 的取值范围均为 $\{1,3,\cdots,13\}$。由图可知：

（1）当 k 取值较小时，由于缺少与其他通道的跨通道信息交互，SAGCN 在 3 个 HSI 数据集上的 OA 均较低。当 k 取值较大时，表明局部信息交互分支无法聚焦 HSI 的局部波段信息，从而导致 OA 的降低。

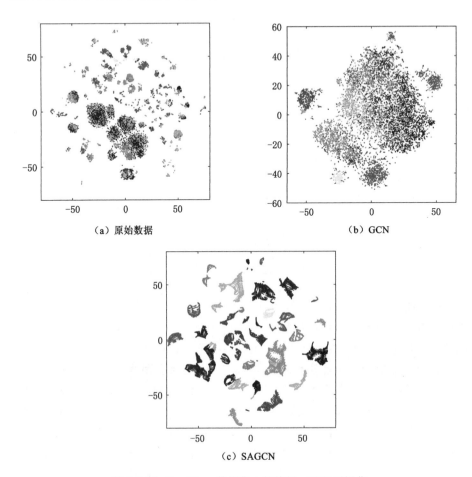

（a）原始数据　　　　　　　　　　　（b）GCN

（c）SAGCN

图 6-4　Indian Pines 数据集上的特征 t-SNE 可视化

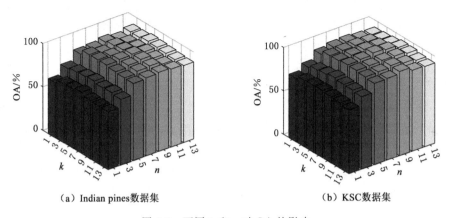

（a）Indian pines数据集　　　　　　　（b）KSC数据集

图 6-5　不同 k 和 n 对 OA 的影响

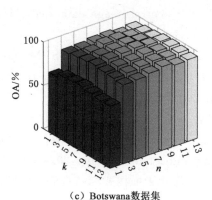

（c）Botswana数据集

图 6-5　（续）

（2）随着 n 取值的逐渐增大，OA 呈现先上升后下降的趋势，这是因为：较少的近邻点会使得 SAGCN 难以对同类像素进行充分的类内特征聚合；较多的近邻点会导致噪声近邻的选择，从而出现对异类像素的类间特征聚合。为此，在所有数据集上，k 值设置为 7 且 n 值设置为 9。

6.4　结论

为提高 GCN 在 HSI 上的分类精度，本书提出一种基于 SAGCN 的 HSI 半监督型分类方法。通过构建光谱注意力模块，以充分利用 HSI 的局部和全局光谱信息，从而实现 HSI 的光谱自适应加权。此外，综合利用少量标记样本和大量无标记样本，并使用加权更新后的 HSI 构建空-谱近邻图。进一步，基于所构造动态更新的近邻图，利用 GCN 聚合近邻像素的特征，从而帮助获取更高的分类精度。在 3 个真实 HSI 数据集上的实验结果表明，利用 SAGCN 能够获取更高的分类精度。

参考文献

[1] BIOUCAS-DIAS J M，PLAZA A，CAMPS-VALLS G，et al. Hyperspectral remote sensing data analysis and future challenges[J].IEEE geoscience and remote sensing magazine，2013，1(2)：6-36.

［2］ LANDGREBE D.Hyperspectral image data analysis［J］.IEEE signal processing magazine,2002,19(1):17-28.

［3］ BAZI Y,MELGANI F.Toward an optimal SVM classification system for hyperspectral remote sensing images［J］.IEEE transactions on geoscience and remote sensing,2006,44(11):3374-3385.

［4］ FANG L Y,LI S T,KANG X D,et al.Spectral-spatial hyperspectral image classification via multiscale adaptive sparse representation［J］.IEEE transactions on geoscience and remote sensing,2014,52(12):7738-7749.

［5］ 戴晓爱,郭守恒,任淯,等.基于堆栈式稀疏自编码器的高光谱影像分类［J］.电子科技大学学报,2016,45(3):382-386.

［6］ CHEN Y S,ZHAO X,JIA X P.Spectral-spatial classification of hyperspectral data based on deep belief network［J］.IEEE journal of selected topics in applied earth observations and remote sensing,2015,8(6):2381-2392.

［7］ LI X,DING M L,PIŽURICA A.Deep feature fusion via two-stream convolutional neural network for hyperspectral image classification［J］.IEEE transactions on geoscience and remote sensing,2020,58(4):2615-2629.

［8］ CHEN Y S,LIN Z H,ZHAO X,et al.Deep learning-based classification of hyperspectral data［J］.IEEE journal of selected topics in applied earth observations and remote sensing,2014,7(6):2094-2107.

［9］ 倪鼎,马洪兵.基于近邻协同的高光谱图像谱-空联合分类［J］.自动化学报,2015,41(2):273-284.

［10］ LI W,WU G D,ZHANG F,et al.Hyperspectral image classification using deep pixel-pair features［J］.IEEE transactions on geoscience and remote sensing,2017,55(2):844-853.

［11］ LI Z K,WANG T N,LI W,et al.Deep multilayer fusion dense network for hyperspectral image classification［J］.IEEE journal of selected topics in applied earth observations and remote sensing,2020,13:1258-1270.

［12］ KIPF T N,WELLING M.Semi-supervised classification with graph convolutional networks［EB/OL］.2016:arXiv:1609.02907.https://arxiv.org/abs/1609.02907.pdf.

［13］ QIN A Y,SHANG Z W,TIAN J Y,et al.Spectral-spatial graph convolutional networks for semisupervised hyperspectral image classification［J］.IEEE geoscience and remote sensing letters,2019,16(2):241-245.

［14］ DING Y,GUO Y Y,CHONG Y W,et al.Global consistent graph convolutional network for hyperspectral image classification［J］. IEEE transactions on instrumentation and measurement,2021,70:1-16.

[15] WANG H Y,CHENG Y H,CHEN C L P,et al.Semisupervised classification of hyperspectral image based on graph convolutional broad network ［J］.IEEE journal of selected topics in applied earth observations and remote sensing,2021,14:2995-3005.

[16] SHA A S,WANG B,WU X F,et al.Semisupervised classification for hyperspectral images using graph attention networks［J］.IEEE geoscience and remote sensing letters,2021,18(1):157-161.

[17] SUN W W, YANG G, PENG J T,et al. A multiscale spectral features graph fusion method for hyperspectral band selection ［J］. IEEE transactions on geoscience and remote sensing,2022,60:1-12.

[18] CHEN Y S,JIANG H L,LI C Y,et al.Deep feature extraction and classification of hyperspectral images based on convolutional neural networks ［J］.IEEE transactions on geoscience and remote sensing,2016,54(10): 6232-6251.

第 7 章　基于无监督宽度学习系统的高光谱图像聚类

　　由于标记的 HSI 样本获取的困难性,无监督聚类方法近年来逐渐成为 HSI 分析领域的热点。宽度学习(BL)作为机器学习领域最新进展之一,能够实现线性或非线性映射,但其为监督模型,无法利用大量的无标记 HSI 样本。为此,本书提出无监督 BL(UBL)方法用以实现 HSI 聚类。首先,图正则稀疏自动编码器(GRSAE)分别用于 UBL 中 MF 和 EN 映射权重的微调,以使 MF 和 EN 中的特征具有与原始 HSI 相同的流形结构;接着,通过组合输出层权重的 l_2 范数项和图正则项,构造 UBL 的目标函数;然后,通过广义特征值分解求解输出层的权重;最后,通过对 UBL 的输出进行谱聚类,得到最终的聚类结果。

　　本章结构安排如下:第 7.1 节说明了本章研究的背景;第 7.2 节对所提 UBL 进行详细介绍;第 7.3 节给出了实验结果与分析;第 7.4 节对本章内容进行总结。

7.1　研究背景

　　由高光谱传感器获取的高光谱图像(HSI)能够同时提供丰富的光谱和空间信息,已成为监测地球表面的强大工具[1]。近年来,HSI 被广泛应用到众多领域[2]。分类和聚类是这些应用中常见的两个方法。分类一般来说为监督方法,但由于对 HSI 像素的标记工作非常耗时且需要专业知识支持,因此 HSI 的分类任务常面临有限标记样本的问题。聚类一般来说为无监督方法,可以不需要任何先验知识,确定像素的类别。然而,由于 HSI 较高的光谱分辨率和复杂的空间结构,对 HSI 进行聚类,仍是一个具有挑战性的工作。

　　Zhang 等[1]总结了现有的聚类算法,并将其分为四类:① 基于中心点的方法,如 k-means[3]、模糊 C-means[4] 和 FCM_S1[5] 等;② 基于密度的方法,如通过寻找密度峰值来聚类[6]和基于网格的聚类方法[7]等;③ 生物聚类方法,如遥感无监督人工免疫网络[8]等;④ 基于图的聚类方法,如谱聚类[9]和谱曲线聚类[10]等。然而,由于高光谱图像的光谱变化较大,导致其在特征空间中表现为特征点均匀分布,这与多数聚类方法的假设相冲突,进而导致聚类效果不佳[11-12]。SSC能够从高维 HSI 中提取本征特征,但 SSC 只能够分析 HSI 的光谱特性,忽略了丰富的空间信息,故其聚类表现受限。Zhang 等[13]提出光谱-空间稀疏子空间聚类(SSC-S 和 S4C)算法,同时考虑 HSI 的光谱和空间信息,进而得到更准确的稀疏系数矩阵。但 S4C 是基于局部均值约束,不能够挖掘细致的空间信息,为解决这一问题,Zhai 等[14]提出 L2-SSC 方法。通过在 SSC 的模型中添加 l_2 范数的总变分正则项,来促进空间平滑性。然而,上述线性模型无法充分挖掘 HSI 中的非线性结构,为解决这一问题,Zhai 等[15]提出结合空间最大池化操作的核稀疏子空间聚类(KSSC-SMP)算法,一方面利用核技巧,将原始数据映射到高维空间,增强可分性;另一方面,引入最大池化操作,使得到的系数矩阵能够融合空间信息。Yan 等[12]通过两个相似度矩阵构造方法(Cosine-Euclidean 相似度矩阵和 Cosine-Euclidean 动态加权相似度矩阵)与 SSC 进行融合,使得到的稀疏系数矩阵能够同时包含 HSI 的光谱和空间信息。

Chen 等[16]提出宽度学习(BL)的概念,以平展型神经网络的形式建立,输入数据先后通过随机权重被映射到“映射特征(MF)”和“增强节点(EN)”。MF 和EN 均通过连接权重连接到输出层,该权重可利用岭回归求得。随后,为进一步提高 BL 的分类精度,Liu 等[17]在 BL 之前添加了基于 k-means 的特征提取过程。然而,上述 BL 方法均为监督型,要求至少有一个标记样本用于训练。

由于对每个类别的 HSI 像素进行标注是非常困难的,故而监督型方法的适用能力有限。为此,本章提出一种基于 UBL 的 HSI 聚类方法,主要贡献包括:① 提出无监督 BL 用于 HSI 聚类;② 在原始的 BL 中,MF 到 EN 的映射权重为随机生成的,故其表现受随机条件的影响。为此,在 UBL 中,MF 到 EN 的权重也通过 GRSAE 进行微调;③ 为保留原始 HSI 的流形结构,将图正则项添加到UBL 的目标函数中。

7.2　基于无监督宽度学习的高光谱图像聚类

如图 7-1 所示,UBL 包括五个步骤:步骤 1,利用分层导向滤波(HGF)对原始高光谱图像进行预处理,得到 HSI 的光谱-空间表示;步骤 2,利用通过GRSAE 微调的权重将 HSI 的光谱-空间表示映射到 MF 中;步骤 3,利用 EN 对MF 进行宽度拓展,且该映射过程中用到的权重也通过 GRSAE 微调;步骤 4,将MF 和 EN 连接到 UBL 的输出,且输出层的权重可以通过求解广义特征值分解问题得到;步骤 5,对输出向量进行谱聚类,得到最终的聚类结果。

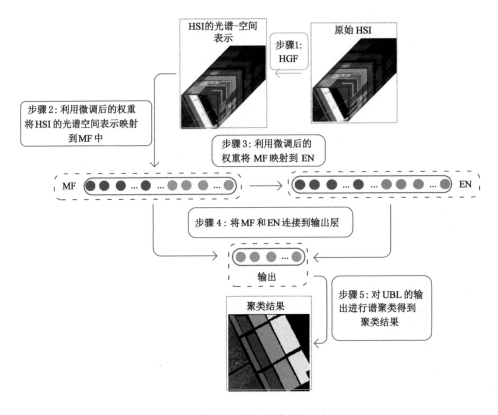

图 7-1　UBL 结构图

7.2.1　基于 HGF 的光谱-空间特征提取

原始的高光谱图像是以 3D 张量的形式呈现的,包含了丰富的光谱和空间信息,如果直接对其向量化,会导致:① 维数的大幅度增加;② 数据固有结构的破坏,进而导致信息的损失。最近,HGF 被用于获取 HSI 的光谱-空间表示,其能够去除噪声和细节,保留 HSI 的整体结构[18]。因此,这里首先利用 HGF 对原始 HSI 进行滤波操作。

作为导向滤波和滚动导向滤波的扩展,HGF 可以产生一系列光谱-空间特征。HGF 最小化以下能量函数:

$$E(a_k^p, b_k^p) = \sum_{i \in \omega_k} \left[(a_k^p \boldsymbol{G}_i + b_k^p - \boldsymbol{I}_i^p)^2 + \varepsilon a_k^{p2} \right] \qquad (7\text{-}1)$$

其中,a_k^p 和 b_k^p 是基于输入 $\widetilde{\boldsymbol{I}}$ 和引导图像 G 的线性回归系数,ω_k 是由像素点 k 和周围若干个像素组成的大小为 $(2r+1) \times (2r+1)$ 的窗口,r 是窗口半径,

i 是 ω_k 中的一个像素点，p 表示第 p 个波段，ε 是控制参数。ε 越大，输出越平滑。式(7-1)可以利用岭回归理论求解：

$$\begin{cases} a_k^p = \dfrac{\dfrac{1}{|\omega|}\sum\limits_{i\in\omega k}\widetilde{\boldsymbol{I}}_i^p\boldsymbol{G}_i - \mu_k\boldsymbol{I}_k^p}{\sigma_k^2 + \varepsilon} \\[4mm] b_k^p = \widetilde{\boldsymbol{I}}_k^p - a_k^p\mu_k^p \end{cases} \tag{7-2}$$

其中，μ_k 和 σ_k 分别为 G 的平均值和标准差，$\boldsymbol{I}_k^p$ 是 $\widetilde{\boldsymbol{I}}$ 所在 ω_k 的平均值，$|\omega|$ 是 ω_k 中像素点的个数，更多的细节如文献[18]所述。

7.2.2　基于 GRSAE 的权重微调

对于常规的 BL，输入到 MF 和 MF 到 EN 的连接权重(为方便描述，这里将两个权重分别命名为："MF 的权重"和"EN 的权重")均为随机生成，为获取更好的特征表示，Chen 等[16]利用 LSAE 对 MF 的权重进行微调。但输入数据通过无论是随机生成的或是经过 LSAE 微调的权重得到的特征，均忽略了数据的本征结构(如几何流形结构)。流形学习旨在构造一个图，图中的点表示样本，通过边来连接，能够较好地反映出数据之间的几何关系。为此，大量的基于图嵌入的方法被用于高光谱图像聚类。此外，图正则也是一种常见的正则化技术，能够使得数据在映射后仍能保持与输入相同的流形结构。为此，这里将该技术应用到 MF 和 EN 权重的微调过程中，以使 MF 和 EN 中的特征均具有与输入相同的流形结构。

给定基于 HGF 表示的 HSI 样本 $\boldsymbol{X}\in R^{n\times d}$，其中 n 为样本个数，d 为样本的维数。对于 UBL，输入首先通过 G^M 组权重 $\widetilde{\boldsymbol{W}}_i^M$，$i=1,\cdots,G^M$ 映射到 MF：

$$\widetilde{\boldsymbol{E}}_i = \boldsymbol{X}\widetilde{\boldsymbol{W}}_i^M \tag{7-3}$$

其中，$\widetilde{\boldsymbol{E}}_i\in R^{n\times d^M}$ 为第 i 组映射特征，d^M 为每组特征的维数。假设所需 MF 的权重和特征分别为 $\boldsymbol{W}_i^M$ 和 $\boldsymbol{E}_i$，类似于 LSAE，这里优化如下目标函数：

$$\underset{\boldsymbol{W}^M}{\operatorname{argmin}}\|\boldsymbol{X}\boldsymbol{W}_i^M - \boldsymbol{E}_i\|_2^2 + \lambda\|\boldsymbol{W}_i^M\|_1 \tag{7-4}$$

其中，λ 为系数正则项参数。根据流形假设，两个数据点 $\boldsymbol{x}_i$ 和 $\boldsymbol{x}_j$ 在原始空间中互相靠近，则对应的特征 $\boldsymbol{e}_i$ 和 $\boldsymbol{e}_j$ 也应互相靠近。通过在式(7-4)中添加这一约束条件，可以得到 GRSAE 的目标函数：

$$\underset{\boldsymbol{W}_i^M}{\operatorname{argmin}}\left\|\boldsymbol{X}\boldsymbol{W}_i^M - \boldsymbol{E}_i\right\|_2^2 + \lambda\|\boldsymbol{W}_i^M\|_1 \tag{7-5}$$

其中，α 为 GRSAE 中图正则项参数，$\mathrm{tr}(\cdot)$ 为求迹操作，$\boldsymbol{L}$ 为拉普拉斯矩

阵,可通过构建 k 近邻图得到[19]。式(7-5)可以通过 ADMM 求解,这里引入辅助变量 O,则式(7-5)可进一步写为:

$$\begin{cases} \underset{W_i^M}{\text{argmin}} \|XW_i^M - E_i\|_2^2 + \lambda \|O\|_1 + \alpha \, \text{tr}(E_i^T L E_i) \\ \text{s.t.} \, W_i^M - O = 0 \end{cases} \tag{7-6}$$

则式(7-6)的拉格朗日表达式为:

$$\begin{cases} J = \underset{W_i^M}{\text{argmin}} \|XW_i^M - E_i\|_2^2 + \lambda \|O\|_1 + \alpha \, \text{tr}(E_i^T L E_i) + \\ \rho u^T (W_i^M - O) + \frac{\rho}{2} \|W_i^M - O\|_2^2 \end{cases} \tag{7-7}$$

其中,$\rho > 0$ 为常量。根据 ADMM 优化方法,W_i^M、O 和 u 交替更新,每次更新仅更新其中一个变量,固定其余两个变量。

(1) 更新 W_i^M。W_i^M 的更新方法可以通过求解如下问题得到:

$$W_i^M(k+1) = \underset{W_i^M}{\text{argmin}} J(W_i^M, O, u) \tag{7-8}$$

计算 J 关于 W_i^M 的导数并使其为零,可以得到:

$$W_i^M(k+1) = \frac{X^T E_i + \rho(O^{(k)} - u^{(k)})}{X^T X + \rho I + \alpha X^T (L + L^T) X} \tag{7-9}$$

(2) 更新 O。O 的方法为:

$$O^{(k+1)} = S_{\lambda/\rho}(W_i^{M,(k+1)} + u^{(k)}) \tag{7-10}$$

其中,$S_\kappa(\cdot)$ 为软阈值操作,其计算方法为:

$$S_\kappa(g) = \begin{cases} g - \kappa, & g > \kappa; \\ 0, & |g| \leqslant \kappa; \\ g + \kappa, & g < -\kappa. \end{cases} \tag{7-11}$$

其中,κ 为人工定义的阈值,如 10^{-3}。

(3) 更新 u。u 更新过程的计算公式为:

$$u^{(k+1)} = u^{(k)} + (W_i^{M,(k+1)} - O^{(k+1)}) \tag{7-12}$$

上述三个步骤交替进行,直到收敛或者达到预先定义的迭代次数,进而可以得到所需的 W_i^M,进一步,Z_i 可以通过下式计算得到:

$$Z_i = XW_i^M \tag{7-13}$$

在原始的 BL 中,EN 的权重为随机生成,会导致模型最终的表现受到随机状态的影响,进而无法保证稳定性。为此,这里利用 GRSAE 对该权重也进行微调。可以简单地通过将上述优化过程中的 X 替换为 $Z = [Z_1, Z_2, \cdots, Z_{GM}]$ 来实现,则微调后 EN 的权重为 W^E,进一步,EN 中的特征为:

$$H = \sigma(ZW^E) \tag{7-14}$$

其中,$\sigma(\cdot)$ 为非线性函数,这里选择 tansig 函数。$H \in R^{n \times d_E}$ 为 EN 中的特

征,d^E 为 EN 中节点的个数。

7.2.3　UBL 目标函数的构造

对于常规 BL,在得到 MF 和 EN 的特征后,输出向量可以通过如下公式计算得到:

$$\widetilde{Y} = [Z \mid H]\widetilde{W}^m \tag{7-15}$$

其中,$\widetilde{Y} \in R^{n \times c}$ 为输出向量,$\widetilde{W}^m$ 为输出层权重,可以通过求解如下问题得到:

$$\underset{\widetilde{W}^m}{\arg\min} \| [Z \mid H]\widetilde{W}^m - \widetilde{Y}' \|_2^2 + \delta \| \widetilde{W}^m \|_2^2 \tag{7-16}$$

其中,$\widetilde{Y}' \in R^{n \times c}$ 为给定的样本真实标签,c 为类别的个数。式(7-14)可以通过求解岭回归问题快速得到,在 $\delta \to 0$ 的情况下,其解为:

$$\begin{aligned}
\widetilde{W}^m &= [Z \mid H]^+ \widetilde{Y}' \\
&= \lim_{\delta \to 0} (\delta I + [Z \mid H][Z \mid H]^{\mathrm{T}})^{-1} [Z \mid H]^{\mathrm{T}} \widetilde{Y}'
\end{aligned} \tag{7-17}$$

其中,$(\cdot)^+$ 为广义逆计算,I 为单位矩阵。

在无监督的情况下,无任何先验知识或标签信息可供利用。因此,在构造 UBL 目标函数时,需要首先去掉式(7-16)中的经验风险项,仅保留输出层权重的 l_2 范数项。此外,为将原始 HSI 的流形结构传递到输出层,需要在目标函数中额外添加图正则项。综上,UBL 的目标函数为:

$$\begin{cases}
\underset{W^m}{\arg\min} \dfrac{1}{2} (\| W^m \|_2^2 + \zeta \mathrm{Tr}([Z \mid H]^{\mathrm{T}} (W^m)^{\mathrm{T}} L^m W^m [Z \mid H])) \\
\mathrm{s.t.} (W^m)^{\mathrm{T}} W^m = I
\end{cases} \tag{7-18}$$

其中,ζ 为 UBL 的图正则项参数,L^m 为利用 $[Z \mid H]$ 构造 k 近邻图得到的拉普拉斯矩阵。此外,为避免广义特征值分解过程中存在的秩亏问题,添加约束项 $(W^m)^{\mathrm{T}} W^m = I$。式(7-18)可以通过计算如下式中的前 c 个最小特征值对应的特征向量得到所求的 W^m:

$$(I + \zeta [Z \mid H]^{\mathrm{T}} L^m [Z \mid H]) W^m = \xi [Z \mid H]^{\mathrm{T}} [Z \mid H] W^m \tag{7-19}$$

则 UBL 的输出向量为:

$$Y = [Z \mid H] W^m \tag{7-20}$$

进一步地,通过对 Y 进行谱聚类,可以得到最终的聚类结果 Y^c。

7.3 实验结果与分析

为评估 UBL 的表现,这里选择三个真实 HSI 数据集进行实验分析,包括 Indian Pines、Pavia University 和 Salinas。特殊地,为方便对比实验,这里分别从三幅 HSI 中选择经典子集进行实验,所选区域如图 7-2 所示。三个数据集的经典子集的大小分别为 $75 \times 82 \times 220$、$170 \times 160 \times 103$ 和 $140 \times 150 \times 204$。

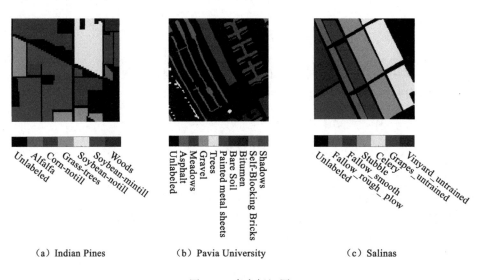

（a）Indian Pines　　　　（b）Pavia University　　　　（c）Salinas

图 7-2　真实标记图

7.3.1 参数分析

由 UBL 的描述可知,可调整参数包括图正则参数 λ、α 和 ζ,MF 中特征的组数 GM,每组节点的个数 d^M,EN 中节点的个数 d^E。给定各参数的取值范围分别为:d^M,$G^M \in \{3,5,10,15,20\}$;λ,$\alpha \in \{0.01,0.1,1,5,10\}$;$\zeta \in \{0.01,0.1,1,5,10\}$。各参数与 OA 之间的关系如图 7-3 所示。由图可知:① 一方面,较小的 d^M 和 GM 意味着 MF 中的特征维数较低,故而无法对输入进行充分表示;另一方面,较大的 EN 节点个数可能会导致冗余现象的发生。故在后续的实验中,对于 Indian Pines,设置 d^M,$G^M = 15$;对于 Pavia University 和 Salians,设置 d^M,$G^M = 10$。② 在三个数据集上,当 d^E 分别取值为 25、100 和 100 时,OA 达到最高值。③ 综上,在三组数据集上的参数设置情况分别为:对于 Indian Pines,设置 λ,$\alpha=1$ 和 $\zeta=10$;对于 Pavia University,设置 λ,$\alpha=10$ 和 $\zeta=0.01$;对于 Salinas,设置 λ,$\alpha=0.1$ 和 $\zeta=0.01$。

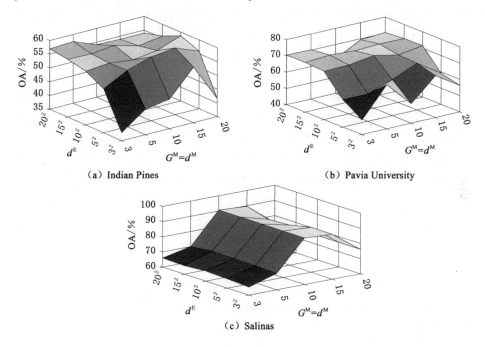

（a）Indian Pines　　　　　　　　（b）Pavia University

（c）Salinas

图 7-3　GM、dM 和 dE 与 OA 的关系

7.3.2　对比实验

为验证 UBL 的聚类表现,选择如下 4 类共 9 个方法进行对比实验,分别为:

（1）传统的聚类方法:FCM[4] 和 SSC[20]。此外,为实现空-谱聚类,HGF-FCM 和 HGF-SSC 也选为对比方法;

（2）光谱-空间聚类方法:SSC-S[13]、S4C[13]、L2-SSC[14];

（3）无监督极限学习机:UELM[21];

（4）所提方法特例:UBL1,MF 和 EN 的权重经过微调,但不添加流形约束。

所提方法和 9 个对比方法分别在三组 HSI 数据集上进行聚类实验,所选评价指标包括 OA(%)、Kappa 系数和耗时(s)。为消除实验中随机因素的影响,所有方法重复 5 次取平均值。三个数据集的聚类结果如表 7-1 和图 7-4 所示。可知:

（1）与基于 SSC 的方法(如 SSC、HGF-SSC、SSC-S、S4C 和 L2-SSC)相比,

UBL 能够取得更高的 OA 和 Kappa 系数。原因是两个方面的：一方面，所有基于 SSC 的方法均为线性方法，无法挖掘 HSI 的非线性结构，而 UBL 能够实现非线性映射，能够挖掘 HSI 更为复杂的结构，故而具有更好的表现；另一方面，通过结合图正则技术，UBL 能够将输入的流形结构传递到输出。

(2) 与非线性方法相比(包括 UELM 和 UBL1)，UBL 在 OA 和 Kappa 系数两个指标上也表现出了优势，这是因为对于 UELM，图正则技术仅用在了目标函数中。此外，UELM 的结构是固定的，而 UBL 能够通过 EN 实现宽度拓展。进一步，得益于在 UBL 的每个映射过程中的流形约束，输入的流形结构能够在多次映射过程后依然在一定程度上得到保持。

(3) 在 10 种方法中，相比仅利用光谱信息的聚类(FCM 和 SSC)，光谱-空间聚类方法(HGF-FCM、HGF-SSC、SSC-S、S4C、L2-SSC、UELM、UBL1 和 UBL)能够取得更高的 OA 和 Kappa 系数。这是因为相同类别的像素可能会具有不同的光谱特性，而具有相同光谱特性的像素可能会具有不同的空间信息。因此，通过结合空间信息，能够提高聚类方法的判别能力。

(4) 所有方法中，耗时最短的为 FCM 和 HGF-FCM，其次为 UELM 和 UBL1。相比之下，UBL 的耗时稍长，但其能够取得更高的 OA。

(5) 以 Indian Pines 数据集为例，由 UBL 得到的聚类效果图更加平滑且细节更加丰富。其他方法可能会将更多的 Alfalfa 误分为 Corn-notill、Soybean-notill 或者 Soybean-mintill；将更多的 Soybean-notill 误分为 Corn-notill 或者 Soybean-mintill；将更多的 Soybean-mintill 误分为 Corn-notill 或者 Grass-trees。

表 7-1　聚类性能对比

数据集	评价指标	FCM	HGF-FCM	SSC	HGF-SSC	SSC-S
Indian Pines	OA/%	46.91	52.27	48.83	51.73	49.89
	Kappa	0.343 6	0.368 2	0.340 0	0.413 4	0.372 7
	t/s	5.74	**3.29**	445.02	231.71	1 261.13
Pavia University	OA/%	47.35	54.17	53.67	59.59	69.62
	Kappa	0.39 6	0.465 8	0.453 9	0.515 1	0.632 2
	t/s	6.07	**4.57**	630.74	650.28	42 104.05
Salinas	OA/%	72.32	74.43	72.76	85.38	86.71
	Kappa	0.663 5	0.689 4	0.666 7	0.820 8	0.835 9
	t/s	16.38	**14.26**	10 185.87	9 760.61	12 638.15

表 7-1(续)

数据集	评价指标	S4C	L2-SSC	UELM	UBL1	UBL
Indian Pines	OA/%	50.05	51.19	56.89	52.30	**62.58**
	Kappa	0.374 0	0.394 4	0.436 2	0.417 5	**0.469 0**
	t/s	3 024.90	718.50	77.09	94.50	104.90
Pavia University	OA/%	68.39	61.84	61.17	64.93	**70.83**
	Kappa	0.621 0	0.541 2	0.547 3	0.589 2	**0.653 3**
	t/s	45 995.34	22 520.97	236.50	226.34	237.44
Salinas	OA/%	86.72	86.51	80.30	75.07	**91.42**
	Kappa	0.836 0	0.833 4	0.762 1	0.695 2	**0.894 3**
	t/s	22 992.69	2 311.99	3 403.52	2 492.91	2 509.68

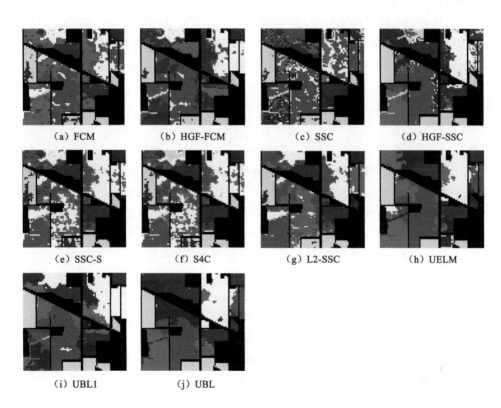

(a) FCM　　　(b) HGF-FCM　　　(c) SSC　　　(d) HGF-SSC

(e) SSC-S　　　(f) S4C　　　(g) L2-SSC　　　(h) UELM

(i) UBL1　　　(j) UBL

图 7-4　Indian Pines 数据集上的聚类效果图

7.4　本章小结

　　本章提出了一种基于 UBL 的 HSI 聚类方法。首先,通过将图正则技术引入 MF 权重的微调过程中,以使得到的特征具有与输入相同的流形结构;接着,利用 GRSAE 对 EN 的权重也进行微调,消除了随机条件对聚类表现的影响,提高了 UBL 的稳定性;然后,将 MF 和 EN 连接到输出层,通过组合输出层权重的 l_2 范数项和图正则项,构造了 UBL 的目标函数,并通过广义特征值分解进行求解;最终,通过对输出层向量进行谱聚类得到了 UBL 最终的聚类结果。在三个真实 HSI 数据集上的表现证明,相比基于 FCM、基于 SSC 和 UELM 的聚类方法,能够取得更高的聚类精度。

　　本章针对无标记样本情况,研究基于无监督宽度学习的高光谱图像聚类算法,但标记样本中包含了大量的判别信息,为同时利用有限的标记样本和大量的无标记样本,下一章将基于宽度学习研究半监督高光谱图像分类算法。

参考文献

[1] ZHANG L P,ZHANG L F,DU B.Deep learning for remote sensing data:a technical tutorial on the state of the art[J].IEEE geoscience and remote sensing magazine,2016,4(2):22-40.

[2] MERONI M,FASBENDER D,BALAGHI R,et al.Evaluating NDVI data continuity between SPOT-VEGETATION and PROBA-V missions for operational yield forecasting in north African countries[J].IEEE transactions on geoscience and remote sensing,2015,54(2):795-804.

[3] FILHO A G S,FRERY A C,DE ARAUJO C C,et al.Hyperspectral images clustering on reconfigurable hardware using the k-means algorithm[C]// 16th Symposium on Integrated Circuits and Systems Design,2003.SBCCI 2003. Proceedings. September 8-11, 2003, Sao Paulo, Brazil. IEEE, 2003: 99-104.

[4] BEZDEK J.Pattern recognition with fuzzy objective function algorithms [J].Advanced applications in pattern recognition,1981,22(1171):203-239.

[5] CHEN S C,ZHANG D Q.Robust image segmentation using FCM with

spatial constraints based on new kernel-induced distance measure[J].IEEE transactions on systems,man,and cybernetics,Part B(cybernetics),2004, 34(4):1907-1916.

[6] RODRIGUEZ A,LAIO A.Clustering by fast search and find of density peaks[J].Science,2014,344(6191):1492-1496.

[7] VIJENDRA S.Efficient clustering for high dimensional data:subspace based clustering and density based clustering[J].Information technology journal,2011,10(6):1092-1105.

[8] ZHONG Y F,ZHANG L P,GONG W.Unsupervised remote sensing image classification using an artificial immune network[J].International journal of remote sensing,2011,32(19):5461-5483.

[9] NG A Y,JORDAN M I,WEISS Y.On spectral clustering:analysis and an algorithm[C]//Proceedings of the 14th International Conference on Neural Information Processing Systems:Natural and Synthetic.December 3-8, 2001, Vancouver, British Columbia, Canada. New York: ACM, 2001: 849-856.

[10] CHEN G L,LERMAN G.Spectral curvature clustering(SCC)[J].International journal of computer vision,2009,81(3):317-330.

[11] SUN W W,ZHANG L P,DU B,et al.Band selection using improved sparse subspace clustering for hyperspectral imagery classification[J]. IEEE journal of selected topics in applied earth observations and remote sensing,2015,8(6):2784-2797.

[12] YAN Q,DING Y,AHANG J J,et al.A discriminated similarity matrix construction based on sparse subspace clustering algorithm for hyperspectral imagery[J].Cognitive systems research,2019,53:98-110.

[13] ZHANG H Y,ZHAI H,ZHANG L P,et al.Spectral-spatial sparse subspace clustering for hyperspectral remote sensing images[J].IEEE transactions on geoscience and remote sensing,2016,54(6):3672-3684.

[14] ZHAI H,ZHANG H Y,ZHANG L P,et al.A new sparse subspace clustering algorithm for hyperspectral remote sensing imagery[J].IEEE geoscience and remote sensing letters,2017,14(1):43-47.

[15] ZHAI H,ZHANG H Y,XU X,et al.Kernel sparse subspace clustering with a spatial max pooling operation for hyperspectral remote sensing data interpretation[J].Remote sensing,2017,9(4):335.

[16] CHEN C L P,LIU Z L.Broad learning system:an effective and efficient incremental learning system without the need for deep architecture[J]. IEEE transactions on neural networks and learning systems,2018,29(1): 10-24.

[17] LIU Z L, ZHOU J, CHEN C L P. Broad learning system:feature extraction based on K-means clustering algorithm[C]//2017 4th International Conference on Information,Cybernetics and Computational Social Systems(ICCSS).July 24-26,2017,Dalian,China.IEEE,2017:683-687.

[18] PAN B,SHI Z W,XU X.Hierarchical guidance filtering-based ensemble classification for hyperspectral images [J]. IEEE transactions on geoscience and remote sensing,2017,55(7):4177-4189.

[19] PAN J,WANG X S,CHENG Y H.Single-sample face recognition based on LPP feature transfer[J].IEEE access,2016,4:2873-2884.

[20] GREEN R O,EASTWOOD M L,SARTURE C M,et al.Imaging spectroscopy and the airborne visible/infrared imaging spectrometer (AVIRIS)[J].Remote sensing of environment,1998,65(3):227-248.

[21] HUANG G,SONG S J,GUPTA J N D,et al.Semi-supervised and unsupervised extreme learning machines[J].IEEE transactions on cybernetics, 2014,44(12):2405-2417.

第 8 章　基于 K 重均值锚点提取的高光谱图像聚类

高光谱遥感卫星通过利用紫外、可见光、近红外等大量电磁波波段，可以获取近似连续的地物光谱曲线，进而获得高光谱图像（hyperspectral image，HSI）。高光谱数据具有"图谱合一"的特性，将反映地物反射特性的光谱波段信息和反映地物空间位置关系的图像信息结合在一起，可以更有效地对地物进行识别和分类，进而更有效地认识地物的有用特征信息、分布与变化规律[1]。因此，HSI 在实际生产生活中具有十分广阔的应用发展前景。在 HSI 处理中，分类和聚类是两种主要的应用方法。由于 HSI 提供了丰富的光谱信息，在光谱诊断特征的支持下，精细的地表覆盖分类和聚类成为可能[2]。分类属于监督学习，聚类属于无监督学习。与聚类相比，分类的结果更加精确，但是由于具有标记的 HSI 样本少，同时对 HSI 像素的标记工作非常耗时且需要专业知识支持[3]，所以不需要先验知识和标记样本的聚类方法得到了更多的关注。然而，由于 HSI 具有较大的光谱变异性和复杂的空间结构，因此对 HSI 聚类通常是一项非常具有挑战性的任务[4]。

迄今为止，已经有多种聚类方法被提出，并在实际中得到了广泛的应用。这些方法在工作原理上主要分为四类，Zhang 等[5]对其进行了总结：基于中心的方法，例如 K 均值聚类[6]、模糊 C 均值聚类（fuzzy C-means clustering，FCM）[7-8]；基于密度的方法，例如通过快速搜索并发现密度峰值进行聚类[9]和基于网格的方法[10]；生物聚类的方法，例如遥感无监督人工免疫网络[11]和基于自适应多目标差分进化的自动模糊聚类方法[12]；基于图的方法，例如谱聚类（spectral clustering，SC）[13]、谱曲线聚类[4]和稀疏子空间聚类[5,15]。然而，上述聚类方法仅仅对 HSI 的光谱信息进行了分析，HSI 作为数据立方体所携带的丰富空间环境信息却被忽略了，这也就导致了利用这些方法进行 HSI 聚类得到的结果并不理想。以往的研究表明，应当同时利用空间环境信息与光谱信息来辅助 HSI 的聚类。近年来，利用空-谱框架提高 HSI 聚类精度的方法也越来越多，例如具有空间约束的模糊 C 均值聚类（FCM_S1）[8]、马尔可夫随机场聚类[16]以及利用空间约束的 K 均值聚类[17]等。最近，Wang 等[18]提出了利用锚点对 HSI 进行谱聚类的方法。在谱聚类的基础上，不再利用所有样本参加相似度矩阵的构造，而是增加了一个锚点提取的过程。在进行锚点提取时，Wang 等利用的是随机生成的方法，这种方法虽然也能得到较好的聚类结果，但是却牺牲了样本点间的关系信息，对聚类结果有一定的影响。为在锚点提取过程中进一步有效利用样本点的邻域信息，本书提出一种基于 K 重均值锚点提取的高光谱图像谱聚类（anchor point extraction with K-multiple-means，APEKMM）算法，主要思路为：首先，利用 K 重均值（K-multiple-means，KMM）聚类算法对样本点进行聚类操作；然后，利用样本点间的子类相关信息，将得到的聚类中心作为锚点，为后续的锚图构造提供更具有代表性的锚点。

8.1　基于 K 重均值锚点提取的高光谱图像聚类

基于 K 重均值锚点提取的高光谱图像谱聚类框图如图 8-1 所示，主要包括 3 个步骤：首先，将原始 HSI 进行二维重构后，利用基于 KMM 的方法对样本点进行聚类，设置聚类簇的个数等于所需锚点个数，将聚类得到的簇中心点作为锚点；然后，利用得到的锚点与样本点之间的相互关系构造锚图，获得样本的相似度矩阵；最后，在锚图上进行谱分析，对高光谱图像进行谱聚类，得到最后的聚类结果。

8.1.1　基于 KMM 的锚点提取

原始高光谱图像是以 3D 张量的形式呈现的，此处首先对 HSI 进行二维重构，得到样本数据矩阵，可以用 $\boldsymbol{X} = [x_1, \cdots, x_n]^\mathrm{T}$ 来表示，$x_i \in \mathbb{R}^{n \times d}$ 表示数据集中的单个数据点，n 表示数据点的个数，d 表示特征维数。在谱聚类中，由数据点 x_i 作为顶点，顶点之间的相似关系作为边，可以构造出亲和图，然后再按照一定的准则对图进行切分。在亲和图中，两顶点 x_i 和 x_j 之间边的权重可用 w_{ij} 表示，进而由 $\boldsymbol{W} = \{w_{ij}\} \in \mathbb{R}^{n \times n}, \forall i, j \in 1, \cdots, n$ 表示相似度矩阵。

相似度矩阵 $\boldsymbol{W}$ 为一个对称矩阵，它的每个元素是由不同样本之间的相似度组成的，相似度一般由样本之间的距离来度量，也有用高斯核函数与余弦相似度来度量的[19]。在对 HSI 进行谱聚类的过程中，$\boldsymbol{W}$ 的求解至关重要。但是，由于 HSI 维数高等原因，$\boldsymbol{W}$ 的获取也是一个难点。在近年来的研究中提出可以运用锚图来构造相似度矩阵 $\boldsymbol{W}$，进行谱聚类的求解[20-22]。Wang 等[18] 将这种策略运用于对 HSI 的聚类中，取得了较好的结果。这种策略首先在 $\boldsymbol{X}$ 中提取 k 个点作为锚点，且 $k \ll n$；根据各数据点与各锚点之间的相似关系可以构造矩阵 $\boldsymbol{Z} \in$

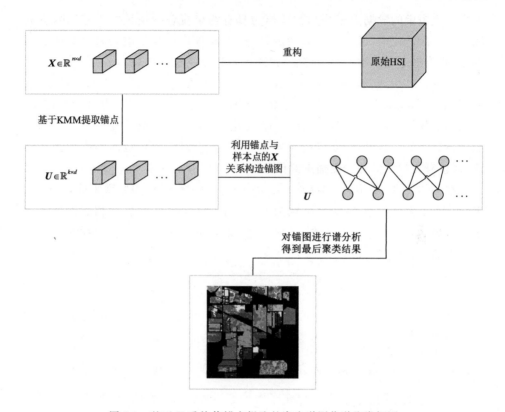

图 8-1　基于 K 重均值锚点提取的高光谱图像谱聚类框图

$\mathbb{R}^{n \times k}$；之后由 Z 求得相似度矩阵 W。

在提取锚点的过程中，Wang 等[18]在 X 中用随机的方法提取了 k 个数据点作为锚点。这种做法虽然简单，但并不能保证每个锚点都具有代表性，这就使得对相似关系的衡量可能出现失真的情况，也失去了利用 HSI 数据中蕴含的空间类别信息的机会。所以，这里引入一种利用多均值将样本划分为指定数量簇的方法，即 KMM。由 KMM 对样本先进行一次聚类，提取得到的聚类中心作为锚点，再进行锚图的构造。

K 均值聚类属于单原型聚类，用聚类中心点的类别来表示一组数据的类别，通过使每个点与相应聚类簇的均值平方误差之和最小，将数据划分为 k 个类别。Nie 等[23]提出了 KMM 算法，KMM 是对 K 均值聚类的一种扩展。KMM 属于多原型聚类，首先将数据分成许多小的子类，每个子类由一个原型进行表示，每个类别就具有了多个原型和多个均值；然后通过某种相似性度量将子类迭代合并为指定数量的 k 个类别。每个子类都可求出一个均值，KMM 将具有多均值表示的数据点划分问题建模为具有约束拉普拉斯秩的二部图划分问题。在每次迭代中，通过对二部图的划分，更新数据点与子类均值之间的相似性，然后重新定位子类均值，直到迭代结束得到子类聚集结果。

将 KMM 引入锚点提取过程，可以对 HSI 数据进行更进一步的信息挖掘。在 HSI 中，相邻像素很大概率属于相同类别。由于 KMM 中子类概念的存在，可以使地物划分更加精细，从而使目标像素与邻域像素之间的空间信息可以得到更充分的利用。此外，在进行子类合并中，可以对需要形成的类别数进行指定，这也符合提取已知个数锚点的任务要求。

在 HSI 数据 X 中，令 $A = [a_1, a_2, \cdots, a_n]^T \in \mathbb{R}^{h \times d}$ 作为原型矩阵，其中 a_i 表示一个子类的原型点，原型个数为 h。对于样本点 s_i，a_i 是 s_i 相邻原型的概率表示为 s_{ij}，并且 s_{ij} 的取值受 x_i 与 a_i 之间的距离影响。因此，为样本点分配原型点的问题可以写成：

$$\min_{S} \sum_{i=1}^{n} \sum_{j=1}^{h} \| x_i - a_j \|^2 + \gamma \| S \|_F^2 \qquad (8\text{-}1)$$

其中，$S \in \mathbb{R}^{n \times h}$ 是以 s_{ij} 为元素形成的矩阵。正则化参数 γ 是用来调节样本点与原型点之间连接的稀疏度的，若 $\gamma = 0$，则只有离 x_i 最近的原型点可以与其相连，其中 $s_{ij} = 1$；若 γ 趋于无穷大，则所有原型点以同概率 $\dfrac{1}{n}$ 与 x_i 相连[22]。

由于分配原型点的过程是基于子类均值不断迭代更新的，且相互独立，即一个原型点可同时与不同样本点连接，更新过程互不影响，所以可对每个样本点的分配进行分别更新。

将式(8-1)进行简化改写，令 $d_{ij}^x = \| x_i - a_j \|_2^2$，将 d_{ij}^x 作为第 j 列的元素，可得 d_j^x。因此，式(8-1)可写为：

$$\min_{s_i} \left\| s_i - \frac{d_i^x}{2\gamma} \right\|_2^2$$
$$\text{s.t.} s_i \geqslant 0, s_i^T \mathbf{1} = 1 \qquad (8\text{-}2)$$

其中，S 可通过优化策略求解式(8-2)得到[23]。定义：

$$a_j = \frac{\sum\limits_{i=1}^{n} s_{ij} x_i}{\sum\limits_{i=1}^{n} s_{ij}} \qquad (8\text{-}3)$$

根据式(8-3)，可以求得原型矩阵 A 的第 j 行，进而得到 A。这个过程是在不断地迭代更新中进行的，直到原型分配不再变化。由此得到具有约束拉普拉斯秩的二部图，由二部图的连接性对其进行划分即可直接获得最终需要的 k 个簇。将获得的 k 个簇的中心点作为锚点,即完成了提取 k 个锚点的任务。

在利用 KMM 提取锚点的过程中,聚类形成多个子类原型,利用了样本点间的空间类别关系;在进行子类迭代合并时,再一次利用了子类之间的类别关系信息,进一步挖掘出 HSI 中蕴含的丰富信息,增强了提取锚点的代表性,为后续的锚图构造和谱聚类提供良好基础。

8.1.2　锚图构建

用 $U = [u_1, u_2, \cdots, u_k]^T$ 表示 k 个锚点组成的矩阵,且 $k \ll n$。定义矩阵 Z[20]:

$$z_{ij} = \frac{K(x_i, u_j)}{\sum\limits_{p \in \Phi_i} K(x_i, u_p)} \tag{8-4}$$

其中,$\Phi_i \subset \{1, \cdots, k\}$ 表示在锚点矩阵 U 中与 x_i 相邻最近的 q 个锚点组成的指示矩阵。$K(x_i, u_i) = \exp(-\|x_i - u_j\|_2^2 / 2\sigma)$ 表示高斯核函数,但是这种方法会有额外的参数 σ 引入,大大增加了计算难度。Nie 等[22] 通过求解式(8-3),得到 Z 的第 i 行 z_i:

$$\min_{z_i 1 = 1, z_{ij} \geqslant 0} \sum_{j=1}^{k} \|x_i - u_j\|^2 z_{ij} + \eta z_{ij}^2 \tag{8-5}$$

其中,η 为正则化参数。由于在式(8-5)中,并没有结合空间环境信息,所以利用样本点与邻域像素组成的窗口之间的关系,对其进行修正,得到:

$$\min_{z_i 1 = 1, z_{ij} \geqslant 0} \sum_{j=1}^{k} \|x_i - u_j\|^2 z_{ij} + \alpha \|\overline{x_i} - u_j\|^2 z_{ij} + \eta z_{ij}^2 \tag{8-6}$$

其中,$\overline{x_i}$ 为邻域窗口的均值,可以利用对样本进行均值滤波获得;α 为调节原始数据与滤波后的数据之间关系的参数。根据式(8-6),可以解得 z_{ij}[23]:

$$z_{ij} = \frac{b_{i,q+1} - b_{ij}}{q b_{i,q+1} - \sum\limits_{j=1}^{q} b_{ij}} \tag{8-7}$$

其中,$b_{ij} = b_{ij}^x + \alpha b_{ij}^{\overline{x}} = \|x_i - u_j\|_2^2 + \alpha \|\overline{x_i} - u_j\|^2$,$\eta = (q/2) b_{i,q+1} - (1/2) \sum\limits_{j=1}^{q} b_{i,j}$。在锚图构造完毕之后,即可求得相似度矩阵 W:

$$W = Z \Lambda^{-1} Z^T \tag{8-8}$$

其中,$\Lambda \in \mathbb{R}^{k \times k}$ 为对角矩阵,元素表示为 $\sum\limits_{i=1}^{n} z_{ij}$。

8.1.3　谱聚类

在得到相似度矩阵 W 之后,由 W 可构造度矩阵 D,进而求得拉普拉斯矩阵

L。谱聚类算法的核心部分是求得 L 的特征值和特征向量,将 L 的特征向量组成特征矩阵 F 的列,最后在 F 上进行 K-均值聚类,得到 c 个类别。

经典谱聚类的目标函数为:

$$\min_{F^T F = 1} \operatorname{tr}(F^T L F) \tag{8-9}$$

其中,$L = D - W$,D 为对角矩阵,$d_{ij} = \sum_{j=1}^{n} w_{ij}$。由式(8-8)可知,$W$ 为对称矩阵,且 $z_{ij} \geqslant 0$,$z_i^T I = 1$。W 为双随机矩阵,即 W 是同时满足行和、列和均为1的非负矩阵,即:

$$\sum_{j=1}^{n} w_{ij} = \sum_{j=1}^{n} z_i^T \Lambda^{-1} z_j = z_i^T \sum_{j=1}^{n} \Lambda^{-1} z_j = z_i^T I = 1 \tag{8-10}$$

由 W 与 D 的关系进一步推出,D 为单位矩阵,即 $D = I$。所以拉普拉斯矩阵 L 可表示为 $L = I - W$,目标函数可改写为:

$$\min_{F^T F = 1} \operatorname{tr}(F^T W F) \tag{8-11}$$

再次利用 W 的表达式进行改写:

$$W = B B^T \tag{8-12}$$

其中,$B = Z\Lambda^{-(1/2)}$。至此,特征值分解由先是最初的 L 转移到 W,然后转移到对 B 进行奇异值分解,即:

$$B = U \sum V^T \tag{8-13}$$

其中,左奇异矩阵 U 的列向量为 W 的特征向量,由此可以得到 F,之后运用 K 均值聚类即可得到所需的 c 个簇。

8.2　实验结果

在两个经典的 HSI 数据集上对所提算法进行实验评估,分别为 Indian Pines 和 Pavia University。Indian Pines 数据集在 1992 年由 AVIRIS 传感器拍摄印第安纳州西北部农业区得到,图像大小为 145×145 个像素,220 个波段。在实际实验中移除 20 个水吸收和噪声波段,最终参加实验的是 200 个波段,21 025个像素点,其中包含 16 个类别。Pavia University 数据集在 2003 年由 ROSIS 传感器在意大利帕维亚大学得到,图像大小为 610×340 个像素,103 个波段。在实际实验中提取子集大小为 170×160 个像素,103 个波段,其中包含 9 个类别。

实验过程中,对比方法分别为 K 均值、FCM、FCM_S1 和 FSCAG;评价指标使用整体分类精度(OA)和 Kappa 系数;为了消除实验中随机因素的影响,所有的方法重复 10 次取平均值。同时,将数据集中未做标记的像素去除,以此更精准地在实验中计算分类精度。表 8-1 给出了不同算法在 2 个高光谱图像数据集上的聚类性能对比。数据集 Indian Pines 的聚类效果如图 8-2 所示。

表 8-1　高光谱图像聚类性能对比

数据集	指标	K 均值	FCM	FCM_S1	FSCAG	APEKMM
Indian Pines	OA/%	33.23	29.82	33.73	36.08	**39.43**
	Kappa	0.269 2	0.247 0	0.275 0	0.303 4	**0.312 4**
Pavia University	OA/%	57.83	44.96	47.91	62.71	**64.35**
	Kappa	0.496 7	0.373 6	0.403 1	0.560 8	**0.573 1**

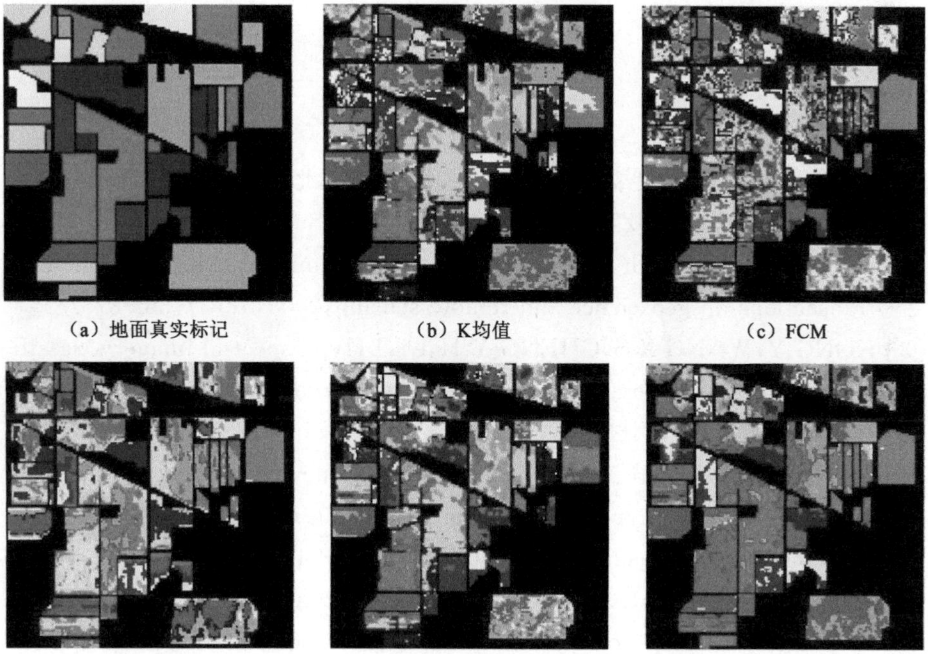

(a) 地面真实标记　　　　(b) K 均值　　　　(c) FCM

(d) FCM_S1　　　　(e) FSCAG　　　　(f) APEKMM

图 8-2　Indian Pines 数据集的聚类效果

由表 8-1 可以看出:① 相较于其他方法,未结合空间环境信息的 K 均值和 FCM 聚类精度较低;② FCM 与 FCM_S1 之间的对比更加直观地体现出在处理 HSI 时结合空间信息的重要性;③ FSCAG 与 APEKMM 本质上都是基于图的聚类方法,但是 FSCAG 仅在构造图的过程中结合了空间信息,而 APEKMM 在提取锚点过程中通过形成子类的过程预先对样本点进行了相对精细的聚类,能够挖掘出隐含的样本间的空间关系,这对于聚类精度的提高起到了一定的辅助作用,因此 APEKMM 取得了最高的聚类精度。

8.3 结论

本章通过引入 KMM 方法进行锚点提取,优化了锚图的构建过程,增强了各锚点的代表性和空间信息的融合程度,进而提高了快速谱聚类算法在高光谱图像上的聚类精度。在两个经典的 HSI 数据集对所提方法进行了对比验证,实验结果表明,KMM 有助于提高聚类算法的性能。

参考文献

[1] 王雪松,程玉虎,孔毅.高光谱遥感数据降维[M].北京:科学出版社,2017.

[2] BANDOS T V,BRUZZONE L,CAMPS-VALLS G.Classification of hyperspectral images with regularized linear discriminant analysis[J].IEEE transactions on geoscience and remote sensing,2009,47(3):862-873.

[3] KONG Y,WANG X S,CHENG Y H,et al.Hyperspectral imagery classification based on semi-supervised broad learning system[J].Remote sensing,2018,10(5):685.

[4] ZHAI H,ZHANG H Y,ZHANG L P,et al.A new sparse subspace clustering algorithm for hyperspectral remote sensing imagery[J].IEEE geoscience and remote sensing letters,2017,14(1):43-47.

[5] ZHANG H Y, ZHAI H, ZHANG L P, et al.Spectral-spatial sparse subspace clustering for hyperspectral remote sensing images[J].IEEE transactions on geoscience and remote sensing,2016,54(6):3672-3684.

[6] HARTIGAN J A,WONG M A.Algorithm AS 136:a K-means clustering algorithm[J].Applied statistics,1979,28(1):100.

[7] PEIZHUANG W.Pattern recognition with fuzzy objective function algorithms(James C.bezdek)[J].Siam review,1983,25(3):442.

[8] CHEN S C,ZHANG D Q.Robust image segmentation using FCM with spatial constraints based on new kernel-induced distance measure[J].IEEE

transactions on systems, man, and cybernetics, Part B(cybernetics), 2004, 34(4):1907-1916.

[9] RODRIGUEZ A, LAIO A.Clustering by fast search and find of density peaks[J].Science,2014,344(6191):1492-1496.

[10] VIJENDRA S.Efficient clustering for high dimensional data: subspace based clustering and density based clustering[J].Information technology journal,2011,10(6):1092-1105.

[11] ZHONG Y F, ZHANG L P, GONG W.Unsupervised remote sensing image classification using an artificial immune network[J].International journal of remote sensing,2011,32(19):5461-5483.

[12] ZHONG Y F,ZHANG S,ZHANG L P.Automatic fuzzy clustering based on adaptive multi-objective differential evolution for remote sensing imagery[J].IEEE journal of selected topics in applied earth observations and remote sensing,2013,6(5):2290-2301.

[13] NG A Y,JORDAN M I,WEISS Y.On spectral clustering:analysis and an algorithm[C]//Proceedings of the 14th International Conference on Neural Information Processing Systems:Natural and Synthetic.December 3 - 8,2001, Vancouver, British Columbia, Canada. New York:ACM, 2001: 849-856.

[14] CHEN G L,LERMAN G.Spectral curvature clustering(SCC)[J].International journal of computer vision,2009,81(3):317-330.

[15] LI S S, ZHANG B, LI A, et al.Hyperspectral imagery clustering with neighborhood constraints [J]. IEEE geoscience and remote sensing letters,2013,10(3):588-592.

[16] TARABALKA Y,FAUVEL M,CHANUSSOT J,et al.SVM- and MRF-based method for accurate classification of hyperspectral images[J].IEEE geoscience and remote sensing letters,2010,7(4):736-740.

[17] LUO M,MA Y F,ZHANG H J.A spatial constrained K-means approach to image segmentation[C]//Fourth International Conference on Information,Communications and Signal Processing,2003 and the Fourth Pacific Rim Conference on Multimedia.Proceedings of the 2003 Joint.Singapore.IEEE,2004:738-742.

[18] WANG R,NIE F P,YU W Z.Fast spectral clustering with anchor graph for large hyperspectral images[J].IEEE geoscience and remote sensing

letters,2017,14(11):2003-2007.

[19] 张亚平,张宇,杨楠,等.一种高光谱遥感图像快速谱聚类算法[J].测绘通报,2019(12):60-64.

[20] LIU W,HE J F,CHANG S F.Large graph construction for scalable semi-supervised learning [C]//Proceedings of the 27th International Conference on International Conference on Machine Learning.New York: ACM,2010:679-686.

[21] DENG C,JI R R,TAO D C,et al.Weakly supervised multi-graph learning for robust image reranking[J].IEEE transactions on multimedia,2014,16 (3):785-795.

[22] NIE F P,ZHU W,LI X L.Unsupervised large graph embedding[J].Proceedings of the AAAI Conference on Artificial Intelligence,2017,31(1): 75-84.

[23] NIE F P,WANG C L,LI X L.K-multiple-means:a multiple-means clustering method with specified K clusters[C]//Proceedings of the 25th ACM SIGKDD International Conference on Knowledge Discovery & Data Mining.New York:ACM,2019:959-967.

第 9 章　基于高阶图结构化编码嵌入的高光谱图像聚类

高光谱图像空-谱特征复杂难以表征和"同谱异物"的性质使得对其聚类困难,针对该问题,提出了基于高阶图结构化编码嵌入(High-order Graph Structured Coding Embedding, HGSCE)的高光谱图像聚类方法。首先,通过自动编码器对原始 HSI 图像进行重构,获取不同层次的数据特征;其次,对高光谱图像构建一阶和二阶近邻图,通过并行的图卷积模块提取 HSI 的不同阶次的结构特征;与此同时,使用传递算子将自动编码器提取的特征对应地嵌入到图卷积所提取的结构特征中,并将这两个特征拼接,获得多阶次多信息的融合特征;最后,通过自监督模块实现对自动编码器和图卷积模块的统一,实现端到端的聚类。

本章结构安排如下:第 9.1 节重点介绍了本章相关研究背景;第 9.2 节对本章提出的 HGSCE 方法进行了详细的介绍;第 9.3 节在两个常用的高光谱数据集上对 HGSCE 算法进行验证和分析;第 9.4 节总结了本章内容。

9.1　研究背景

高光谱传感器能以纳米级别的光谱分辨率将地球上的任意区域进行成像,同时能够收集到该区域各种地面物体丰富的光谱信息,捕获它们之间的细微差异[1]。通过这些差异,研究者们可以实现对地面物体进行精细识别和分类[2-3]。这在许多应用中都具有重大的研究意义,如矿物勘探、植被检测、军事侦察等。然而,对于高光谱图像这样的高维数据进行分析,往往需要依赖大量的高质量标记样本,以避免因训练样本不足发生的"Huges"现象和训练器的过拟合问题。无法避免的是,以目前的科技条件,对高光谱图像样本的采集通常费时费力,效率低、成本高,并且在一些极端条件的地区,训练样本可能无法使用,这极大地限制了高光谱图像技术的应用。因此,发展无监督高光谱图像地物识别理论和方法,克服标记样本和先验知识相关的限制,成了高光谱遥感领域发展的必经之路。

聚类是一种重要的信息提取和无监督模式识别技术。高光谱图像聚类分析能够以非监督的方式对像素进行划分,已经广泛应用于对高光谱图像的解释和信息提取[4]。除了高光谱图像本身具备的光谱特征不一、空间结构复杂等数据特性外,空间分辨率提高、样本数量增多也给聚类任务带来极大的挑战。诸多特征提取方法的提出并在高光谱图像中的成功应用,使得相关人员能够高效地提取光谱特征,有效地降低数据维度,更好地完成聚类任务。同时,诸如基于质心、基于概率、基于密度等多种聚类算法的提出,也为实现高光谱图像聚类任务提供了各式各样的思路。高光谱图像数据具有维度高、谱间相关性强、结构非线性等许多特点,使得挖掘其统计特性以及判别性特征在聚类任务中成为关键。在高光谱遥感领域中,为了提升聚类的精度,研究者提出了许多特征提取方法和聚类算法,大体可以分为两大类:一类是采用传统手工特征提取方法,对高光谱图像实现聚类;一类是使用深度学习方法,使用自动编码器、卷积神经网络等作为特征提取器,准确模拟数据的非线性结构,获取更多用于聚类任务的区分性特征来实现聚类。

传统方法对高光谱图像聚类通常划分为以下两个步骤:一是使用特征提取或特征选择的方法来提取图像的主要特征;二是使用聚类算法对这些特征进行类别划分,实现聚类任务。主成分分析(PCA)能够通过设置特定的规则来寻找原始数据中最重要的 P 个主成分将其代替,对原始数据进行压缩并消除冗余,实现降维的目的,是无监督任务中一种常用的特征提取方法。倪国强等[5]充分利用小波变换的优势,将之与 PCA 结合对高光谱图像进行主特征提取,旨在实现更高的图像分类效率。Dorado-Munoz 等[6]将尺度不变特征变换(Scale Invariant Feature Transform,SIFT)推广到了矢量图像,提取了高光谱图像的矢量特征,并将其非线性扩散生成多尺度表示,更好地表示空间特征。这些特征提取的方法往往不需要标签便能实现对数据的降维或者特征提取,因此在高光谱聚类任务中可以使用其对高光谱图像数据进行预处理。

在高光谱聚类任务中,构建聚类模型是在提取有效地特征之后的核心步骤。模型的合理性和有效性直接影响最终的聚类精度。目前在遥感领域中,已有多种聚类方法被提出并得到广泛应用。基于质心的聚类算法是最早引入高光谱图像分析的方法之一,Bidhendi 等[7]将高光谱图像中每个像素都映射到一个参考光谱,通过模糊 C 均值(FCM)聚类方法利用数据本身来分配不同的像素群,实现聚类目标。Acito 等[8]基于概率规则来聚类的思想,假设来自相同类别的像素满足概率分布模型,利用高斯混合模型(GMM),依赖光谱信息,对图像进行统计表征来实现聚类,并取得一定的效果。上述算法属于浅层线性模型,无法满足研究者们对具有高维特性的高光谱图像高精度聚类的需求。针对其高维特性,基于图的子空间聚类模型被提出,这种模型通过高光谱数据构建恰当的完备字典,利用子空间来对具有各种光谱特征的同类像素进行建模,然后对子空间进行重组来近似高光谱图像的复杂内部结构,减轻了光谱可变性的影响,提高了建模精度。因此,基于子空间对 HSI 聚类的方法得到了广泛的关注。Zhang 等[9]引入稀疏子空间聚类方法,并利用高光谱图像的光谱和空间性质构建精确邻接矩阵,获得了良好的聚类效果。Zhai 等[10]提出的 L2 正则化稀疏子空间聚类法(L2-norm Regularized SSC,L2-SSC)通过对空间背景信息进行 L2 正则化约束,有效地增强稀疏系数矩阵的分段平滑性,提升了最终聚类性能。子空间聚类方法在遥感领域中取得了显著效果,然而由于其超高的计算复杂度和大量的时间和内存消耗,在一定程度上限制了它们的应用。

基于深度学习的聚类方法,是目前最先进的聚类方法之一。该方法可以对原始数据进行非线性映射,在新的特征空间中,提取得到深层数据特征,为后续的聚类任务提供比传统聚类算法更好的条件和基础。Shahi 等[11]提出的多传感器深度聚类(Multi-sensor Deep Clustering,MDC)算法受自动编码器(AE)的网络的启发,融合了数据源的光谱和空间分辨率信息,提供了同时提取光谱和空间特征的工作流,使得网络能够保持光谱特征和空间特征之间的平衡,然后对产生的潜在特征进行 K-means 聚类,并验证了该网络的优越性能。Cai[12] 等提出的超图结构自动编码器(Hypergraph-structured Autoencoder,Hyper-AE),利用超图赋予传统网络保留高阶数据信息的能力,利用数据之间的高阶关系,来学习下游任务的鲁棒深度表示。迄今为止,深度聚类展现出的强大性能使其成了目前主流的聚类方法之一。

结构信息在数据特征学习中具有举足轻重的作用,图卷积的成功证明了这一点。数据的图结构能够揭示样本与样本之间潜在的相似性,为数据的特征表示学习提供强有力的指导。然而,现有的深度聚类方法往往只关注高光谱图像数据自身的数据特征,而忽略了结构信息的重要性。并且数据的结构信息往往是复杂的,比如两个没有直接关系的样本,若它们之间存在许多共同的近邻样本,它们仍应该有着相似的表示,因此,如何更好地考虑及利用高光谱图像数据的高阶结构是一个重要的问题。

为了解决上述问题,本章提出了基于高阶结构化编码嵌入图卷积的方法,对高光谱图像实现聚类任务。主要贡献包括:① 将图卷积与自动编码器结合,同时提取高光谱图像的结构信息和数据信息;② 构建高阶近邻图,揭示像素间隐藏的高阶邻域关系,同时避免图卷积太深导致的过平滑现象,使得模型失效,在无监督的情况下提高学习性能;③ 对 DNN 生成特征进行约束,在保持同类地物特征分布统一的同时,使得数据特征表示也相似。

9.2 基于高阶图结构化编码嵌入的高光谱图像聚类

基于高阶结构化编码嵌入图卷积的高光谱图像聚类模型结构框架如图9-1所示。整个网络可以分为三个模块:自动编码器模块、图卷积模块和自监督模块。自动编码器模块可以从原始的高维数据中学习得到特定的低维特征表示,有利于特征解耦,同时生成多层次的传递算子,将节点的数据特征集成到结构学习的过程中。图卷积模块通过不同图结构的两条独立支线,分别学习高光谱图像数据中高阶和低阶的结构信息,同时还融合传递算子所携带的数据特征,在提高数据特征判别能力的同时充分利用样本的结构信息。最后,通过自监督模块将两种不同机制的神经网络结构统一起来,指导并更新自动编码器和图卷积网络,实现端到端的聚类目标。

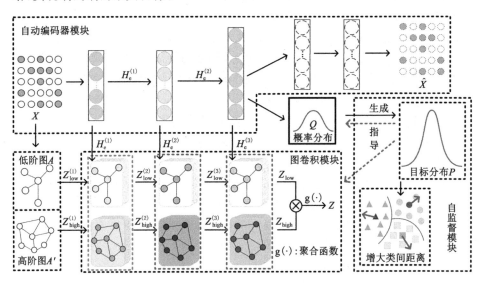

图 9-1 HGSCE 结构图

9.2.1 自动编码器模块

在高维空间中学习数据的低维特征表示,提取深层有效的特征是无监督学习的一项重要内容,更是提升聚类精度的关键。在深度聚类中,神经网络架构能够在无标记样本的情况下,构建多层次网络结构,以无监督的分层方式训练,学习多层有效的数据特征。通过自动编码器的编码-解码范式来进行无监督特征学习,能有效地学习特征信息,并抽象地将其表示为高维或低维特征,是大部分深度聚类方法所采用的方式。对于不同类型的数据,有多种编码器变体可供选择,例如去噪自动编码器、卷积自动编码器、LSTM 自动编码器和对抗式自动编码器。在本书中,使用了基本的自动编码器来学习原始数据的表示,证明其通用性。一个自动编码器包含了编码器和解码器,并且它们之间结构是对称的。假设编码器或解码器共有 l 层,$l=1,2,\cdots,L$ 表示层数。在编码器中第 l 层学到的特征表示为:

$$\boldsymbol{H}_{\mathrm{e}}^{(l)} = \sigma(\boldsymbol{W}_{\mathrm{e}}^{(l)}\boldsymbol{H}^{(l-1)} + \boldsymbol{b}_{\mathrm{e}}^{(l)}) \tag{9-1}$$

其中,$\sigma(\cdot)$ 是编码器全连接层的激活函数,例如 Sigmoid 函数或 Leaky ReLu 函数,$\boldsymbol{W}_{\mathrm{e}}^{(l)}$ 为编码器中第 l 层可训练的权重矩阵,$\boldsymbol{b}_{\mathrm{e}}^{(l)}$ 第 l 层的偏差向量。假设高光谱图像表示为 $\boldsymbol{O} \in \mathbb{R}^{H \times W \times C}$,其中,$H,W$ 和 C 分别代表高光谱图像的高度、宽度和光谱波段数。对高光谱图像进行变形,变形后的高光谱图像为 $\boldsymbol{X} \in \mathbb{R}^{N \times C}$,其中 $N = H \times W$,代表高光谱图像的总像素数,$\boldsymbol{X}_i$ 则表示图像中第 i 个样本。$\boldsymbol{H}_{\mathrm{e}}^{(0)}$ 即为变形后的高光谱图像 $\boldsymbol{X}$。$\boldsymbol{H}_{\mathrm{e}}^{(L)}$ 则表示自动编码器模型学习到的高光谱图像的深层表征。

编码器在解码器的后面,也是通过多层的全连接层,对中间特征进行非线性计算,实现对输入 $\boldsymbol{X}$ 的重构。解码器的计算过程如下:

$$\boldsymbol{H}_{\mathrm{d}}^{(l)} = \sigma(\boldsymbol{W}_{\mathrm{d}}^{(l)}\boldsymbol{H}^{(l-1)} + \boldsymbol{b}_{\mathrm{d}}^{(l)}) \tag{9-2}$$

其中,$\boldsymbol{W}_{\mathrm{d}}^{(l)}$ 和 $\boldsymbol{b}_{\mathrm{d}}^{(l)}$ 分别表示在解码器第 l 层的权重矩阵和偏差向量。解码器的输入 $\boldsymbol{H}_{\mathrm{d}}^{(0)}$ 为编码器对高光谱图像数据的编码 $\boldsymbol{H}_{\mathrm{e}}^{(L)}$,最后的输出 $\boldsymbol{H}_{\mathrm{d}}^{(L)}$ 表示为 $\boldsymbol{X}$,表示对原始输入 $\boldsymbol{X}$ 的重构。重构的误差可以是均方误差[式(9-3)],抑或是交叉熵误差[式(9-4)]。本章的重构误差使用了均方误差。

$$L_{\mathrm{res}} = \frac{1}{2N}\sum_{i=1}^{N}\|\boldsymbol{X}_i - \overset{\smile}{\boldsymbol{X}}_i\|_2^2 = \frac{1}{2N}\|\boldsymbol{X} - \overset{\smile}{\boldsymbol{X}}\|_{\mathrm{F}}^2 \tag{9-3}$$

$$L_{\mathrm{res}} = -\frac{1}{N}\sum_{i=1}^{N}(\boldsymbol{X}_i\log_2(\overset{\smile}{\boldsymbol{X}}_i) + (1-\boldsymbol{X}_i)\log_2(1-\overset{\smile}{\boldsymbol{X}}_i)) \tag{9-4}$$

9.2.2　双流图卷积模块

自动编码器能够在重构原始高光谱图像数据的过程中,学习多层次的光谱数据表征如 $H_{\mathrm{e}}^{(1)},H_{\mathrm{e}}^{(2)},\cdots,H_{\mathrm{e}}^{(l)}$,却没有考虑像素与像素之间的结构信息,忽略了它们间潜在的相似性。图卷积网络架构可以挖掘出自动编码器所忽略的这些结构信息,将高光谱图像的结构数据转移到低维、紧凑的特征空间中。

为了获取高光谱图像数据的结构信息,需要计算图像中各像素之间的相似性矩阵,来构建描述结构信息的近邻图。一般来说,对于每个样本 $\boldsymbol{X}_i$,首先找到

k 个光谱相似的其他样本作为它的邻居，并设置近邻边将其与自身连接。计算节点与节点之间的相似度矩阵方法多种多样，以下列出了两种常用的构造方法。

（1）热核法（Heat Kernel），样本 i 和 j 之间的相似度计算为：

$$S_{i,j} = e^{\frac{\|x_i - x_j\|^2}{\varepsilon}} \tag{9-5}$$

其中，ε 为热传导方程中的调节参数。

（2）点积法（Dot Product），样本 i 和 j 之间的相似度计算为：

$$S_{i,j} = \boldsymbol{X}_j^{\mathrm{T}} \boldsymbol{X}_i \tag{9-6}$$

在计算相似度矩阵 $\boldsymbol{S}$ 后，我们选择每个样本的前 k 个作为它的邻居，构造一个无向 K 近邻图，并将其设置为高光谱图像的邻接矩阵 $\boldsymbol{A}$。

根据高光谱图像具有空间同质性的性质，即处于同一片区域的像素属于同类的概率较大。因此，在构建近邻矩阵时，需要考虑像素间的位置信息，使得近邻表达更为准确。本章在热核方法的基础上，引入了高光谱图像的位置信息，具体来说，以每个像素点为中心，将处于其 $n \times n$ 方形范围内的像素作为近邻点，并综合光谱距离和空间距离作为近邻边，近邻边的计算如下：

$$a_{i,j} = \begin{cases} \exp\left(\dfrac{-(\mu\|\boldsymbol{X}_i - \boldsymbol{X}_j\|^2 + (1-\mu)\|\boldsymbol{d}_i - \boldsymbol{d}_j\|^2)}{\varepsilon}\right), & \text{if} \boldsymbol{X}_j \in \mathrm{Nei}(\boldsymbol{X}_i) \\ 0, & \text{otherwise} \end{cases} \tag{9-7}$$

其中，$\mathrm{Nei}(\cdot)$ 为近邻集合，判断邻接点的标准为是否在目标像素的 $n \times n$ 方形范围内，d_i 为该像素所在的空间位置，μ 为空间和光谱距离的平衡系数，$a_{i,j} \in \boldsymbol{A}$。

高阶邻域信息能够有效提高分类任务的精度[13]。图卷积网络能够利用节点及其一阶邻域信息，通过多层卷积来捕获高阶交互信息并将其传播到全图。然而，Li 等[14]通过理论和实验证明，深层的图卷积网络会导致过平滑的问题出现，同时随着层数的增加，模型急剧增加的参数量和模型复杂度也会提高模型训练难度，并可能导致过拟合问题的发生。现有的图卷积网络模型大多是两层或三层结构，限制了图学习的表达能力。为了提高图卷积网络的阶数，减少网络的层数，设计了并行的提取高低阶特征的结构。具体地说，在构建一阶近邻矩阵的同时，还构建了二阶近邻矩阵 $\boldsymbol{A}'$，公式如下：

$$a'_{i,j} = \frac{\boldsymbol{a}_i^{\mathrm{T}} \boldsymbol{a}_j}{\|\boldsymbol{a}_i\| \|\boldsymbol{a}_j\|} = \frac{\boldsymbol{a}_i^{\mathrm{T}} \boldsymbol{a}_j}{\sqrt{d_i} \sqrt{d_j}} = \frac{C}{\sqrt{d_i} \sqrt{d_j}} \tag{9-8}$$

其中，$a'_{i,j} \in \boldsymbol{A}'$。接下来，将获取的一阶近邻和二阶近邻图并行通过三层图卷积，提取高低阶的结构信息。第 l 层图卷积层学习的特征 $\boldsymbol{Z}$ 可以通过以下的卷积运算得到：

$$Z^{(l)} = \sigma(AW^{(l-1)}Z^{(l-1)}) \tag{9-9}$$

为了将自动编码器模块学习到的多层次表示集成到图卷积中,使得图卷积学习的特征可以同时学习到高光谱图像数据自身的属性信息以及像素与像素之间的结构信息,使用传递算子 $\delta = 0.5$ 将两个表征逐层地加权连接,即:

$$\widetilde{Z}^{(l-1)} = \delta H_e^{(l-1)} + (1-\delta)Z^{(l-1)} \tag{9-10}$$

然后 $\widetilde{Z}^{(l-1)}$ 用作为 GCN 中第 L 层的输入,以生成表示 $Z^{(l)}$:

$$Z^{(l)} = \sigma(A\,\widetilde{W}^{(l-1)}\,\widetilde{Z}^{(l-1)}) \tag{9-11}$$

其中,$\widetilde{W}^{(l-1)}$ 为第 $l-1$ 层的权重矩阵,第一层图卷积的输入 $\widetilde{Z}^{(0)} = Z^{(0)} = X$。

最后,一阶近邻矩阵计算得到的低阶特征 $\widetilde{Z}_{low}^{(L)}$ 和二阶近邻矩阵计算得到的高阶特征 $\widetilde{Z}_{high}^{(L)}$ 通过拼接聚合,捕捉到更加丰富和更加全面的融合特征。图卷积模块的最后一层使用多分类输出的 softmax 函数。

$$Z = \mathrm{softmax}(g(\widetilde{Z}_{high}^{(L)}, \widetilde{Z}_{low}^{(L)})) \tag{9-12}$$

其中,$g(\cdot)$ 表示聚合函数,输出的结果 $z_{i,j} \in Z$ 表示了第 i 个像素样本属于第 j 类地物的概率,视 Z 为各像素的概率分布。

9.2.3　自监督模块

自动编码器和图卷积网络的联合,能够得到具有图的数据特征和拓扑信息的表示。然而,图卷积网络需要通过标签来训练网络,通常应用于半监督分类场景,自动编码器也不能直接适用于聚类训练。通过自监督模块,可以将自动编码器模块和图卷积模块联合到一个统一框架中,对两个模块实现端到端聚类训练。

首先,使用学生 t 分布[15]将数据表示 h_i 和聚类中心 μ_i 之间的欧式距离转化为概率分布。

$$q_{i,j} = \frac{(1+\|h_i - \mu_j\|^2/\upsilon)^{-\frac{\upsilon+1}{2}}}{\sum_{j'}(1+\|h_i - \mu_{j'}\|^2/\upsilon)^{-\frac{\upsilon+1}{2}}} \tag{9-13}$$

其中,h_i 为 $H^{(L)}$ 的第 i 个样本的数据特征,μ_j 表示第 j 个地物类别的聚类中心,由预训练的自动编码器得到的特征,经过 k-means 来初始化得到。υ 为学生 t 分布的自由度。计算得到的结果 $q_{i,j} \in Q$ 作为样本对应的概率分布。

通过对高置信度赋值的学习,可以优化数据表示,使得其更接近聚类中心,提高各类别的内聚性。对于样本的概率分布 Q,对其中的每个赋值进行平方和归一化处理,使其具有更高的置信度,得到的目标分布 $p_{ij} \in P$ 如下:

$$p_{ij} = \frac{q_{ij}^2 / \sum_i q_{ij}}{\sum_{j'} q_{ij'}^2 / \sum_i q_{i,j'}} \tag{9-14}$$

通过最小化分布 Q 和 P 之间的 KL 散度，如式(9-15)所示，目标分布 P 可以帮助自动编码器模块更好地学习聚类任务的表示，使得聚类中心周围的数据表示更接近。目标分布 P 由分布 Q 生成，分布 P 反过来监督指导分布 Q 的更新，形成自监督范式。

$$L_{clu} = KL(P \mid\mid Q) = \sum_i \sum_j p_{ij} \log \frac{p_{ij}}{q_{ij}} \tag{9-15}$$

此外，为了增大类间距离，使得各聚类中心具有判别性，将聚类中心两两之间的距离作为一个惩罚因子加入其中，可更新得到以下目标函数：

$$L_{clu} = KL(P \mid\mid Q) = \sum_i \sum_j p_{ij} \log \frac{p_{ij}}{q_{ij}} + \exp\left(\frac{-\sum_i \sum_j \mid\mid \boldsymbol{\mu}_i - \boldsymbol{\mu}_j \mid\mid}{\varepsilon}\right) \tag{9-16}$$

同时，图卷积模块得到的分布 Z 也会由目标分布 P 来监督训练：

$$L_{gcn} = KL(P \mid\mid Z) = \sum_i \sum_j p_{ij} \log \frac{p_{ij}}{z_{ij}} \tag{9-17}$$

与用伪标签来训练相比，KL 散度能以更"温和"的方式来更新图卷积模型，避免受到噪声的严重干扰，其次便是使得自动编码器与图卷积模块在优化目标上实现统一。因此，整个网络模型的目标函数可以写成：

$$L = L_{res} + \alpha L_{clu} + \beta L_{gcn} \tag{9-18}$$

其中，α 和 β 分别为自动编码器聚类损失权重和图卷积聚类损失权重。在网络训练得到稳定收敛或达到最大迭代次数时，将训练得到的分布 Z 作为样本的软标签分配，取其最大概率的标签，作为该样本的标签，即：

$$y_i = \underset{j}{\mathrm{softmax}}\, z_{ij} \tag{9-19}$$

9.3 实验与分析

9.3.1 数据集

为了验证本章提出的高阶结构化编码嵌入图卷积对高光谱图像聚类的有效性，根据文献[9]的设置，本章使用了 Indian Pines 和 Salinas 两个真实高光谱图像数据集的常用子集对其进行验证。Indian Pines 子集共包含了 85×70 个像素和 200 个波段,Salinas 子集共包含了 140×150 个像素和 204 个波段,伪彩图和标签图分别如图 9-2、图 9-3 所示。

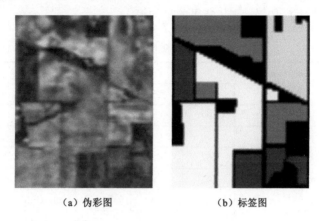

（a）伪彩图　　　　　　（b）标签图

图 9-2　Indian Pines 数据集子集

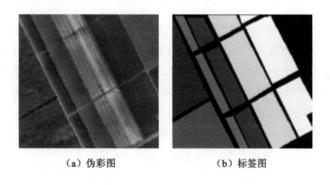

（a）伪彩图　　　　　　（b）标签图

图 9-3　Salinas 数据集子集

9.3.2　实验设置

本章基于上述两个高光谱数据集子集进行实验验证,数据集的类别信息见表 9-1。为了评估所提方法的性能,选择如下四类共 7 种方法进行对比实验,包括:

（1）传统聚类方法:FCM[7]、FCM-s[16];

（2）基于子空间谱聚类方法:SSC[9]、L2-SSC[10]、S4C[9];

（3）基于宽度学习聚类方法:UBL[17];

（4）基于图卷积的聚类方法:EGCSC[18]。

以上方法其参数设置和网络配置均与其对应文献一致。评价指标包括平均分类精度（AA）、总体分类精度（OA）和 Kappa 系数，同时，为了减小随机误差，每个实验都进行了 10 次，取其结果的平均值。

表 9-1　数据集类别和样本数

Indian Pines			Salinas		
类别	名称	数量	类别	名称	数量
C1	Corn no-till	1 005	C1	Fallow rough plow	1 229
C2	Grass trees	730	C2	Fallow smooth	2 441
C3	Soybean no-till	732	C3	Stubble	3 949
C4	Soybean min-till	1 924	C4	Celery	3 543
			C5	Grapes untrained	2 198
			C6	Vinyard untrained	2 068
合计		4 391	合计		15 428

实验过程中，提出的 HGSCE 网络结构在 pytorch 深度学习网络框架进行搭建，初始学习率设置为 0.01，学习率衰减设置为 $5e-18$，自动编码器的网络共有三层，神经元数量分别为 200、100、50。HGSCE 可调整的超参数包括：近邻参数 n 设置为 5；空谱平衡参数 λ 取值范围为 $[0,1]$；近邻图热核参数 ε 设置为 3；传递算子 δ 取值范围为 $[0,1]$，默认设置为 0.5；自动编码器聚类损失核参数 θ 设置为 0.01；自动编码器聚类损失权重 α；图卷积聚类损失权重 β。通过网格法将两个损失权重 α 和 β 分别设置为 0.1 和 0.01。

9.3.3　对比实验

在两组 HSI 数据集子集上，利用所提方法 HGSCE 与上述七种对比方法分别进行实验，实验结果如表 9-2、表 9-3 所示。由实验结果可以看出：

（1）与仅利用了光谱特征对高光谱图像进行聚类的方法（如 FCM、SSC）相比，使用空间-光谱协同特征的聚类方法（如 FCM-s、S4C、L2-SSC）在聚类精度评估的表现更胜一筹。这是由于高光谱图像光谱特征受到各种因素影响使其非线性可分，具有较强的类间相似性。地面物体分布遵循自然规律或受人类活动的影响，使得高光谱图像具有同质性，提取空间信息对聚类效果有着较大帮助。因此，空间-光谱信息的有效结合对获得高精度的高光谱图像聚类来说必不可少。以 FCM 和 FCM-s 为例，两种方法仅在是否结合空间信息上有所不同，结合了空间信息的 FCM-s 方法获得了更高的聚类精度，证明空间信息的重要性。

（2）与基于稀疏子空间聚类方法（如 SSC、S4C、L2-SSC）相比，UBL、EGCSC、HGSCE 在聚类精度上更具优势。其原因有二：一是基于稀疏子空间的聚类方法均属于线性方法，难以提取高光谱图像的非线性特征，而基于宽度学习的 UBL 以及基于深度学习的 EGCSC 和 HGSCE 都能够实现非线性映射，有效模拟输入分布，能取得更好的表现。二是 EGCSC 和 HGSCE 都能通过图卷积，利用结构信息对属于同种类别的地物进行特征聚合，增加了类内相似性，也表现出了结构信息可以进一步地提高聚类性能。

（3）HGSCE 在 Indian Pines 数据集上取得了 76.32% 的总体聚类精度，在 Salinas 数据集上取得 84.13% 的聚类精度，与其他七种对比方法相比，取得了最好的表现。这是由于 HGSCE 通过利用不同阶次的近邻图聚合潜在的近邻特征，提取更加深层次的丰富结构信息；同时，还将自动编码器获得的数据特征集成进图卷积中，网络能够挖掘出更具判别性的融合特征。此外，通过最大化自动编码器中各聚类中心的距离，也能够增强提取特征的类间可分性，提高其判别能力。

表 9-2 不同聚类算法在 Indian Pines 数据集上的性能

类别	FCM	FCM-s	SSC	S4C	L2-SSC	UBL	EGCSC	HGSCE
C1/%	69.35	45.87	52.14	58.41	60.9	62.89	66.37	42.69
C2/%	96.3	99.59	87.4	86.3	97.12	91.51	99.59	99.45
C3/%	42.9	59.97	76.64	67.21	74.59	52.32	67.21	62.57
C4/%	41.63	57.95	53.85	55.04	56.44	81.13	73.96	93.97
AA/%	62.55	65.85	67.51	66.74	72.26	71.96	76.78	74.67
OA/%	57.28	62.45	62.83	63.04	67.25	73.88	75.36	77.91
Kappa	0.4221	0.4784	0.4919	0.4942	0.5539	0.6204	0.6534	0.6711
Time/s	0.55	4.05	117.70	82.21	47.19	99.10	15.50	18.76

表 9-3 不同聚类算法在 Salinas 数据集上的性能

类别	FCM	FCM-s	SSC	S4C	L2-SSC	UBL	EGCSC	HGSCE
C1/%	0	0	100	99.76	89.99	98.21	99.84	97.64
C2/%	99.96	100	99.30	96.76	91.81	99.3	98.48	88.16
C3/%	51.05	62.8	95.19	99.97	83.31	99.57	95.49	98.76
C4/%	99.38	99.32	87.64	50.49	98.62	57.32	95.37	99.60
C5/%	71.97	70.52	35.85	87.63	0	36.26	83.44	100

表9-3（续）

类别	FCM	FCM-s	SSC	S4C	L2-SSC	UBL	EGCSC	HGSCE
C6/%	46.42	49.81	0	11.27	83.80	79.16	0	0
AA/%	61.46	63.74	69.66	74.31	74.59	78.30	78.77	80.69
OA/%	68.18	71.43	73.28	74.44	76.90	77.96	81.77	84.13
Kappa	0.615 6	0.652 6	0.673 1	0.689 0	0.716 4	0.731 6	0.776 6	0.804 4
Time/s	1.34	11.07	6 218.40	5 879.29	1 456.89	1 728.72	276.09	356.69

在两组数据集上的聚类效果如图 9-4 和图 9-5 所示，从图上可以较为直观地观察包括 HGSCE 聚类方法在内的八种方法聚类效果。以 Indian pines 数据集为例，与其他六种非图方法相比，HGSCE 和 EGCSC 两种图卷积方法通过挖掘潜在的近邻结构关系，能够较好地表现出高光谱图像的空间同质性，得到更加清晰、平滑的聚类效果图，且 HGSCE 较 EGCSC 具有更高的精确度。

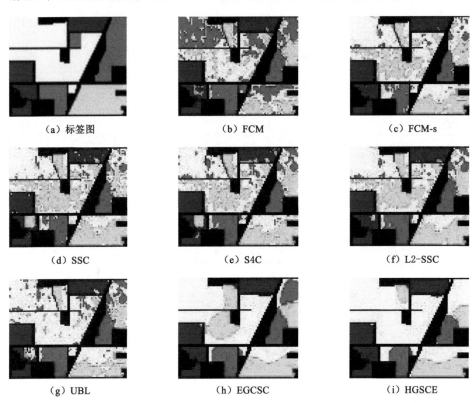

图 9-4　Indian pines 聚类效果

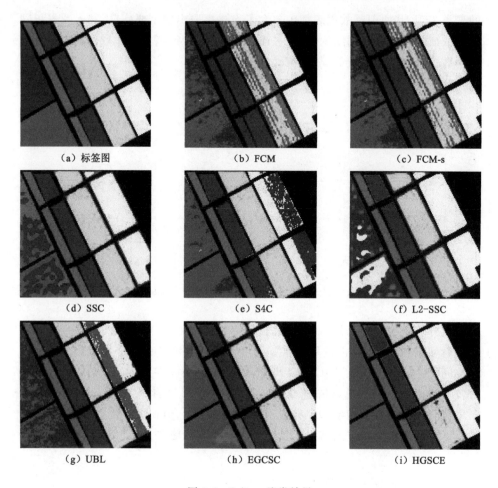

图 9-5　Salinas 聚类效果

9.3.4　参数分析

为了探索数据特征的传递算子 对 HGSCE 聚类性能产生的影响，设置了 $\delta = \{0.1, 0.1, 0.3, 0.5, 0.7, 0.9, 1.0\}$，在两个数据集上进行实验。图 9-6 显示了 δ 在不同取值时整体精度 OA 的变化。由图可以看出了 δ 在取值 $0.1 \sim 0.9$ 时在两个数据集上大都比较稳定，具有良好的聚类效果，说明共同学习图卷积模块和自动编码器的特征表示十分重要。当 δ 取值为 0 时，两个数据集上聚类精度的表现都是最差的。此时，自动编码器学习到的数据表征没有融入图卷积模块中，相当于仅通过多层的图卷积网络，容易产生过平滑问题而使得聚类精度下降。当 δ 取值为 1 时，虽然只利用了自动编码器的表征，但 HGSCE 能保持相对较好的聚类表现,其原因是数据表征中包含了光谱提取出的重要信息,融入图卷积网络后依旧能获取一定的结构信息,进而保持较好的聚类表现。δ 取值为 0.5 时在两个数据集上表现都较好,故取值确定为 0.5。

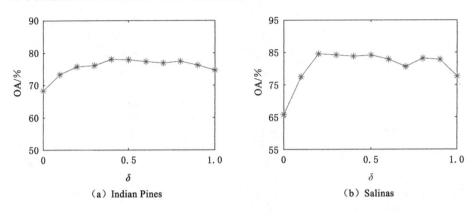

（a）Indian Pines　　　　　　　（b）Salinas

图 9-6　传递算子 δ 在两个数据集上对 OA 的影响

此外,还对自动编码器聚类损失权重 α 和图卷积聚类损失权重 β 的不同组合进行实验,探究对 OA 的敏感性。图 9-7 分别显示了在两个数据集上权重 α 在空间{0.001,0.01,0.1,1.0,10,100,1 000}和权重 β 在空间{0.001,0.01,0.1, 1.0,10,100,1 000}中总体精度 OA 的变化情况。可以看出,权重 α 和权重 β 的不同组合对整体分类精度 OA 有着不同程度的影响,但在大多数组合情况下,聚类精度都保持相对稳定的结果。最后 α 和 β 的取值确定为 0.1 和 0.01。

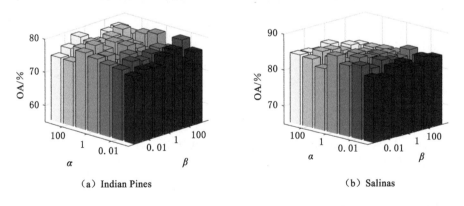

（a）Indian Pines　　　　　　　（b）Salinas

图 9-7　α 和 β 对 OA 的影响

9.4 本章小结

由于高光谱数据自身的强非线性可分性,仅依赖自身的属性特征难以挖掘出具有判别性的聚类特征,本章提出了基于高阶图结构化编码嵌入(HGSCE)对高光谱图像的聚类方法。HGSCE 能够挖掘出高光谱图像中的数据特征,将数据特征与低阶结构特征和高阶结构特征相结合,并通过自监督训练的方式实现端到端聚类。通过两个高光谱数据集中的实验验证了所提方法的可行性和有效性,并讨论了算法参数的不同取值对该算法的影响。

参考文献

［1］ IMANI M,GHASSEMIAN H.An overview on spectral and spatial information fusion for hyperspectral image classification:current trends and challenges［J］.Information fusion,2020,59:59-83.

［2］ ZHAI H,ZHANG H Y,ZHANG L P,et al.Cloud/shadow detection based on spectral indices for multi/hyperspectral optical remote sensing imagery ［J］.ISPRS journal of photogrammetry and remote sensing,2018,144: 235-253.

［3］ HE W,ZHANG H Y,ZHANG L P.Total variation regularized reweighted sparse nonnegative matrix factorization for hyperspectral unmixing［J］. IEEE transactions on geoscience and remote sensing,2017,55(7): 3909-3921.

［4］ ZHAI H,ZHANG H Y,LI P X,et al.Hyperspectral image clustering:current achievements and future lines［J］.IEEE geoscience and remote sensing magazine,2021,9(4):35-67.

［5］ 倪国强,沈渊婷,徐大琦.一种基于小波 PCA 的高光谱图像特征提取新方法 ［J］.北京理工大学学报,2007,27(7):621-624.

［6］ DORADO-MUNOZ L P,VELEZ-REYES M,MUKHERJEE A,et al.A vector SIFT detector for interest point detection in hyperspectral imagery ［J］.IEEE transactions on geoscience and remote sensing,2012,50(11): 4521-4533.

[7] BIDHENDI S K,SHIRAZI A S,FOTOOHI N,et al.Material classification of hyperspectral images using unsupervised fuzzy clustering methods[C]// 2007 Third International IEEE Conference on Signal-Image Technologies and Internet-Based System.Shanghai,China.IEEE,2007:619-623.

[8] ACITO N,CORSINI G,DIANI M.An unsupervised algorithm for hyperspectral image segmentation based on the Gaussian mixture model[C]// IGARSS 2003. 2003 IEEE International Geoscience and Remote Sensing Symposium. Proceedings (IEEE Cat. No. 03CH37477). July 21-25, 2003, Toulouse,France.IEEE,2004:3745-3747.

[9] ZHANG H Y, ZHAI H, ZHANG L P, et al. Spectral-spatial sparse subspace clustering for hyperspectral remote sensing images [J]. IEEE transactions on geoscience and remote sensing,2016,54(6):3672-3684.

[10] ZHAI H,ZHANG H Y,ZHANG L P,et al.A new sparse subspace clustering algorithm for hyperspectral remote sensing imagery[J].IEEE geoscience and remote sensing letters,2017,14(1):43-47.

[11] SHAHI K R,GHAMISI P,RASTI B,et al.Unsupervised data fusion with deeper perspective: a novel multisensor deep clustering algorithm [J]. IEEE journal of selected topics in applied earth observations and remote sensing,2022,15:284-296.

[12] CAI Y M,ZHANG Z J,CAI Z H,et al.Hypergraph-structured autoencoder for unsupervised and semisupervised classification of hyperspectral image[J].IEEE geoscience and remote sensing letters,2022,19:1-5.

[13] SONG W Y,WU Y,XIAO X Y.Nonstationary PolSAR image classification by deep-features-based high-order triple discriminative random field[J].IEEE geoscience and remote sensing letters,2021,18(8):1406-1410.

[14] LI Q M, HAN Z C, WU X M.Deeper insights into graph convolutional networks for semi-supervised learning[J].Proceedings of the AAAI conference on Artificial intelligence,2018,32(1):52-63.

[15] LAURENS V D M, HINTON G. Visualizing data using t-SNE [J]. Journal of machine learning research,2008,9(2605):2579-2605.

[16] CHEN S C,ZHANG D Q.Robust image segmentation using FCM with spatial constraints based on new kernel-induced distance measure [J]. IEEE transactions on systems,man,and cybernetics Part B,Cybernetics:a publication of the IEEE systems,man,and cybernetics society,2004,34

(4):1907-1916.

[17] KONG Y,CHENG Y H,CHEN C L,et al.Hyperspectral image clustering based on unsupervised broad learning[J]. IEEE geoscience and remote sensing letters,2019,16(11):1741-1745.

[18] CAI Y M,ZHANG Z J,CAI Z H,et al.Graph convolutional subspace clustering:a robust subspace clustering framework for hyperspectral image[J].IEEE transactions on geoscience and remote sensing,2021,59 (5):4191-4202.

第 10 章　基于双加权伪标签损失图领域对抗网络的高光谱图像分类

10.1　引言

　　本章提出一种基于双加权伪标签损失图对抗领域适配网络(Graph Domain Adversarial Network with Dual Weighted Pseudo-Label Loss, GDAN-DWPL)的高光谱图像分类方法, 主要贡献包括: ① 不仅将 GCN 作为特征提取器, 而且通过同时利用 HSIs 丰富的光谱和空间特性构造了一个更加可靠的近邻图, 从而帮助提取更具判别性的特征; ② 设计一种双加权机制。根据局部空间区域内的类别预测一致性占比和最大预测概率, 可以选择出更加可靠的像素并赋予更大的权重。此外, 被赋予错误伪标签的目标域像素被忽略掉从而降低了其在训练过程中产生的负面影响。进一步, 给出 DWP 损失并将其与 GDAN 的目标函数进行组合。GDAN-DWPL 的目标函数的求解可以在一个统一的优化框架中进行。

10.2　基于 GDAN-DWPL 的高光谱图像分类

　　GDAN-DWPL 的流程图如图 10-1 所示, 主要包括 5 个阶段: ① 依据源域和目标域 HSIs 的光谱向量和空间坐标值来构造源域和目标域的光谱-空间图, 并利用 GCN 来提取源域和目标域 HSIs 多层特征; ② 将提取的源域和目标域的特征作为领域判别器的输入以实现领域判别, 并构造领域判别损失; ③ 将源域特征输入到分类器中, 并构造分类损失来降低源域的经验风险; ④ 分别依据空间局部区域内的类别预测一致性占比和最大预测概率来计算空间和置信度权重; ⑤ 将双权重和目标域的伪标签进行组合以得到所构造的 DWP 损失。

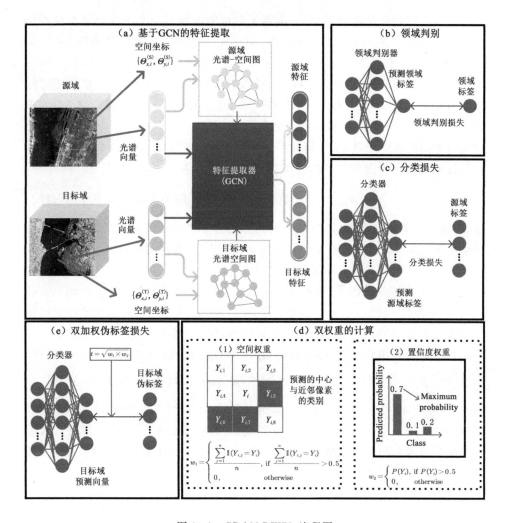

图 10-1　GDAN-DWPL 流程图

10.2.1　基于 GCN 的特征提取

作为深度学习的最新研究进展之一，GCN 能够对拓扑上相邻的点进行特征聚合，以使得每个节点能够同时包含自己和近邻节点的特征。因此，利用 GCN 提取的特征更具判别性[1]。Wang 等[2]于近期将 GCN 应用到了 HSI 的迁移任务上，但该工作仅利用光谱特征来构造近邻图。然而，由于 HSI 固有的类内差异和类间相似特点，导致仅利用光谱特性来构图会存在噪声近邻点选择问题。为此，本章同时利用光谱和空间信息进行构图。此外，通过组合 GCN 和对抗学习已经被应用到机器视觉领域，并取得了出色的表现[3]。鉴于图领域对抗网络（Graph Domain Adversarial Network，GDAN）的优势，本章尝试利用 GCN 来解决 HSIs 的迁移任务。

给定源域像素和标签 $\{\boldsymbol{X}^{(S)}, \boldsymbol{Y}^{(S)}\}$ 以及对应的空间坐标 $\boldsymbol{\Theta}_i^{(S)} = \{\Theta_{x,i}^{(S)}, \Theta_{y,i}^{(S)}\}$，目标域像素 $\boldsymbol{X}^{(T)}$ 与对应的空间坐标 $\boldsymbol{\Theta}_i^{(T)} = \{\Theta_{x,i}^{(T)}, \Theta_{y,i}^{(T)}\}$，一个源域光谱-空间图 $\boldsymbol{G}^{(S)} = \{\boldsymbol{V}^{(S)}, \boldsymbol{A}^{(S)}\}$ 和一个目标域光谱空间图 $\boldsymbol{G}^{(T)} = \{\boldsymbol{V}^{(T)}, \boldsymbol{A}^{(T)}\}$。$\boldsymbol{V}^{(S)}$ 和 $\boldsymbol{V}^{(T)}$ 分别为两个图的顶点矩阵，$\boldsymbol{A}^{(S)}$ 和 $\boldsymbol{A}^{(T)}$ 分别为两个图的邻接矩阵。分别定义源域和目标域的度矩阵为 $\boldsymbol{D}^{(S)} = \mathrm{diag}(d_1^{(S)}, \ldots, d_{N^{(S)}}^{(S)})$ 和 $\boldsymbol{D}^{(T)} = \mathrm{diag}(d_1^{(T)}, \cdots, d_{N^{(T)}}^{(T)})$，其中 $d_i^{(S),(T)} = \sum\limits_{j=1}^{N^{(S)}, N^{(T)}} \boldsymbol{A}_{i,j}^{(S),(T)}$。构造图 $\boldsymbol{G}^{(S)}$ 和 $\boldsymbol{G}^{(T)}$ 的关键在于紧邻点的选择。这里，近邻点的选择准则（以源域为例）为：选择 $k^{(S)}$ 个距离 $v_i^{(S)}$ 光谱-空间距离最小的顶点作为近邻。其中，$l^{(S)}$ 由光谱距离 $l^{(S),\mathrm{spe}}$ 和空间距离 $l^{(S),\mathrm{spa}}$ 组成：

$$l^{(S)} = l^{(S),\mathrm{spe}} + \rho l^{(S),\mathrm{spa}} \tag{10-1}$$

其中，ρ 表示权重因子，用以平衡 $l_i^{(S),\mathrm{spe}}$ 和 $l_i^{(S),\mathrm{spa}}$。$l_{i,j}^{(S),\mathrm{spe}} = \| \boldsymbol{x}_i^{(S)} - \boldsymbol{x}_j^{(S)} \|_2^2$ 和 $l_{i,j}^{(S),\mathrm{spa}} = \| \boldsymbol{\Theta}_i^{(S)} - \boldsymbol{\Theta}_j^{(S)} \|_2^2$ 分别能够计算两个顶点之间的光谱向量差异和空间位置偏移。为此，利用 $l^{(S)}$ 作为顶点间的距离度量能够减少对噪声样本的选择。

在得到 $\boldsymbol{G}^{(S)}$ 和 $\boldsymbol{G}^{(T)}$ 后，即可利用 GCN 来提取源域和目标域的特征。这里，对 $\boldsymbol{A}^{(S),(T)}$ 进行正则化来稳定训练过程并避免梯度消失现象[4]：$\boldsymbol{A}^{(S),(T)} = (\widetilde{\boldsymbol{D}}^{(S),(T)})^{-1/2} \widetilde{\boldsymbol{A}}^{(S),(T)} (\widetilde{\boldsymbol{D}}^{(S),(T)})^{-1/2}$，其中 $\widetilde{\boldsymbol{A}}^{(S),(T)} = \boldsymbol{A}^{(S),(T)} + \boldsymbol{I}$，$\widetilde{\boldsymbol{D}}^{(S),(T)}$ 为 $\widetilde{\boldsymbol{A}}^{(S),(T)}$ 对应的度矩阵。常规的 GCN 包括特征提取、特征聚合和分类三个部分。这里仅选择前面两个步骤来提取和聚合两个领域的特征。对于 GCN 的第 m 层，其特征聚合计算过程为：

$$z_i^{(S),(T),m} = \sum\limits_{j,j \neq i} \boldsymbol{A}_{i,j}^{(S),(T)} z_j^{(S),(T),m-1} + z_i^{(S),(T),m-1} \tag{10-2}$$

其中，$z_i^{(S),(T),m}$ 和 $z^{(S),(T),m-1}$ 分别表示第 m 层的输出和输入特征。对于第一层，$z^{(S),(T),0} = \boldsymbol{X}^{(S),(T)}$。特征聚合的计算方式可以看作对 $v_i^{(S),(T)}$ 与其近邻 $v_j^{(S),(T)} \subset \Xi(v_i^{(S),(T)})$ 加权平均的和，其中 $\Xi(v_i^{(S),(T)})$ 表示 $v_i^{(S),(T)}$ 的近邻集合。在特征聚合后，每组隐层表示沿着边趋于平滑，进而提升了隐层特征的判别性。特征变化通过如下计算过程来实现：

$$z_i^{(S),(T),m} = \varphi(z_i^{(S),(T),m} \boldsymbol{W}^m) \tag{10-3}$$

其中，$z_i^{(S),(T),m}$ 表示第 m 层所提取的非线性特征，$\varphi(\cdot)$ 表示非线性函数（如 ReLU），$\boldsymbol{W}^m$ 表示第 m 层的线性映射矩阵。经过 M 层 GCN 提取的源域和目标域的特征为 $z^i = \boldsymbol{F}_{\boldsymbol{\theta}_F}(x^i)$，其中 $\boldsymbol{\theta}_F = \{\boldsymbol{W}^1, \cdots, \boldsymbol{W}^M\}$ 为参数集合。

10.2.2　领域判别

领域判别旨在区分输入特征来自源域或是目标域。领域判别器为多层感知机(Multilayer Perceptron,MLP),其输入和输出分别为特征和预测的领域标签。令 $\boldsymbol{\theta}_D$ 为领域判别器的参数,则其计算方法为 $\tilde{d}=D_{\boldsymbol{\theta}}([z(S);z(T)])$,其中 $\tilde{d}$ 表示预测的领域标签。领域判别器的损失为:

$$L^D = -\frac{1}{N^{(S)}} \sum_{i=1}^{N^{(S)}} \log \tilde{\boldsymbol{d}}_i^{(S)} - \frac{1}{N^{(T)}} \sum_{j=1}^{N^{(T)}} \tilde{\boldsymbol{d}}_j^{(T)} \tag{10-4}$$

其中,$\tilde{d}_i^{(S)}$ 和 $\tilde{d}_j^{(S)}$ 分别为源域和目标域的预测领域标签。为了实现最小最大优化过程,在领域判别器之前添加梯度反转层(Gradient Reversal Layer,GRL)。GRL 不包含任何参数,定义了前向和反向计算两个过程。对于前向计算过程,GRL 的输出与输入相同,即 $\boldsymbol{R}(\boldsymbol{x})=\boldsymbol{x}$。对于反向计算过程,GRL 的计算可以看作时梯度的负值,即 $\mathrm{d}\boldsymbol{R}/\mathrm{d}\boldsymbol{x}=-\boldsymbol{I}$,其中 $\boldsymbol{I}$ 表示单位矩阵。

10.2.3　分类器

在无监督 DA 的情况下,仅源域有可用的标记像素。为此,分类器的目标为降低源域的经验风险。与领域判别器相同,分类器也是一个 MLP,将源域特征作为输入,输出相应的预测标签:$\tilde{\boldsymbol{Y}}^{(S)}=G_{\boldsymbol{\theta}_c}(\boldsymbol{z}^{(S)})$。其中,$\tilde{\boldsymbol{Y}}^{(S)}$ 表示源域的预测向量,$\boldsymbol{\theta}_c$ 表示分类器的参数,则分类器的目标函数为:

$$L_{SC} = \frac{1}{N^{(S)}} \sum_{i=1}^{N^{(S)}} L[G_{\boldsymbol{\theta}_c}(\boldsymbol{z}^{(S)}), \boldsymbol{Y}^{(S)}] \tag{10-5}$$

其中,$L(\cdot,\cdot)$ 表示交叉熵损失,$\boldsymbol{Y}^{(S)}$ 表示源域的标签。根据 $\boldsymbol{\theta}_c$ 可以计算得到目标域的预测标签:

$$\tilde{Y}_i^{(T)} = \underset{p}{\arg\max} [G_{\boldsymbol{\theta}_c}(\boldsymbol{z}_i^{(T)})]_p \tag{10-6}$$

其中,$[\cdot]_p$ 表示第 p 个元素。定义目标域伪标签为 $\tilde{\boldsymbol{Y}}^{(T)}$,其可帮助学习对目标域具有判别性的特征[5]。鉴于源域和目标域存在的概率分布差异,伪标签一般存在不准确的部分。为此,依据被正确分类的概率设计一种双加权机制,则 DWP 损失可以写为:

$$L_{TC} = \frac{1}{N^*} \sum_{i=1}^{N^{(T)}} \tilde{t}_i L[G_{\boldsymbol{\theta}_c}(\boldsymbol{z}_i^{(T)}), \tilde{\boldsymbol{Y}}_i^{(T)}] \tag{10-7}$$

其中,$\tilde{t}_i = \sqrt{w_1(\boldsymbol{x}_i^{(T)}) w_2(\boldsymbol{x}_i^{(T)})}$,$N^* = \sum_{j=1}^{N^{(T)}} \tilde{t}_i$,$w_1(\boldsymbol{x}_i^{(T)})$ 和 $w_2(\boldsymbol{x}_i^{(T)})$ 分别为

第 i 个像素的空间权重和置信度权重。

10.2.4　双权重计算

由式(10-7)可以看出,构造 DWPL 的关键在于双权重的计算。对于 HSIs,如果两个像素在空间上的位置较近,则这两个像素属于同一个类别的概率较大。启发于工作[6],本部分给出空间权重的计算准则。给定一个像素 $x_i^{(\mathrm{T})}$ 以及对应的预测标签 $\widetilde{Y}_i^{(\mathrm{T})}$,则其空间周围 k 个近邻像素的预测标签为 $\widetilde{Y}_{i,j}^{(\mathrm{T})}$($j=1,\cdots,k$)。空间权重 $w_1(x_i^{(\mathrm{T})})$ 的计算准则为:

$$w_1(x_i^{(\mathrm{T})})=\begin{cases}\dfrac{\sum\limits_{j=1}^{k}\mathrm{I\!I}\,(\widetilde{Y}_{i,j}^{(\mathrm{T})}=\widetilde{Y}_i^{(\mathrm{T})})}{k},&\text{if }\dfrac{\sum\limits_{j=1}^{k}\mathrm{I\!I}\,(\widetilde{Y}_{i,j}^{(\mathrm{T})}=\widetilde{Y}_i^{(\mathrm{T})})}{k}\geqslant 0.5\\[4mm]0,&\text{otherwise}\end{cases}\quad(10\text{-}8)$$

其中,$\mathrm{I\!I}(\cdot)$ 表示指示函数。可以看出,如果在一个空间区域范围内类别预测的一致性占比大于 0.5,则在这个区域内被预测为相同类别的像素个数大于被预测为其他类别的像素个数,具有较大空间占比的像素被认为是更加可靠的,并被赋予更大的权重。

对于置信度权重,如果最大预测概率对应的伪标签 $\widetilde{Y}_i^{(\mathrm{T})}$ 大于 0.5,则与之对应的 $x_i^{(\mathrm{T})}$ 将被认为是具有高置信度的像素,表明该像素被预测为该类别的概率大于被预测为其他类别的概率之和。对于高置信度像素,其对应的置信度权重 $w_2(x_i^{(\mathrm{T})})$ 等于分类器对 $x_i^{(\mathrm{T})}$ 的预测概率。对于低置信度像素,权重 $w_2(x_i^{(\mathrm{T})})$ 将会被设置为 0,则置信度权重的计算方法为:

$$w_2(x_i^{(\mathrm{T})})=\begin{cases}P(\widetilde{Y}_i^{(\mathrm{T})}),&\text{if }P(\widetilde{Y}_i^{(\mathrm{T})})\geqslant 0.5\\0,&\text{otherwise}\end{cases}\quad(10\text{-}9)$$

10.2.5　GDAN-DWPL 的整体目标函数

从关于 GDAN-DWPL 的描述可知,其整体目标函数包括三个部分:领域判别损失 L_D、分类损失 L_SC 和 DWP 损失 L_TC:

$$J(\boldsymbol{\theta}_F,\boldsymbol{\theta}_C,\boldsymbol{\theta}_D)=\lambda_1 L_\mathrm{SC}+\lambda_2 L_\mathrm{TC}-\lambda L_\mathrm{D}\quad(10\text{-}10)$$

其中,λ 用于平衡源域经验风险和领域对抗。在训练阶段,如果分类器过拟合于源域,则其对目标域的判别能力将受到负面的影响。为此,这里在分类损失前乘上一个系数并将其简单地设置为 0.5,作为一个训练技巧。λ_2 为 L_TC 的权重系数,整体的参数包括 $\boldsymbol{\theta}_F$、$\boldsymbol{\theta}_D$ 和 $\boldsymbol{\theta}_C$。其中,$\boldsymbol{\theta}_C$ 的最优解可以通过最小化 L_SC

和 L_{TC} 得到，$\boldsymbol{\theta}_D$ 的最优解可以通过最小化 L_D 得到。由于 GRL 的存在，$\boldsymbol{\theta}_F$ 在最小化 L_{SC} 和 L_{TC} 的同时，最大化 L_{TC}：

$$\begin{cases} \boldsymbol{\theta}_F^*, \boldsymbol{\theta}_C^* = \mathrm{argmin} J(\boldsymbol{\theta}_F, \boldsymbol{\theta}_C, \boldsymbol{\theta}_D^*) \\ \boldsymbol{\theta}_D^* = \mathrm{argmax} J(\boldsymbol{\theta}_F^*, \boldsymbol{\theta}_C^*, \boldsymbol{\theta}_D) \end{cases} \tag{10-11}$$

10.3　实验与分析

为验证 GDAN-DWPL 的有效性，在四个真实 HSIs 数据集 Botswana (BOT)、Kennedy Space Center(KSC)、Pavia Center(PC)和 Pavia University (PU)上组织对比实验。为消除随机因素的影响，所有实验重复 20 次取均值。所有实验在 Pytorch 框架下进行，所用电脑配备 3.7 GHz Intel Core I9-10900K CPU 32 GB of RAM, GTX 2080Ti GPU。选择整体分类精度(Overall Accuracy,OA)和耗时(t,s)来评估实验结果。

对于特征提取器，在 BOT5→BOT7、KSC3→KSC、PC→PU 和 PU→PC 任务上选择 2 层 GCN，在其他任务上选择 4 层 GCN，隐层节点个数选择为 300。对于领域判别器和分类器，选择网络结构为 MLP，近邻点个数选择为 8，学习率设置为 $\mu = \mu_0 (1+\alpha p)^{-\beta}$，其中初始值 μ_0 设置为 5×10^{-4}，$\alpha = 10$，$\beta = 0.75$。p 表示训练进程，随着迭代次数的增加逐渐从 0 增大到 1。$\lambda = [1 - \exp(-\delta p)]/[1 + \exp(-\delta p)]$，$\delta = 10$，$\lambda_2 = 0.5$，$\lambda_2 = 10^{-4}$。

10.3.1　对比实验

为验证所提方法 GDAN-DWPL 的有效性，选择 6 个方法进行对比实验，包括一个传统的 DA 方法(TCA[7])以及五个深度 DA 方法(DANN[8]、MMD_RECON[9]、DCORAL[10]、JCGNN[2]和 GDAN[3])。这些方法的最优参数通过网格搜索来选择，实验结果如表 10-1 所示，其中最优值以加粗的形式给出。由表可知：

(1) GDAN-DWPL 在所有任务上取得了最高的 OA，原因主要是两个方面的：一方面，基于光谱-空间构图的 GCN 能够提取 HSIs 更具判别性的特征；另一方面，双加权机制有提高正确分类像素的作用，降低错误分类像素的负面影响。为此，GDAN-DWPL 能够学习一个更加准确的类别预测模型。

(2) 对于 BOT 数据集，几乎所有的方法在 BOT5→BOT7 任务上取得了相比其他任务更低的 OA，这是因为在相邻月份拍摄的图片在光谱和空间特征上的概率分布差异更小。

（3）与浅层 DA 相比，深层 DA 能够在大部分任务上取得更高的 OA，这是因为深度 DA 方法能够利用深度学习强大的非线性特征提取能力，从而缓解因欠拟合而导致的欠适配问题。

（4）在耗时方面。GDAN-DWPL 的耗时并非最高也非最低，而是在一个可接受的范围内。

表 10-1　不同迁移任务上的 OA(%)和耗时(t,s)对比

Task	TCA[7]		DANN[8]		DCORAL[10]		JCGNN[2]	
	OA	t	OA	t	OA	t	OA	t
BOT5→BOT6	83.32	11.97	87.97	418.97	87.54	424.94	92.71	206.95
BOT6→BOT5	73.22	11.87	89.85	425.19	86.66	428.27	92.9	210.45
BOT5→BOT7	68.64	24.73	77.68	699.55	73.99	702.94	74.58	222.96
BOT7→BOT5	74.52	25.35	82.32	637.06	80.86	638.37	77.72	217.72
BOT6→BOT7	76.47	23.64	85.82	704.56	82.98	699.28	81.87	221.56
BOT7→BOT6	81.02	24.07	89.12	635.78	88.09	634.24	85.51	221.73
KSC→KSC3	65.39	22.18	70.32	609.67	71.07	548.99	73	208.28
KSC3→KSC	65.83	22.4	68.36	606.43	72.28	547.72	71.2	151.94
PC→PU	90.83	29.36	91.01	669.73	90.97	185.88	92.93	208.87
PU→PC	80.88	29.87	83.03	673.2	83.54	184.92	89.41	205.43

Task	MMD_RECON[9]		GDAN[3]		GDAN-DWPL	
	OA	t	OA	t	OA	t
BOT5→BOT6	90.35	419.64	92.22	59.36	94.81	74.85
BOT6→BOT5	90.25	426.17	93.97	40	94.27	52.49
BOT5→BOT7	79.79	432.88	74.62	48.19	82.32	61.31
BOT7→BOT5	83.24	443.84	81.34	48.57	87.64	62.62
BOT6→BOT7	83.63	414.79	85.31	47.82	86.47	88.29
BOT7→BOT6	88.96	413	91.43	48.21	92.77	85.03
KSC→KSC3	73.53	539.01	71.96	46.43	74.82	86.07
KSC3→KSC	72.78	540.16	70.89	45.13	78.26	86.21
PC→PU	91.74	718.48	92.7	41.78	94.69	53.66
PU→PC	83.17	714.49	90.58	42.06	91.68	53.89

10.3.2 参数分析

组织关于超参数 ρ 和 λ_2 的分析实验。OA 与 ρ、λ_2 的关系如图 10-2 所示。

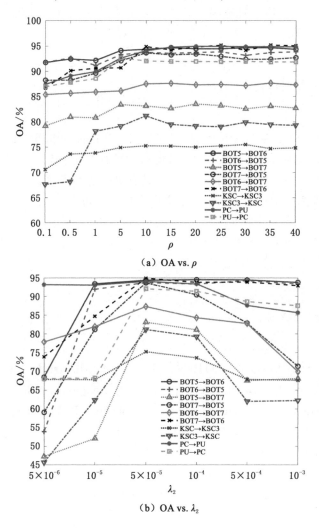

（a）OA vs. ρ

（b）OA vs. λ_2

图 10-2　不同任务上 OA 与 ρ、λ_2 的关系

由图 10-2 可知：

（1）对于参数 ρ，随着取值的不断增大，OA 呈现先上升然后略有下降的趋势。一方面，过小的取值表明近邻点的选择由光谱距离主导，这会导致噪声近邻的选择；另一方面，过大的取值会导致对光谱特征的忽略。

（2）对于参数 λ_2，随着取值的不断增大，OA 呈现先上升后下降的趋势。过小的取值表明双加权机制发挥了很小的作用，从而导致了对目标域判别性的不足；过大的取值表明双加权机制在整个训练过程中均占据了较大的比例，从而导致在训练早期时，对降低经验风险和领域分布差异造成负面影响。当 $\lambda_2 = 10^{-4}$ 时，GDAN-DWPL 能够取得最高或相近的 OA。

10.4　本章小结

提出一种 DA 方法（GDAN-DWPL）用于 HSI 的多时相分类任务。一方面，随着光谱-空间构图和 GCN 的引入，所提取的特征能够同时表征单个像素和周围近邻像素的特征。因此，所提取的特征具有更强的判别性，从而帮助习得更加准确的类别预测模型。另一方面，所设计的双加权机制和相关的 DWP 损失能够选择出被正确分类的目标域像素，从而可以更加安全地使用目标域的伪标签，从而帮助获取到更具判别性的分类器。在多组 HSIs 迁移任务上的实验结果表明了 GDAN-DWPL 能够取得更高的 OA。

参考文献

［1］ WAN S, GONG C, ZHONG P, et al. Multiscale dynamic graph convolutional network for hyperspectral image classification[J]. IEEE transactions on geoscience and remote sensing, 2020, 58(5): 3162-3177.

［2］ WANG W J, MA L, CHEN M, et al. Joint correlation alignment-based graph neural network for domain adaptation of multitemporal hyperspectral remote sensing images[J]. IEEE journal of selected topics in applied earth observations and remote sensing, 2021, 14: 3170-3184.

［3］ KIM Y, HONG S. Adaptive graph adversarial networks for partial domain adaptation[J]. IEEE transactions on circuits and systems for video technology, 2022, 32(1): 172-182.

［4］ DING Y, GUO Y Y, CHONG Y W, et al. Global consistent graph convolutional network for hyperspectral image classification [J]. IEEE transactions on instrumentation and measurement, 2021, 70: 1-16.

［5］ GU X, SUN J, XU Z B. Spherical space domain adaptation with robust pseudo-label loss[C]//2020 IEEE/CVF Conference on Computer Vision and Pattern Recognition (CVPR). Seattle, WA, USA. IEEE, 2020: 9098-9107.

[6] WEI H K, MA L, LIU Y, et al. Combining multiple classifiers for domain adaptation of remote sensing image classification[J]. IEEE journal of selected topics in applied earth observations and remote sensing, 2021, 14: 1832-1847.

[7] PAN S J, TSANG I W, KWOK J T, et al. Domain adaptation via transfer component analysis[J]. IEEE transactions on neural networks, 2011, 22 (2): 199-210.

[8] GANIN Y, LEMPITSKY V. Unsupervised domain adaptation by backpropagation[J]. 32nd International Conference on International Conference on Machine Learning, ICML 2015, 2015, 2: 1180-1189.

[9] LI W, WEI W, ZHANG L, et al. Unsupervised deep domain adaptation for hyperspectral image classification[C]//IGARSS 2019 - 2019 IEEE International Geoscience and Remote Sensing Symposium. Yokohama, Japan. IEEE, 2019: 1-4.

[10] SUN B C, SAENKO K. Deep CORAL: correlation alignment for deep domain adaptation[C]//European Conference on Computer Vision. Cham: Springer, 2016: 443-450.

第11章 基于图双对抗网络的高光谱图像分类

针对无监督高光谱图像（Hyperspectral Image，HSI）分类时异类样本簇间距过近的问题，本章提出一种面向 HSI 分类的基于图双对抗网络（Graph Dual Adversarial Network，GDAN）的端到端无监督领域自适应方法。首先，利用 HSI 丰富的光谱信息和空间位置构造空-谱近邻图，将其输入到图卷积网络来提取源域和目标域的域不变特征。然后，提出了一种原型对抗的方法，利用源域带标签数据来可靠地计算源域异类样本在网络中间层特征的原型，通过原型对抗来适当拉远源域异类原型之间的距离，使得源域异类样本簇远离各自决策边界，增加类间距离的同时增强特征的可判别性，与领域对抗共同组成双对抗策略。值得注意的是，该双对抗策略无须特征提取器与判别器轮流工作，可通过梯度反转层巧妙实现。最后，在领域对抗对源域和目标域特征进行适配的基础上，通过最小化源域与目标域每类样本的相关对齐（Correlation Alignment，CORAL）损失来对源域与目标域特征进行进一步的领域适配。

本章结构安排如下：第 11.1 节对本章的研究内容进行概述；第 11.2 节详细阐述了所提的 GDAN 方法；第 11.3 节给出了 GDAN 方法在两个常用高光谱数据集上的实验结果与分析；第 11.4 节总结了本章内容。

11.1 研究背景

HSI 通常包含数百个波段，拥有丰富的图像信息与光谱信息[1]。HSI 分类任务的目的是根据物质特有的光谱特征，将每个像素代表的物质分类[2]。然而，标记 HSI 费时费力，且受大气条件、土壤水分、光照条件等影响，对相同地物在不同情况下获得的 HSI 光谱曲线有所不同。因此，即使 HSI 分类任务的训练集与测试集具有较大相关性，常规的分类方法也可能无法获得满意的效果。领域自适应则可以很好地解决这些问题，它可以利用标记丰富的源域 HSI 来提升少量或无标记的目标域 HSI 的分类效果。

浅层的领域自适应方法[3-4]大多为分步式操作，不能同时兼顾数据分布和分类器的训练,要实现端到端的在数据分布差异约束下进行的分类训练就得依靠神经网络。近年来,深度学习以其强大的特征提取能力被广泛应用于领域自适应。比较早的探索是 Tzeng 等[5]提出的(Deep Domain Confusion,DDC)方法,通过在网络结构中嵌入一个低维的自适应层,以单一核的最大均值差异(Maximum Mean Discrepancy,MMD)作为度量,来计算源域与目标域样本在低维空间中的特征分布距离,并将其作为域混淆损失函数加入分类器原本的分类损失中,从而实现分布适应与分类器训练同步进行的效果。然而,单一核函数的MMD 的表达能力是有限的,并且只针对网络的某一层进行分布约束是不够的。针对这些问题,Long 等[6]提出了 DAN(Deep Adaptation Network)方法,在DDC 的基础上,对多个全连接层均进行领域适配,并利用多核 MMD 对分布差异进行度量,大大提高了自适应效力。不同于基于 MMD 的方法,Sun 等[7]提出D-CORAL(Correlation Alignment for Deep Domain Adaptation)方法,将深层网络提取出的源域与目标域特征分布的二阶统计量进行适配。Wang 等[8]将CORAL 用进 HSI 领域自适应的任务中,并通过将域级的 CORAL 和类级的CORAL 共同嵌入图神经网络(Graph Neural Network,GNN),实现了联合分布式领域自适应。然而,Wang 等只用了图网络提取 HSI 的光谱信息,没有考虑HSI 丰富的空间信息。Ding 等[9]通过图网络提取丰富的空间和光谱信息,使得每个近邻节点的选择更加可靠。

生成对抗网络在各种领域都有出色表现[10]。Ganin 等[11]将对抗思想运用到领域自适应中并提出领域对抗神经网络(Domain Adversarial Neural Networks,DANN),通过特征提取器与领域判别器的互相对抗使得特征提取器能够提取出源域与目标域样本的域不变特征。鉴于对抗自适应方法在一般跨域图像分类上的出色表现,其也被用于 HSI 跨域分类任务。Elshamli 等[12]将DANN 引入到遥感领域,实现了端到端的 HSI 无监督领域适配。然而,单领域判别器只能对源域和目标域样本进行整体特征适配,没有考虑样本复杂的多模式结构[13]。针对这一问题,Liu 等[14]提出类级分布适配网络(Class-wise Distribution Adaptation Network,CDA),通过使用多个领域判别器来捕获数据的多模式结构,并将基于概率预测的 MMD 方法引入到了领域对抗网络中,以实现源域和目标域特征的按类适配。Ma 等[15]在对抗学习的基础上,通过一个基于变分自动编码器的生成器来学习空-谱特征,可以在保持不同类边界的同时,最小化不同域之间的差异。现有的大部分领域自适应方法,只是将源域与目标域样本在高层特征表示空间进行整体对齐,或按类对齐,较少考虑异类样本簇间的距离。若是异类样本簇距离过近,会导致样本离决策边界过近,从而增加领域适配的难度。除此之外,对抗学习在学习域不变特征时会意外地降低特征的可判别性,降低分类的精度。

针对上述问题,本章提出一种原型对抗策略,旨在适当增加异类原型之间的距离,从而增大异类样本簇之间的距离,在不干预领域对抗学习域不变特征的同时,增强特征的可判别性。如果异类原型之间的距离过近,会导致样本的大面积混合;如果不加约束地增加异类原型之间的距离,不仅会导致该距离趋于无穷,降低特征的可迁移性,而且会使得模型的训练过程出现崩溃的现象。此外,为进一步提高特征的提取能力,本书将采用空-谱构图策略的图卷积网络(Graph Convolutional Network,GCN)作为特征提取器。综上,提出一种针对无监督 HSI 分类的图双对抗网络。主要贡献包括:

(1) 将原型对抗与领域对抗策略相结合,设计一种新型的端到端的双对抗策略,无须特征提取器与判别器轮流工作即可简单实现。

(2) 提出一种原型对抗策略,利用带标签的源域样本在领域判别器网络的中间层输出特征来计算异类样本的原型,并适当拉远异类原型之间的距离,使异类样本簇远离决策边界,在增强特征判别性的同时降低领域适配的难度。

(3) 将领域对抗策略与类级 CORAL 相结合,在少量耗时的情况下做到了域级和类级的特征适配。

11.2　基于图双对抗网络的高光谱图像分类

所提基于 GDAN 的 HSI 分类方法流程图如图 11-1 所示,主要包括 5 个步骤:① 根据源域样本与目标域样本的光谱向量与空间位置构造源域与目标域的空-谱近邻图,再将光谱向量与空-谱近邻图共同输入到 GCN 中来提取高层特征,得到源域特征与目标域特征;② 将源域特征输入到分类器网络中,减少源域经验损失;③ 将源域特征与目标域特征输入到领域判别器网络中,通过领域对抗策略对源域和目标域进行适配;④ 通过领域判别器网络的中间层输出来自计算源域样本的类别原型,并构造原型对抗损失;⑤ 在域级适配和源域异类原型分开的基础上,通过减小源域与目标域对应类别的 CORAL 损失以实现类级别的适配。

11.2.1　基于 GCN 的特征提取

GCN 作为深度学习近几年热门的研究方向,受到了广泛的关注。GCN 可以聚合近邻节点的特征信息,将每个节点的隐藏表征进行压缩,经过多层堆叠与非线性变换后,可以得到具有判别性的特征。鉴于 GCN 强大的特征提取能力,

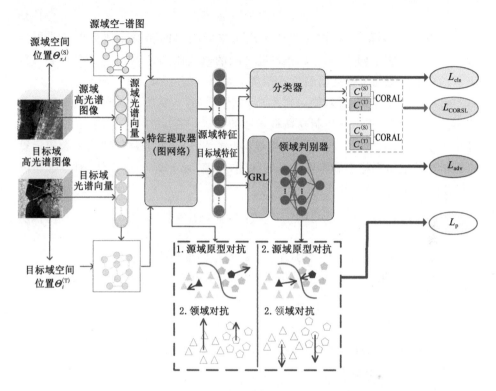

图 11-1　基于 GDAN 的 HSI 分类方法流程图

本章采用 GCN 作为特征提取器。

首先，定义一个 $\boldsymbol{G}=(\boldsymbol{V},\boldsymbol{A})$ 的图，其中 $\boldsymbol{V}$ 是 N 个节点的集合，每一个节点 v_i 表示为一个 b 维的特征向量 $\boldsymbol{x}_i\in\mathbb{R}^b$，可以用矩阵 $\boldsymbol{X}\in\mathbb{R}^{N\times b}$ 表示。$\boldsymbol{A}\in\mathbb{R}^{N\times N}$ 是一个对称且稀疏的近邻矩阵，$\boldsymbol{A}_{i,j}$ 表示为连接节点 v_i 与节点 v_j 的边的权重。

这里以源域为例构建近邻矩阵 $\boldsymbol{A}^{(S)}$，定义度矩阵 $\boldsymbol{D}^{(S)}=\mathrm{diag}(d_1^{(S)},d_2^{(S)},\cdots,d_N^{(S)})$，其中 $d_i^{(S)}=\sum_{j=1}^{N}\boldsymbol{A}_{i,j}^{(S)}$ 表示第 i 行近邻矩阵的行和。给定源域 HSI 数据集 $\boldsymbol{X}^{(S)}\in\mathbb{R}^{n^{(S)}\times b}$ 及其对应空间坐标 $\boldsymbol{\Theta}^{(S)}\in\mathbb{R}^{n^{(S)}\times 2}=\{\boldsymbol{\Theta}_x^{(S)},\boldsymbol{\Theta}_y^{(S)}\}$，通过 k 近邻的方法来选择每个节点的近邻。

由于受环境、大气、时间等多种因素的影响，同类的高光谱像素会出现不可避免的光谱可变性，因此只用光谱距离来判断两个样本是否为同类具有一定的缺陷，而利用空间信息则可以有效减轻光谱变异的负面影响[16]。因此本章中，每个节点 $v_i^{(S)}$ 选择与之空-谱距离 $l_{i,j}^{(S)}$ 最小的 k 个节点作为其近邻。其中 $l_{i,j}^{(S)}$ 由光谱距离 $l_{i,j}^{(S),\mathrm{spe}}$ 和空间距离 $l_{i,j}^{(S),\mathrm{spa}}$ 两部分组成：

$$l_{i,j}^{(S)} = l_{i,j}^{(S),spe} + \psi l_{i,j}^{(S),spa} \tag{11-1}$$

其中，ψ 为权重系数，控制光谱距离与空间距离的相对重要程度，$l_{i,j}^{(S),spe} = \| \boldsymbol{x}_i^{(S)} - \boldsymbol{x}_j^{(S)} \|_2$ 表示两个节点光谱向量之间的欧式距离，$l_{i,j}^{(S),spa} = \| \boldsymbol{\Theta}_i^{(S)} - \boldsymbol{\Theta}_j^{(S)} \|_2$ 表示两个节点空间坐标之间的欧式距离。

$\boldsymbol{x}_i^{(S)}$ 与 $\boldsymbol{x}_j^{(S)}$ 互为近邻，则 $A_{i,j}^{(S)} = \exp(-l_{i,j}^{(S)}/\sigma^2)$，采用高斯核函数来度量相连节点的相似性，其中 σ 控制高斯核函数的带宽。若 $\boldsymbol{x}_i^{(S)}$ 与 $\boldsymbol{x}_j^{(S)}$ 越相似，则 $l_{i,j}^{(S)}$ 越小，$A_{i,j}^{(S)}$ 越大。若 $\boldsymbol{x}_i^{(S)}$ 与 $\boldsymbol{x}_j^{(S)}$ 不相邻，则 $A_{i,j}^{(S)} = 0$。为了避免训练中卷积运算可能带来的数值不稳定和梯度消失的问题，借鉴 Ding 等[17] 的工作，对近邻矩阵 $\boldsymbol{A}^{(S)}$ 进行规范化操作：

$$\widetilde{\boldsymbol{A}}^{(S)} = \widetilde{\boldsymbol{D}}^{(S)} - \frac{1}{2} (\boldsymbol{A}^{(S)} + \boldsymbol{I}) \widetilde{\boldsymbol{D}}^{(S)} - \frac{1}{2} \tag{11-2}$$

其中，$\boldsymbol{I}$ 为单位矩阵，$\widetilde{\boldsymbol{D}}^{(S)}$ 为 $(\boldsymbol{A}^{(S)} + \boldsymbol{I})$ 对应的度矩阵。

定义 GCN 第 m 层输出的特征为 $\boldsymbol{H}^{(S)m}$，其计算公式为：

$$\boldsymbol{H}^{(S)m} = \varphi(\widetilde{\boldsymbol{A}}^{(S)} \boldsymbol{H}^{(S)m-1} \boldsymbol{W}^m) \tag{11-3}$$

其中，$\varphi(\cdot)$ 为非线性激活函数 ReLU，$\boldsymbol{H}^{(S)m-1}$ 代表输入第 m 层所有节点的特征，$\boldsymbol{W}^m$ 为第 m 层网络的权重参数。GCN 网络的最后一层输出即为所需源域样本的高层特征，表示为：

$$\boldsymbol{h}_i^{(S)} = F_{\theta_F}(\boldsymbol{x}_i^{(S)}) \tag{11-4}$$

其中，$\boldsymbol{\theta}_F = \{\boldsymbol{W}^1, \boldsymbol{W}^2, \cdots, \boldsymbol{W}^M\}$ 为 M 层网络的参数集合，目标域样本特征提取方式与源域样本特征提取方式相同。

11.2.2　分类器

分类器网络由多层感知机（Multilayer Perceptron，MLP）组成，网络训练的输入为源域样本特征，输出为预测类别向量，表示为：

$$\widetilde{Y}^{(S)} = C_{\theta_C}(\boldsymbol{h}^{(S)}) \tag{11-5}$$

其中，$\widetilde{Y}^{(S)} \in \mathbb{R}^{n^{(S)} \times n^C}$，$n^C$ 为类别总数，$\boldsymbol{\theta}_C$ 为分类器网络参数。为了降低源域样本的经验损失，保证分类器在源域样本上的良好预测性能，最小化下面的目标函数：

$$\mathcal{L}_{cls} = \frac{1}{n^{(S)}} \sum_{i=1}^{n^{(S)}} \sum_{c=1}^{n^C} \mathcal{L}_{ce}(\widetilde{y}_{i,c}^{(S)}, y_{i,c}^{(S)}) \tag{11-6}$$

其中，$\mathcal{L}_{ce}(\cdot, \cdot)$ 表示交叉熵损失，$\widetilde{y}_{i,c}^{(S)}$ 为第 i 个源域样本特征输入分类器网络后得到的输出，$y_{i,c}^{(S)}$ 为第 i 个源域样本的真实类别标签且为独热编码。

11.2.3　领域对抗策略

领域对抗已被实验效果证实能够一定程度上拉近源域与目标域样本在高层特征表示上的整体距离[18]，它的核心领域判别器旨在区分输入样本来自源域或是目标域。领域判别器一般由简单的 MLP 构成，领域判别损失定义为：

$$\mathcal{L}_{\mathrm{adv}} = \frac{1}{n^{(\mathrm{S})}} \sum_{i=1}^{n^{(\mathrm{S})}} \mathcal{L}_{\mathrm{bce}}(D_{\theta D}(F_{\theta F}(x_i^{(\mathrm{S})})), d_i) + \tag{11-7}$$
$$\frac{1}{n^{(\mathrm{T})}} \sum_{i=1}^{n^{(\mathrm{T})}} \mathcal{L}_{\mathrm{bce}}(D_{\theta D}(F_{\theta F}(x_i^{(\mathrm{T})})), d_i)$$

$$\mathcal{L}_{\mathrm{bce}}(\tilde{d}_i, d_i) = -d_i \log \tilde{d}_i - (1 - d_i) \log(1 - \tilde{d}_i) \tag{11-8}$$

其中，$D_{\theta D}$ 为领域判别器网络，$\boldsymbol{\theta}_D$ 为网络参数，d_i 是样本 x_i 的真实领域标签，$\tilde{d}_i$ 是样本 $\boldsymbol{x}_i$ 的预测领域标签，$\mathcal{L}_{\mathrm{bce}}(\cdot, \cdot)$ 是领域分类损失。为了实现特征提取器与领域判别器的对抗，领域判别器试图区分源域和目标域的特征，而特征提取器则试图混淆领域判别器的判断，通常在领域判别器与特征提取器之间添加一层梯度反转层（Gradient Reversal Layer，GRL）。GRL 并没有网络更新的参数，其只定义了前向传播与反向传播的计算规则：

$$R(x) = x \tag{11-9}$$
$$\frac{\mathrm{d}R(x)}{\mathrm{d}x} = -\lambda \mathbf{I} \tag{11-10}$$

其中，λ 为衰减因子，按以下公式逐渐从 0 变化到 1：

$$\lambda = \frac{1 - \mathrm{e}^{\alpha \rho}}{1 + \mathrm{e}^{\alpha \rho}} \tag{11-11}$$

其中，λ 决定了 λ 从 0 到 1 的增长速度，$\rho \in [0, 1]$ 是当前迭代次数与最大迭代次数的比率。为了在训练初期抑制领域判别器的噪声，λ 应该从 0 逐渐增加到 1。

11.2.4　原型对抗策略

传统的领域对抗有两个问题，一是特征的可迁移性由最大奇异值的特征向量主导，而领域对抗学习在增强特征的可迁移性的同时，会过度惩罚其他特征向量，这其中包含对特征判别重要的丰富结构，导致特征的可判别性减弱[19]；二是没有考虑类间距离过近的问题，异类样本簇间距过近，会导致样本的大面积混合以至误分，而一味地增加异类样本簇的距离会导致特征的可迁移性变弱，并且可能会出现训练崩溃的现象。所提原型对抗策略通过适当拉远样本的类间距离，可以很好地缓解以上两个问题。

由于目标域样本无类别标签,若强行使用伪标签计算原型,会导致原型计算不准,将本是一类的样本远离,不是一类的样本拉近,因此本书仅使用源域带标签样本进行原型对抗。原型的计算采用的是领域判别器的中间层输出的特征而不是特征提取器的输出特征,如果直接采用特征提取器的输出特征来做原型对抗,需要特征提取器与领域判别器轮流工作来达到原型对抗的效果。直接利用领域判别器的中间层输出特征,配合 GRL 即可简单实现原型对抗,达到双对抗的效果,且为端到端的训练模式,无须分阶段训练。源域特征的原型计算公式如下:

$$\boldsymbol{P}_c^{(\mathrm{S})} = \frac{1}{n_c^{(\mathrm{S})}} \sum_{i=1}^{n_c^{(\mathrm{S})}} D_{\theta_D} \left(F_{\theta_F} \left(\boldsymbol{x}_{c,i}^{(\mathrm{S})} \right) \right) \tag{11-12}$$

其中,$n_c^{(\mathrm{S})}$ 为源域第 c 类样本的总数,$\boldsymbol{x}_{c,i}^{(\mathrm{S})}$ 为源域第 c 类的样本,D_{θ_D} 为领域判别器网络第 m 层的输出。使用欧式距离作为距离度量,将异类原型之间的距离总和作为原型对抗的损失函数:

$$\mathcal{L}_p = \frac{1}{2} \sum_{i=1}^{n^C} \sum_{j=1}^{n^C} \| \boldsymbol{P}_i^{(\mathrm{S})} - \boldsymbol{P}_j^{(\mathrm{S})} \|_2 \tag{11-13}$$

对于领域判别器,其目标为最小化损失函数式(11-13),即缩小异类原型之间的距离,便于整体领域判别;对于特征提取器,在梯度反向传播后,经过 GRL,即可实现最大化损失函数式(11-13),增大异类原型之间的距离,使得异类样本簇远离决策边界。特征提取器与领域判别器两者互相对抗,最终异类原型之间会适当地互相远离,类间距离增大,在降低领域适配难度的同时,使各类特征更具有判别性,便于分类器分类,减缓了对抗学习带来的特征判别性减弱的问题。

11.2.5　类级 CORAL 适配

原型对抗仅增加了源域异类原型之间的距离,需要进一步将目标域的各类特征与源域的各类特征进行对齐,本书采用最小化源域目标域每类样本 CORAL 损失的方法,计算每一类特征的统计特性,然后按类最小化不同领域之间的 CORAL 损失,以此达到源域样本与目标域样本的"类级别"的对齐。CORAL 损失定义为:

$$\mathcal{L}_{\mathrm{CORAL}} = \frac{1}{4 \left(n^C \right)^3} \sum_{c=1}^{n^C} \| \boldsymbol{C}_c^{(\mathrm{S})} - \boldsymbol{C}_c^{(\mathrm{T})} \|_F \tag{11-14}$$

其中,$\| \cdot \|_F$ 表示 Frobenius 范数,$\boldsymbol{C}_c^{(\mathrm{S})}$ 和 $\boldsymbol{C}_c^{(\mathrm{T})}$ 代表源域和目标域第 c 类样本特征的协方差矩阵,表示为:

$$\boldsymbol{C}_c^{(\mathrm{S})} = \frac{1}{n_c^{(\mathrm{S})} - 1} \left[G_c^{(\mathrm{S})T} G_c^{(\mathrm{S})} - \frac{1}{n_c^{(\mathrm{S})}} (\mathbf{1}^{\mathrm{T}} G_c^{(\mathrm{S})})^{\mathrm{T}} (\mathbf{1}^{\mathrm{T}} G_c^{(\mathrm{S})}) \right] \tag{11-15}$$

其中，$G_c^{(S)} = C_{\theta_C}(F_{\theta_F}(\boldsymbol{X}_c^{(S)}))$，表示源域第 c 类样本经过特征提取器和分类器网络后的输出，$\boldsymbol{X}_c^{(S)} \in \mathbb{R}^{n_c^{(S)} \times b}$ 为源域第 c 类的所有样本。本章采用分类器网络对目标域样本的预测标签作为其伪标签来计算 $\boldsymbol{C}_c^{(T)}$，$\boldsymbol{C}_c^{(T)}$ 计算方式与式(11-15)类似，伪标签表达式为：

$$\tilde{y}_i(T) = \operatorname*{argmax}_{v}\left[C_{\theta_C}(F_{\theta_F}(\boldsymbol{x}_i^{(T)}))\right]_v \tag{11-16}$$

其中，$[\,\cdot\,]_v$ 表示第 v 个元素，即目标域样本 $\boldsymbol{x}_i^{(T)}$ 的伪标签是第 v 类。

11.2.6　GDAN 的目标函数

由上述内容可知，GDAN 的目标函数可被定义为：

$$\begin{aligned}
J(\boldsymbol{\theta}_F, \boldsymbol{\theta}_C, \boldsymbol{\theta}_D) &= \mathcal{L}_{cls} + \lambda_1 \mathcal{L}_{CORAL} - \lambda(\lambda_2 \mathcal{L}_p + \mathcal{L}_{adv}) \\
&= \mathcal{L}_{cls} + \lambda_1 \mathcal{L}_{CORAL} - \lambda\lambda_2 \mathcal{L}_p - \lambda \mathcal{L}_{adv}
\end{aligned} \tag{11-17}$$

其中，$\boldsymbol{\theta}_F$、$\boldsymbol{\theta}_C$、$\boldsymbol{\theta}_D$ 分别是特征提取器、分类器、领域判别器的网络参数。$\mathcal{L}_{cls}$ 表示源域带标签数据的分类损失，$\mathcal{L}_{CORAL}$ 表示源域特征与目标域特征按类计算的 CORAL 损失，$\mathcal{L}_p$ 表示源域特征的原型对抗损失，$\mathcal{L}_{adv}$ 表示领域判别损失。由于 $\mathcal{L}_p$ 和 $\mathcal{L}_{adv}$ 在梯度反向传播时都经过了 GRL，因此有必要乘以系数 $-\lambda$。λ_1 和 λ_2 用来平衡不同损失贡献的超参数。$\boldsymbol{\theta}_F$、$\boldsymbol{\theta}_C$、$\boldsymbol{\theta}_D$ 的最优解如下：

$$(\boldsymbol{\theta}_F^*, \boldsymbol{\theta}_C^*) = \operatorname*{argmin}_{\boldsymbol{\theta}_F, \boldsymbol{\theta}_C} J(\boldsymbol{\theta}_F, \boldsymbol{\theta}_C, \boldsymbol{\theta}_D^*) \tag{11-18}$$

$$\boldsymbol{\theta}_D^* = \operatorname*{argmax}_{\boldsymbol{\theta}_D} J(\boldsymbol{\theta}_F^*, \boldsymbol{\theta}_C^*, \boldsymbol{\theta}_D) \tag{11-19}$$

11.3　实验与分析

为验证 GDAN 的有效性，在两个 HSI 数据集上组织实验与分析，分别是数据集博茨瓦纳(Botswana, BOT)和肯尼迪航天中心(Kennedy Space Center, KSC)。为消除随机因素对实验结果的影响，所有实验取最后一次迭代的值，并重复 10 次取平均值。所有实验均在配有 3.80 GHz Intel Core I7-10700KF CPU 32GB RAM、RTX 2080Ti GPU 的计算机上进行，实验环境为 Pytorch。采用三个指标来评估实验结果，分别是整体分类精度(Overall Classification Accuracy, OA)、kappa 系数和时间消耗。

11.3.1　HSI 数据集

BOT 数据集由三幅 HSI 组成，分别是由 NASA EO-1 卫星在博茨瓦纳的奥卡万戈三角洲于 2001 年的五月(BOT5)，六月(BOT6)，七月(BOT7)，用 Hyperion 传感器在 7.7 km 的 242 个波段上以 30 万像素分辨率获取的数据,去除吸水率和低信噪比波段后,将其余 145 个波段作为候选特征。三幅 HSI 均包含 9 个已识别类别,由 1476×256 个像素组成,分别包含 3 014、2 871 和 4 997 个标记样本。

KSC 数据集由两幅 HSI 组成,是由 NASA AVIRIS 于 1996 年 3 月 23 日在佛罗里达肯尼迪航天中心上空的不同区域,在 20 km 高度的 224 个波段拍摄得到的,去除吸水率和低信噪比波段后,将其余 176 个波段作为候选特征。两幅 HSI(KSC,KSC3)均包含 10 个已识别类别,由 512×614 个像素组成,分别包含 3 784 和 3 854 个标记样本。

假彩合成图与更多样本信息如图 11-2 所示,其中图例右侧的数字代表对应数据集的样本数量。共构造 8 个迁移任务组用于分类实验,对于 BOT 数据集,分别是 BOT5→BOT6、BOT6→BOT5、BOT5→BOT7、BOT7→BOT5、BOT6→BOT7 和 BOT7→BOT6,对于 KSC 数据集分别是 KSC→KSC3 和 KSC3→KSC。其中每组任务的第一个数据集表示源域,第二个数据集表示目标域。

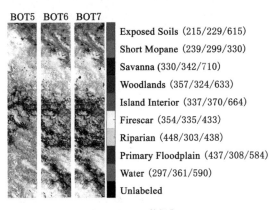

（a）BOT数据集

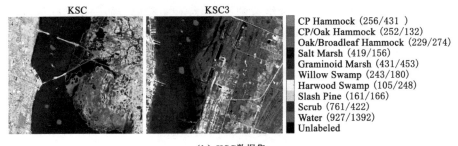

（b）KSC数据集

图 11-2　BOT 和 KSC 数据集的假彩图像和样本信息

11.3.2 参数设置

在所提的 GDAN 中,对于特征提取器,采用隐藏层节点个数为 350 的 3 层 GCN。对于领域判别器和分类器,采用隐藏层节点个数为 100 的单层 MLP。每个隐藏层后均使用 ReLU 激活函数。在 GCN 的构图策略中,设置近邻节点 k 为 10,设置控制光谱距离与空间距离的权重系数 ϕ 为 10,σ 设置为 20。选用 Adam 作为网络训练的优化器,学习率设置为 $\eta = \eta_0/(1+\alpha\rho)^i$,其中 α 设置为 10,i 设置为 0.75,ρ 为 0 到 1 的实验进程参数。初始学习率 η_0 设置为 0.000 5。λ_1 设置为 15,对于任务 BOT5→BOT7,BOT7→BOT5,KSC→KSC3 和 KSC3→KSC,λ_2 设置为 0.05,对于任务 BOT7→BOT6,λ_2 设置为 0.005,其余任务 λ_2 均设置为 0.000 5。所有任务的迭代次数均为 1 000。

11.3.3 对比实验

为了验证所提 GDAN 的有效性,采用了 8 种领域自适应方法作为对比实验,其中包括一种传统的领域自适应方法 TCA[18] 和七种深度的领域自适应方法(DAN[6]、DANN[11]、D-CORAL[7]、MADA[13]、MMD_RECON[19],CDA[14] 和自适应图对抗网络(Adaptive Graph Adversarial Network,AGAN)[20]),其中 AGAN 与 DANN 原理相同,但使用与 GDAN 相同构图策略的 GCN 作为特征提取器。此外,为了充分展示领域自适应的优点,选择两种方法(深度神经网络(Deep Neural Network,DNN)和 GCN 进行比较。DNN 和 GCN 是传统的深度学习方法,没有加入领域自适应技术,也分别是 DANN 和 AGAN 的基础版本。这些方法都通过网格搜索法获取其最优参数。所有方法在 BOT 和 KSC 数据集上的 OA,kappa 系数和时间复杂度分别如表 11-1～表 11-3 所示,从表中可以看出:

(1)除了任务 BOT7→BOT6,在大多数任务上 DNN 和 GCN 的效果明显不如 DANN 和 AGAN。原因是,当跨域分布差异较大时,分类器会在没有领域自适应的情况下过度拟合源域样本。然而,当两域分布差异不大时(如 BOT7→BOT6),对抗学习可能会降低特征的可辨别性,导致分类效果较差。

(2)传统的领域自适应方法 TCA 在光谱漂移较小的两个域中(如 BOT5→BOT6 和 BOT7→BOT6)能有较好的表现,而在光谱漂移较大的两个域中(如 BOT5→BOT7,KSC→KSC3 和 KSC3→KSC),TCA 的表现总是差强人意。与之相比,深度的领域自适应方法在所有任务中均能取得比 TCA 更好的表现,这是因为深度的领域自适应方法能够提取数据复杂的非线性特征,从而缓解了欠拟合引起的适应不足的问题。

（3）在深度领域自适应的方法中，DAN，DANN 与 D-CORAL 的表现差距不大，都是将网络提取出的源域与目标域样本特征在高层空间中进行整体适配，减小特征在高层空间中的分布差异。与之相比，MADA 和 CDA 在绝大部分任务中能获得更好的表现，这是因为 MADA 和 CDA 考虑了类级别的特征适配，比整体适配效果更好。

（4）AGAN 与 DANN 同为领域对抗方法，AGAN 在大部分任务中都能获得比 DANN 更好的表现，这是因为 AGAN 采用基于空-谱构图策略的 GCN 作为特征提取器，能够通过空间与光谱的近邻信息来提取具有判别性的域不变特征来进行特征适配。

（5）GDAN 与所有对比实验相比，在所有任务中均取得了最高的 OA 和 kappa 系数。原因有两个方面：一是因为空-谱构图策略的 GCN 能够提取更可靠的域不变特征；二是因为原型对抗策略可以使源域样本的每类样本簇互相适当远离，增强特征可判别性的同时减小了领域适配的难度，在此基础上再按类计算 CORAL 来进行源域与目标域特征的按类适配，增强了领域适配的能力并减少了因样本离决策边界过近而导致的负迁移。因此 GDAN 能够学习到一个更可靠的分类预测模型。

（6）在所有的任务中，TCA 作为传统浅层领域自适应方法，时间消耗最少，然而它的效果却不尽如人意。在深度领域自适应的方法中，AGAN 的时间消耗最少，GDAN 作为 AGAN 的改进方法，时间消耗在略高于 AGAN 的同时远低于其他深度领域自适应方法，并且取得了最高的 OA 和 kappa 系数。

表 11-1　不同领域自适应方法的 OA　　　　单位：%

任务	TCA	DAN	DANN	D-CORAL	MADA	CDA	MMD_RECON	AGAN	GDAN
BOT5→BOT6	83.32	87.41	87.95	87.63	89.27	90.25	88.16	90.72	**94.77**
BOT6→BOT5	73.22	86.46	88.32	86.74	88.33	92.57	90.25	89.80	**92.82**
BOT5→BOT7	68.64	73.58	78.21	74.09	76.33	78.29	76.43	78.57	**81.51**
BOT7→BOT5	74.52	80.97	82.16	80.92	82.18	82.58	83.24	82.29	**86.68**
BOT6→BOT7	76.47	84.11	84.34	82.89	85.03	83.53	83.63	83.84	**85.31**
BOT7→BOT6	81.02	88.85	89.26	88.14	91.63	89.24	88.96	87.86	**94.92**
KSC→KSC3	65.39	70.02	70.61	71.14	70.71	73.46	73.53	72.83	**74.87**
KSC3→KSC	65.83	69.90	68.43	69.31	72.10	68.55	72.78	69.63	**75.72**

表 11-2　不同领域自适应方法的 kappa 系数

任务	TCA	DAN	DANN	D-CORAL	MADA	CDA	MMD_RECON	AGAN	GDAN
BOT5→BOT6	0.811 9	0.858 0	0.864 2	0.860 5	0.879 1	0.889 3	0.866 5	0.895 3	**0.941 0**
BOT6→BOT5	0.697 8	0.847 1	0.868 1	0.850 2	0.868 2	0.916 0	0.889 6	0.884 8	**0.918 8**
BOT5→BOT7	0.645 0	0.701 6	0.754 3	0.707 5	0.732 8	0.755 3	0.733 4	0.757 1	**0.791 8**
BOT7→BOT5	0.712 4	0.785 4	0.798 6	0.784 6	0.798 9	0.803 5	0.810 6	0.800 0	**0.849 7**
BOT6→BOT7	0.734 4	0.820 4	0.823 5	0.807 0	0.831 3	0.814 4	0.814 6	0.817 5	**0.834 3**
BOT7→BOT6	0.785 8	0.874 3	0.879 0	0.866 2	0.905 6	0.878 8	0.875 4	0.863 0	**0.942 7**
KSC→KSC3	0.577 1	0.632 7	0.641 2	0.646 2	0.642 1	0.675 0	0.674 5	0.664 9	**0.690 6**
KSC3→KSC	0.599 7	0.644 9	0.633 0	0.641 3	0.674 9	0.629 7	0.679 6	0.649 5	**0.716 1**

表 11-3　不同领域自适应方法的计算时间　　　　　　单位:s

任务	TCA	DAN	DANN	D-CORAL	MADA	CDA	MMD_RECON	AGAN	GDAN
BOT5→BOT6	11.97	122.59	417.98	423.93	757.48	1677.70	419.64	40.63	75.15
BOT6→BOT5	11.87	120.26	429.15	427.28	738.80	1631.19	426.17	45.61	76.97
BOT5→BOT7	24.73	124.30	699.55	704.92	1222.78	2866.15	432.88	50.43	81.77
BOT7→BOT5	25.35	120.56	637.06	637.78	1182.21	2890.24	443.84	47.66	88.13
BOT6→BOT7	23.64	124.86	704.56	688.29	1225.80	2662.44	414.79	53.39	84.92
BOT7→BOT6	24.07	119.94	635.78	624.34	1160.20	2627.21	413.00	57.17	90.10
KSC→KSC3	22.18	139.40	607.49	607.91	965.38	2559.81	539.01	62.65	86.74
KSC3→KSC	22.40	137.67	606.99	603.94	960.10	2436.10	540.16	61.26	87.76

接下来本章进行了消融实验,如表 11-4 所示,其中 GDAN(w/o pro-ad)指的是没有使用原型对抗策略的 GDAN,GDAN(w/o CORAL)指的是没有使用类级 CORAL 适配的 GDAN。从表中可以看出:

(1) 类级 CORAL 适配需要计算目标域样本的伪标签,然而,如果在 GDAN 中不使用原型对抗策略,样本将离各自的决策边界过近,导致噪声伪标签的出现,从而导致负迁移,使得 GDAN(w/o pro-ad)在某些任务上(BOT6→BOT7,KSC→KSC3 和 KSC3→KSC)效果不如 AGAN。

(2) 只使用原型对抗策略的 GDAN,源域样本的类间距离将得到适当的增大,在降低领域适配难度的同时,缓解了对抗学习造成的特征判别性下降的问题。因此,GDAN(w/o CORAL)在所有任务上的 OA 都高于 AGAN。然而,原型对抗策略只对源域样本起作用,需要类级的 CORAL 适配来进一步适配源域样本与目标域样本,这就是为什么 GDAN(w/o CORAL)的 OA 要低于 GDAN。

表 11-4　消融实验(OA %)

任务	AGAN	GDAN (w/o pro-ad)	GDAN (w/o CORAL)	GDAN
BOT5→BOT6	90.72	93.49	91.58	**94.77**
BOT6→BOT5	89.80	90.62	91.51	**92.82**
BOT5→BOT7	78.57	79.55	79.61	**81.51**
BOT7→BOT5	82.29	83.97	83.34	**86.68**
BOT6→BOT7	83.84	83.08	84.46	**85.31**
BOT7→BOT6	87.86	92.81	94.25	**94.92**
KSC→KSC3	72.83	72.29	73.10	**74.87**
KSC3→KSC	69.63	68.87	73.73	**75.72**

为了进一步验证 GDAN 的有效性,本章以 BOT5→BOT6 为例,将所有方法在目标域上的分类结果可视化,如图 11-3 所示。可以看出,与其他方法相比,GDAN 得到的分类图更平滑,与真实标签最相似。为了进行更详细的分析,选择图 11-3 中的一个局部区域进行比较,如图 11-4 所示。可以看出,与 AGAN 相比,GDAN 与真实标签更相似,对 Riparian 和 Woodlands 的错误分类更少,获得的分类结果更令人满意。

GDAN 的目标是提取域不变特征,并通过原型对抗的方法来适当拉远源域异类原型的距离,使得异类样本簇远离决策边界。为了更形象地体现原型对抗的效果,本书采用 t-分布随机近邻嵌入(t-distributed Stochastic Neighbor Embedding,t-SNE)[21] 来可视化 AGAN 和 GDAN 所提取特征,以 BOT5→BOT6 为例,如图 11-5 所示,其中 $Xs-Ci$ 和 $Xt-Ci$ 表示源域和目标域的第 i 类样本,从图中可以看出:

(1)与源域原始特征相比,AGAN 能够以较小的类内方差将每一类特征分开,但还是有少量样本被误分,而采用原型对抗策略的 GDAN 则不会出现这种情况。由于 GDAN 使用的是源域带标记样本来计算每类原型,得到的每类原型更加可靠,原型对抗也能够更可靠地拉远每类样本簇之间的距离,减小领域适应的难度。

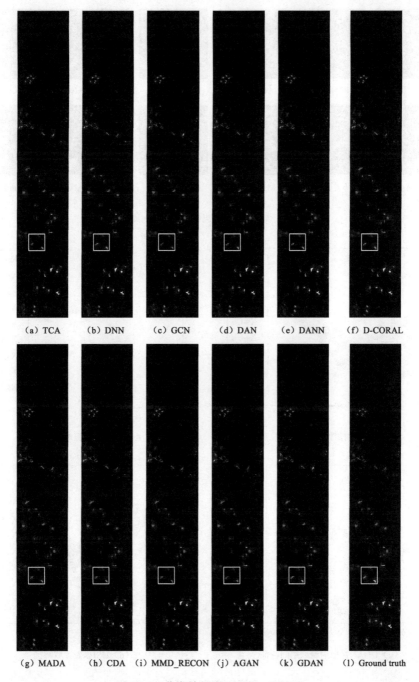

（a）TCA　　（b）DNN　　（c）GCN　　（d）DAN　　（e）DANN　　（f）D-CORAL

（g）MADA　（h）CDA　（i）MMD_RECON　（j）AGAN　（k）GDAN　（l）Ground truth

图 11-3　分类效果图（BOT5→BOT6）

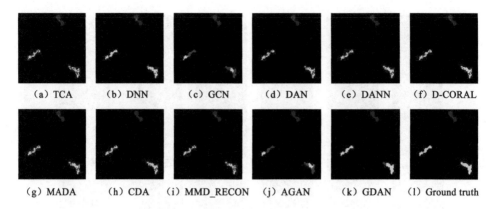

图 11-4　局部分类效果图（BOT5→BOT6）

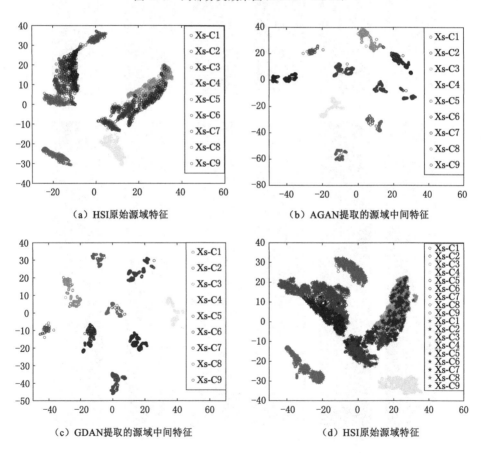

图 11-5　AGAN 和 GDAN 提取特征的 t-SNE 可视图

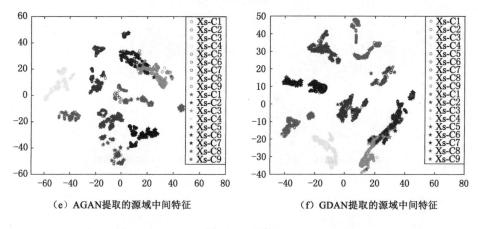

（e）AGAN提取的源域中间特征　　　　（f）GDAN提取的源域中间特征

图 11-5　（续）

（2）不同类别的地物可能具有重叠的特征，这使得领域适应十分困难，如图 11-5(e)所示的第 3 类与第 5 类，AGAN 将它们大面积地混合，难以分类，而由于 GDAN 使用带标记的源域数据进行原型对抗，使得每类样本簇之间的距离增加，明显减轻了这种异类分布重叠的情况。

11.3.4　参数分析

本小节主要分析参数 k、φ、λ_1 和 λ_2 对 GDAN 分类性能的影响，不同参数的 GDAN 在不同任务上的 OA 变化趋势如图 11-6 和图 11-7 所示。

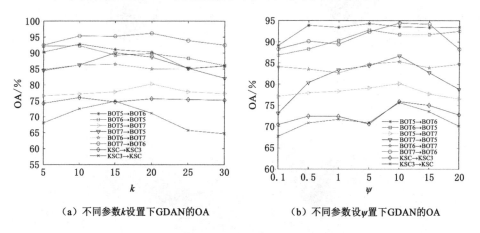

（a）不同参数 k 设置下GDAN的OA　　　　（b）不同参数设 ψ 置下GDAN的OA

图 11-6　不同参数设置下 GDAN 的 OA

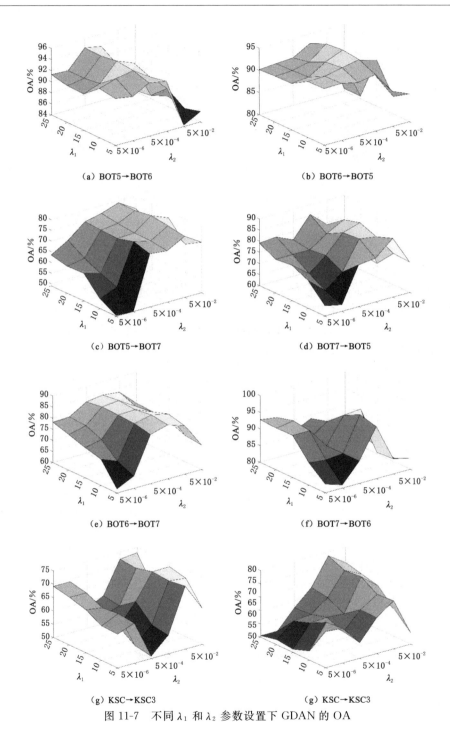

图 11-7　不同 λ_1 和 λ_2 参数设置下 GDAN 的 OA

从图 11-6 和图 11-7 中可以看出：

（1）随着 k 从小增大，OA 在大多数任务中均先上升后缓慢下降。如果 k 过小，则可能导致同类节点之间的关联性变弱，领域适应效果变差；如果 k 过大，会导致近邻节点中出现异类噪声节点，干扰实验效果。

（2）当 φ 取值较小时，近邻节点选取时并未足够参考空间信息，导致噪声节点的选取。当 φ 取值过大时，空间信息占比太大，选取近邻节点时又忽略了光谱信息，在空间边界处产生噪声近邻节点。

（3）OA 随着 λ_2 的增加呈先增加后减小的趋势，且当 $\lambda_2=5\times10^{-3}$ 或 $\lambda_2=5\times10^{-2}$ 时 OA 达到最大或接近最大值，若 λ_2 的值过小，会使得原型对抗作用较小，异类原型之间不能适当远离决策边界，导致样本负迁移；若 λ_2 的值过大，原型对抗在整个实验进程中占较大比重，会使得在训练初期时分类器难以降低源域样本经验损失，导致 OA 下降，因此建议 λ_2 从 $10^{-3}\sim10^{-2}$ 范围内取值。对于参数 λ_1，当 $\lambda_2=5\times10^{-3}$ 或 $\lambda_2=5\times10^{-2}$ 时，OA 对 λ_1 在所选参数范围内的取值并不敏感，因此建议 λ_1 在 $5\sim25$ 范围内取值。

11.4　本章小结

本章提出了基于 GDAN 的端到端无监督领域自适应方法，该方法采用基于空-谱构图策略的 GCN 来更好地提取样本的域不变特征，有助于后续模型更好地学习。同时，本章提出一种新颖的双对抗策略，可通过 GRL 简单实现双对抗，其中的原型对抗策略利用源域带标签数据可靠的计算原型，并通过对抗学习来适当拉远异类样本簇之间的距离，在增强特征可判别性的同时降低了领域适应的难度。在不同的 HSI 迁移任务中，GDAN 获得了比几种常用领域自适应方法更好的性能。

参考文献

[1] HE Z,SHEN Y,WANG Q,et al.Optimized ensemble EMD-based spectral features for hyperspectral image classification[J].IEEE transactions on instrumentation and measurement,2014,63(5):1041-1056.

[2] ZHU Y C,ZHUANG F Z,WANG J D,et al.Deep subdomain adaptation network for image classification[J].IEEE transactions on neural networks

and learning systems,2021,32(4):1713-1722.

[3] SUN H,LIU S,ZHOU S L,et al. Unsupervised cross-view semantic transfer for remote sensing image classification[J]. IEEE geoscience and remote sensing letters,2016,13(1):13-17.

[4] LI X,ZHANG L P,DU B,et al. Iterative reweighting heterogeneous transfer learning framework for supervised remote sensing image classification[J]. IEEE journal of selected topics in applied earth observations and remote sensing,2017,10(5):2022-2035.

[5] TZENG E,HOFFMAN J,ZHANG N,et al.Deep domain confusion:maximizing for domain invariance"[EB/OL]. 2014:arXiv:1412.3474. https://arxiv.org/abs/1412.3474".

[6] LONG M S,CAO Y,CAO Z J,et al.Transferable representation learning with deep adaptation networks[J]. IEEE transactions on pattern analysis and machine intelligence,2019,41(12):3071-3085.

[7] SUN B C,SAENKO K.Deep CORAL:correlation alignment for deep domain adaptation[C]//European Conference on Computer Vision. Cham:Springer,2016:443-450.

[8] WANG W J,MA L,CHEN M,et al. Joint correlation alignment-based graph neural network for domain adaptation of multitemporal hyperspectral remote sensing images[J].IEEE journal of selected topics in applied earth observations and remote sensing,2021,14:3170-3184.

[9] DING Y,FENG J P,CHONG Y W,et al.Adaptive sampling toward a dynamic graph convolutional network for hyperspectral image classification [J].IEEE transactions on geoscience and remote sensing,2022,60:1-17.

[10] WANG C Y,XU C,TAO D C.Self-supervised pose adaptation for cross-domain image animation[J]. IEEE transactions on artificial intelligence,2020,1(1):34-46.

[11] GANIN Y,LEMPITSKY V.Unsupervised domain adaptation by back-propagation[J].32nd international conference on machine learning,ICM 2015,2015,2:1180-1189.

[12] ELSHAMLI A,TAYLOR G W,BERG A,et al.Domain adaptation using representation learning for the classification of remote sensing images[J]. IEEE journal of selected topics in applied earth observations and remote sensing,2017,10(9):4198-4209.

[13] PEI Z Y,CAO Z J,LONG M S,et al.Multi-adversarial domain adaptation [J].Proceedings of the AAAI Conference on Artificial Intelligence,2018, 32(1):72-83.

[14] LIU Z X, MA L, DU Q. Class-wise distribution adaptation for unsupervised classification of hyperspectral remote sensing images[J]. IEEE transactions on geoscience and remote sensing, 2021, 59 (1): 508-521.

[15] MA X R,MOU X R,WANG J,et al.Cross-dataset hyperspectral image classification based on adversarial domain adaptation [J]. IEEE transactions on geoscience and remote sensing,2021,59(5):4179-4190.

[16] XIANG X. Regional clustering-based spatial preprocessing for hyperspectral unmixing[J].Remote sensing of environment,2018,204: 333-346.

[17] DING Y,GUO Y Y,CHONG Y W,et al.Global consistent graph convolu-tional network for hyperspectral image classification [J]. IEEE transactions on instrumentation and measurement,2021,70:1-16.

[18] MATASCI G,VOLPI M,KANEVSKI M,et al.Semisupervised transfer component analysis for domain adaptation in remote sensing image classi-fication[J].IEEE transactions on geoscience and remote sensing,2015,53 (7):3550-3564.

[19] LI W,WEI W,ZHANG L,et al.Unsupervised deep domain adaptation for hyperspectral image classification[C]//IGARSS 2019 - 2019 IEEE Inter-national Geoscience and Remote Sensing Symposium. Yokohama,Japan. IEEE,2020:1-4.

[20] KIM Y,HONG S.Adaptive graph adversarial networks for partial domain adaptation[C]//IEEE Transactions on Circuits and Systems for Video Technology.IEEE,2022:172-182.

[22] DONAHUE J,JIA Y,VINYALS O,et al. DeCAF:a deep convolutional activation feature for generic visual recognition[J].31 st International Conference on Machine Learning,ICML 2014,2:647-655.

第12章　基于虚拟分类器的无监督高光谱图像软实例级领域自适应

基于对抗学习的无监督高光谱图像的分类方法通常通过最小化不同 HSI 中相似像素之间的统计距离来进行概率分布的适配,然而,对抗学习可能会削弱特征的可判别性,提取的特征可能包含大量非判别性信息,导致具有相似特征的像素可能被划分为不同的类别。在此基础上直接减少相似像素在潜在空间中的统计距离,可能会加剧样本被误分的情况。为此,本章提出了一种针对无监督 HSI 分类的方法,叫作基于虚拟分类器的实例级领域自适应(Soft Instance-Level Domain Adaptation with Virtual Classifier,SILDA-VC)。首先,通过一个基于空-谱构图的 GCN 来提取 HSI 的域不变特征。然后,构建了一个基于特征相似性度量的虚拟分类器来输出目标域样本的类别概率。此外,为了使来自不同领域的相似特征被归为同一类,减少真实和虚拟分类器之间的分歧。最后,为了减少噪声伪标签的影响,本章提出一种软实例级的领域自适应方法。对于每一个目标域样本,将置信系数分配给其在源域中对应的正负样本,构建并最小化软原型对比损失,以实例级的方式对两个域进行适配。

本章结构安排如下:第 12.1 节介绍了本章的研究背景和意义;第 12.2 节详细讲解了所提 SILDA-VC 方法的工作原理与算法流程;第 12.3 节给出了 SILDA-VC 方法与多个对比方法在四个常用高光谱数据集的实验结果与分析;第 12.4 节总结了本章内容。

12.1　研究背景

HSI 包含了能反映地物反射特性的上百个光谱波段,对 HSI 进行分析能够发现传统视觉难以发现的信息[1]。与多光谱遥感图像相比,HSI 的光谱分辨率更高,光谱波段数更高,也包含更多的光谱信息[2]。因此,HSI 技术不仅引起了遥感界的关注,同时也引起了其他领域(如城市发展[2]、环境检测[3],农学[4-5]和国防军事[6])的极大兴趣。HSI 分类旨在根据地物独有的光谱特征对每个像素的地物进行分类[7]。标记 HSI 往往需要专家耗费大量的时间和精力,这使得只有少数标签甚至无标签的像素可以用来训练分类模型[8]。一个合理的解决方案是充分利用在不同条件下捕获的大量有标签的相关 HSI 来帮助学习更准确的分类器。然而,由于所谓的光谱偏移,传统分类方法无法取得令人满意的结果,而光谱偏移是由不同的拍摄条件(如大气条件、土壤湿度、光照条件等)造成的[9]。为此,各种领域自适应方法被应用于多时空和跨场景的 HSI 分类任务[10]。

随着深度学习的快速发展,深度神经网络(Deep Neural Network,DNN)凭借其强大的特征提取能力被广泛应用于领域自适应,能够帮助改善传统领域自适应方法在面对 HSI 迁移任务时因有限的非线性映射能力而面临的欠适配问题。Zhang 等[11]利用来自辅助数据源的标记 HSI 数据来最小化跨域类内样本与类间样本在潜在空间中的距离比,对两个域的分布进行适配。Zhou 等[12]同时利用不同类 HSI 之间潜在的拓扑关系和卷积神经网络提取的特征来动态构建图,通过图最优传输和 MMD 分别对两个域的拓扑关系和特征分布进行适配。Zhou 等[13]使用深度卷积递归神经网络来提取源域和目标域 HSI 的判别特征,通过将每一层的特征映射到对应层的潜在空间来逐层适配。

生成式对抗网络由于其独特的对抗策略已被广泛应用于领域自适应。Zhang 等[14]提出了 DANN,通过对抗性学习机制提取领域不变特征。然而,DANN 在判别任务上不是最优的,仅适用于较小的领域偏差。Tzeng 等[15]提出对抗性判别领域自适应方法,将对抗性学习与判别特征学习相结合。具体来说,通过欺骗领域判别器,学习从目标域图像到源域特征空间的判别映射。鉴于其优异的性能,基于对抗学习的领域自适应方法也被应用到 HSI 中。Elshamli 等[16]将 DANN 引入遥感领域,实现了端到端的 HSI 无监督领域自适应。Wang 等[17]在进行领域对抗学习的同时减小了两个域之间的边际分布差异和二阶统计量差异。Yu 等[18]通过对抗框架实现了内容差异减少的特征对齐。Kong 等[19]提出一种 HSI 分类方法,通过使用图领域对抗网络和双加权伪标签损失来提取更具判别性的特征,提高模型的预测可靠性。

上述基于对抗学习的领域自适应方法主要对源域和目标域的整体分布进行适配,而没有考虑数据复杂的多模态结构。最近,许多科研人员以更精细的方式适配不同的领域。Liu 等[20]提出了基于 CDA 的 HSI 分类方法。在 MADA 的基础上[21],将基于概率预测的 MMD 方法与类级对抗领域自适应网络相结合,实现了 HSI 的无监督分类。Tang 等[22]提出了一种无监督的联合对抗领域自适应架构,该架构在统一的对抗学习过程中考虑源域和目标域 HSI 之间的域级和类级特征对齐,以减少不同域之间的分布差异。Sharma 等[23]提出一种基于实例级亲和力的领域对抗学习方法,通过使用多样本对比损失识别源域和目标域之间的成对相似性关系来执行实例级亲和力感知迁移。在对抗性学习过程中,实例级和类级的数据结构可能会被扭曲,因此,Zhu 等[24]通过设计基于图的特征传播模块,将实例级和类级结构信息整合到两个邻域,来缓解在潜在空间中实例级和类级的数据结构可能在对抗学习期间被扭曲的问题。Yuan 等[25]试图从多个层面实现特征对齐,即图像级、特征级、类级和实例级,与传统的类级对齐方法相比,可以更好地解决无监督领域自适应任务。

上述利用类级和实例级的领域自适应技术的方法有两个限制,不能直接应用于 HSI 分类任务,一是它们多通过最小化潜在空间中源域和目标域相似样本之间的统计距离,来更精细地减少两个域之间的域偏移问题,然而,这些操作的一个直观前提是,在潜在空间中离某一类源域样本簇最近的目标域样本,它们应属于同一类。然而,由于对抗学习可能会降低特征的可判别性,提取的特征会包含很多非判别性的信息,两个在潜在空间上特征相似的样本可能会被划分为不同的类别;二是这些方法大多与预测的伪标签的准确性相关,它们直接利用伪标签而不做任何处理。然而,伪标签不可能完全可靠,噪声伪标签的产生会导致不相关类别之间的负迁移。

针对上述问题,本章提出 SILDA-VC 用于无监督 HSI 分类,主要贡献包括:

(1) 构建了一个基于特征相似性度量的虚拟的分类器,以输出目标域样本的类别概率作为辅助变量。通过最小化真实和虚拟分类器的确定性差异损失,将具有相似特征的跨域样本被鼓励归入同一类别,从而增强高层特征的可判别性。

(2) 为了减少噪声伪标签的影响,对于每个目标域的样本,将置信系数分配给其在源域中相应的正负样本,然后构建并最小化软原型对比损失,以实例级的方式对两域样本进行适配。这不仅可以减少潜在空间中相似样本之间的距离,还可以提高目标域样本在分类器中的确定性。

(3) 定义一个分类器预测一致性损失表示真实分类器和虚拟分类器之间的预测一致性,验证 SILDA-VC 确实能使目标域样本在分类器上的输出类别尽可能与最相似的源域类原型一致。

12.2 基于虚拟分类器的无监督高光谱图像软实例级领域自适应

12.2.1 SILDA-VC 的框架

SILDA-VC 的 HSI 分类流程如图 12-1 所示,它包括 4 个部分:

(1) 基于 GCN 的特征提取:利用源域和目标域 HSI 的光谱向量和空间坐标信息分别构建源域和目标域的空-谱近邻图,通过将光谱向量和空-谱近邻图共同输入 GCN 来提取高级特征 $h_i^{(S)}$ 和 $h_i^{(T)}$。

(2) 真实和虚拟分类器:真实分类器是通过源域标记特征 $h_i^{(S)}$ 训练的。构建虚拟分类器是为了输出目标域样本 $h_i^{(T)}$ 和源域类原型 $P_c^{(S)}$ 之间的特征相似度 $\varphi(h_i^{(T)}, P_c^{(S)})$。通过最小化 RVCDD 损失来增强真实分类器和虚拟分类器之间的预测一致性。

(3) 软实例级领域自适应:为了减少噪声伪标签的影响,将置信系数分配给目标领域样本对应的正负样本,并通过最小化 SPC 损失以实例级方式适配两个领域。

(4) 领域对抗策略:通过对抗训练减少两域的分布差异,在特征提取器和领域判别器之间增加 GRL,可以使对抗训练的参数更新端到端地进行。

12.2.2 基于 GCN 的特征提取

给定源域高光谱图像 $X^{(S)} = [x_1^{(S)}, \cdots, x_{n^{(S)}}^{(S)}]^T$ 及其对应空间坐标 $\Theta_i^{(S)} = \{\Theta_{x,i}^{(S)}, \Theta_{y,i}^{(S)}\}$,其中,$X^{(S)} \in \mathbb{R}^{n^{(S)} \times b}$,$\Theta^{(S)} \in \mathbb{R}^{n^{(S)} \times 2}$。定义一个无向图 $G^{(S)} = \{V^{(S)}, A^{(S)}\}$,其中,$V^{(S)}$ 为节点 $\{v_1^{(S)}, \cdots, v_{n^{(S)}}^{(S)}\}$ 的集合,每个节点 $v_i^{(S)}$ 代表一个像素的特征向量,在此为 $v_i^{(S)} = x_i^{(S)}$。$A^{(S)} \in \mathbb{R}^{n^{(S)} \times n^{(S)}}$ 为一个对称且稀疏的近邻矩阵,其矩阵元素 $A_{i,j}^{(S)}$ 表示为连接节点 $v_i^{(S)}$ 和 $v_j^{(S)}$ 的边的权重:

$$A_{i,j}^{(S)} = \begin{cases} e^{\frac{-l_{i,j}^{(S)}}{\sigma^2}}, & \text{if } v_i^{(S)} \in \varXi(v_j^{(S)}) \\ 0, & \text{otherwise} \end{cases} \tag{12-1}$$

其中,$\varXi(v_j^{(S)})$ 为 $v_j^{(S)}$ 近邻点的集合,σ 为高斯核函数的带宽。$l_{i,j}^{(S)}$ 为空-谱距离,计算公式与式(11-1)相同,则 $l_{i,j}^{(S)} = l_{i,j}^{(S) \cdot spe} + \psi l_{i,j}^{(S) \cdot spa}$。与基于光谱距离的方法相比,使用基于空-谱图的 GCN 可以缓解 HSI 中同物异谱、异物同谱的影响。为了避免卷积操作中可能出现的数值不稳定和梯度消失,将近邻矩阵式(11-2)

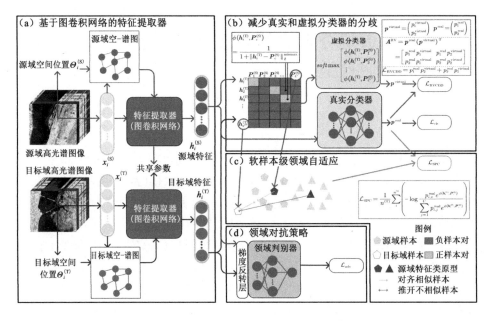

图 12-1　基于 SILDA-VC 的 HSI 分类流程图

进行归一化操作。将光谱向量 $\boldsymbol{v}_i^{(\mathrm{S})}$ 与近邻矩阵一同输入到 GCN 中,最终可以得到源域和目标域的高层特征 $\boldsymbol{h}_i^{(\mathrm{S})}=F_{\theta_F}(\boldsymbol{x}_i^{(\mathrm{S})})$ 和 $\boldsymbol{h}_i^{(\mathrm{T})}=F_{\theta_F}(\boldsymbol{x}_i^{(\mathrm{T})})$。

12.2.3　真实和虚拟分类器

直觉上来说,在潜在空间中离某一类源域样本簇最近的目标域样本应属于同一类,然而由于对抗学习会减弱特征的可判别性的问题,潜在空间中的特征包含了许多对分类无益的其他信息,导致两个在潜在空间上特征相似的样本可能并不属于同一类,从而加剧样本负迁移的问题。受双分类器确定性(Bi-classifier Determinacy Maximization,BCDM)[26]最大化的启发,构建了一个虚拟分类器来进行基于特征相似度的分类。通过减少真实和虚拟分类器之间的分歧,来鼓励具有相似特征的跨域样本被分为同一类别。

所构建的虚拟分类器不是一个真正的神经网络,它输出的是目标域样本和源域的类原型之间的特征相似度。首先计算一个相似性矩阵 $\boldsymbol{A}^{\mathrm{sim}}\in\mathbb{R}^{n^{(\mathrm{T})}\times n^C}$,其中 $n^{(\mathrm{T})}$ 是目标域的样本数,n^C 是类别总数。$A_{i,j}^{\mathrm{sim}}$ 是第 i 个目标域样本与第 j 类源域类原型之间的相似度,其中,源域类原型表示的是某一类源域样本的中心,第 c 类原型 $\boldsymbol{P}_c^{(\mathrm{S})}$ 表示为:

$$\boldsymbol{P}_c^{(\mathrm{S})}=\frac{1}{n_c^{(\mathrm{S})}}F_{\theta_F}(\boldsymbol{x}_{c,i}^{(\mathrm{S})}) \tag{12-2}$$

其中，$n_c^{(S)}$ 为源域第 c 类样本的总数，$x_{c,i}^{(S)}$ 为源域第 c 类的样本。为了消除特征在各维度间的振幅差异，本章采用改进的归一化后的逆欧式距离来计算目标域样本和源域类原型之间的特征相似度：

$$\varphi(\boldsymbol{h}_i^{(T)}, \boldsymbol{P}_c^{(S)}) = \frac{1}{1 + \boldsymbol{h}_i^{(T)} - \boldsymbol{P}_{c2}^{(S)\,\text{minmax}}} \tag{12-3}$$

一个 softmax 函数被加在了虚拟分类器的输出之后，这样虚拟分类器输出的向量可以同时表示：① 目标域样本与源域类原型之间的相似度；② 每个目标域样本属于每个类别的可能性。因此，虚拟分类器的输出可以表示为：

$$\boldsymbol{p}_i^{\text{virtual}} = \text{softmax}\left[A_{i,1}^{\text{sim}}, A_{i,2}^{\text{sim}}, \cdots, A_{i,nC}^{\text{sim}}\right]^{\text{T}} \tag{12-4}$$

其中，$A_{i,nC}^{\text{sim}} = \varphi(\boldsymbol{h}_i^{(T)}, \boldsymbol{P}_{nC}^{(S)})$，$\boldsymbol{p}_i^{\text{virtual}} \in \mathbb{R}^{nC}$ 表示虚拟分类器对第 i 个目标域样本的类别预测。真实分类器对第 i 个目标域样本的类别预测 $\boldsymbol{p}_i^{\text{real}}$ 表示为：

$$\boldsymbol{p}_i^{\text{real}} = C_{\boldsymbol{\theta}C}(F_{\boldsymbol{\theta}F}(\boldsymbol{x}_i^{(T)})) \tag{12-5}$$

其中，$C_{\boldsymbol{\theta}C}$ 为真实分类器，$\boldsymbol{\theta}_C$ 为其网络参数，$\boldsymbol{p}_i^{\text{real}} \in \mathbb{R}^{nC}$ 为 softmax 的输出。然后构建真实和虚拟分类器的预测相关矩阵来研究分类器之间的差异：

$$\boldsymbol{A}_i^{RV} = \boldsymbol{p}_i^{\text{real}}(\boldsymbol{p}_i^{\text{virtual}})^{\text{T}} = \begin{bmatrix} p_{i,1}^{\text{real}} p_{i,1}^{\text{virtual}} & \cdots & p_{i,1}^{\text{real}} p_{i,nC}^{\text{virtual}} \\ \vdots & \ddots & \vdots \\ p_{i,nC}^{\text{real}} p_{i,1}^{\text{virtual}} & \cdots & p_{i,nC}^{\text{real}} p_{i,nC}^{\text{virtual}} \end{bmatrix} \tag{12-6}$$

其中，$\boldsymbol{A}_i^{RV} \in \mathbb{R}^{nC \times nC}$ 是由真实分类器和虚拟分类器的预测可能性的乘积得到的。因此，$\boldsymbol{A}^{RV}$ 可以有效表示来自虚拟分类器的相似性信息与真实分类器的预测可能性之间的关系。为了提高真实与虚拟分类器之间的预测一致性，需要最大化 $\boldsymbol{A}^{RV}$ 对角线上的元素，最小化其余元素，定义 RVCDD 损失：

$$\begin{aligned} \mathcal{L}_{\text{RVCDD}} &= \frac{1}{n^{(T)}} \sum_{i=1}^{n^{(T)}} \left(\sum_{m,n=1}^{nC} A_{i,mn}^{RV} - \sum_{m=1}^{nC} A_{i,mm}^{RV} \right) \\ &= \frac{1}{n^{(T)}} \sum_{i=1}^{n^{(T)}} \left(\sum_{m \neq n}^{nC} A_{i,mn}^{RV} \right) \end{aligned} \tag{12-7}$$

其中，$A_{i,mn}^{RV}$ 表示 $\boldsymbol{A}_i^{RV}$ 第 m 行第 n 列的元素，$n^{(T)}$ 为目标域样本总数，$\sum_{m,n=1}^{nC} A_{i,mn}^{RV}$ 的值为 1，$\mathcal{L}_{\text{RVCDD}}$ 包含了真实和虚拟分类器预测不一致的所有概率。因此最小化 RVCDD 损失可以使真实和虚拟分类器的输出一致，让隐藏层特征包含更多有利于分类的信息。

12.2.4　软实例级领域自适应

大多数类级和实例级的领域适应方法都是直接利用伪标签而不做任何处理，通过最小化两个领域的统计距离来减少领域偏移。这些方法在很大程度上依赖于伪标签的准确性。然而,伪标签不可能完全可靠。为了减少噪声的伪标签的影响,本章提出了一种软实例级的领域自适应,它使用上述的相似性矩阵来计算 SPC 损失。将与目标域样本相似度最高的源域类原型作为其正样本,表示为 $\boldsymbol{P}_v^{(\mathrm{S})}$,其中 $v=\underset{v}{\arg\max}\,[\boldsymbol{p}_i^{\mathrm{virtual}}]_v$,$[\,\boldsymbol{\cdot}\,]_v$ 表示第 v 个元素,其余源域类原型作为其负样本。为了以实例级的方式适配源域和目标域,需要减少目标域和正样本之间的距离,增加目标域和负样本之间的距离。此外,这种正负样本的分配也是一种伪标签,为了减少噪声对伪标签的影响,对于每个目标域样本,将真实分类器的输出 $\boldsymbol{p}_i^{\mathrm{real}}$ 作为其正负样本对相似度的置信度,SPC 损失表示为:

$$\mathcal{L}_{SPC} = \frac{1}{n^{(\mathrm{T})}} \sum_{i=1}^{n^{(\mathrm{T})}} (-\log \frac{p_{i,v}^{\mathrm{real}} e^{\varphi(\boldsymbol{h}_i^{(\mathrm{T})}, \boldsymbol{P}_v^{(\mathrm{S})})}}{\sum_{j=1}^{n^C} p_{i,j}^{\mathrm{real}} e^{\varphi(\boldsymbol{h}_i^{(\mathrm{T})}, \boldsymbol{P}_j^{(\mathrm{S})})}}) \tag{12-8}$$

其中,$\varphi(\boldsymbol{h}_i^{(\mathrm{T})}, \boldsymbol{P}_v^{(\mathrm{S})})$ 为目标域样本与其正样本的相似度,$p_{i,v}^{\mathrm{real}}$ 是真实分类器将目标域样本分配到第 v 类的概率,本章将 $p_{i,v}^{\mathrm{real}}$ 作为 $P_v^{(\mathrm{S})}$ 是 $h_i^{(\mathrm{T})}$ 正样本的置信系数。最小化 $\mathcal{L}_{\mathrm{SPC}}$ 不仅可以拉近目标域样本与正样本间的距离,拉远目标域样本与负样本间的距离,在置信系数的帮助下,也可以增加分类器的确定性。

与一般的实例级领域自适应方法相比,SILDA-VC 具有以下优势:① 一般的实例级领域自适应方法可能会将目标域样本与离群源域样本进行适配,这将导致较高的类内方差。相比之下,SILDA-VC 对目标域样本与源域的类原型进行适配,可以避免一些离群源域样本对适配的影响。② 一般的对比损失旨在根据伪标签来判断正负样本,这就忽略了噪声伪标签带来的负面影响。而本章赋予每一个正负样本相应的置信系数,以此来减小噪声对伪标签带来的影响。

12.2.5　领域对抗策略

领域对抗策略的目的是减少源域和目标域之间的分布差异,这可以通过领域判别器和特征提取器之间的对抗来实现。领域判别器试图区分源域和目标域的特征,而特征提取器则试图欺骗域判别器。同时,特征提取器和分类器同时训练,通过降低源域的经验风险,实现对源样本的低分类误差。源域的分类损失为:

$$\mathcal{L}_{\mathrm{cls}} = \frac{1}{n^{(\mathrm{S})}} \sum_{i=1}^{n^{(\mathrm{S})}} \sum_{c=1}^{nC} \mathcal{L}_{ce}(C_{\boldsymbol{\theta}_C}(F_{\boldsymbol{\theta}_F}(\boldsymbol{x}_i)), y_{i,c}^{(\mathrm{S})}) \tag{12-9}$$

其中,$\mathcal{L}_{ce}(\,\boldsymbol{\cdot}\,,\,\boldsymbol{\cdot}\,)$ 表示为交叉熵损失,$y_{i,c}^{(\mathrm{S})}$ 为第 i 个源域样本的类别标签。领域判别损失被定义为:

$$\mathcal{L}_{\mathrm{adv}} = \frac{1}{n^{(\mathrm{S})}} \sum_{i=1}^{n^{(\mathrm{S})}} \mathcal{L}_{\mathrm{bce}}(D_{\theta_D}(F_{\theta_F}(\boldsymbol{x}_i^{(\mathrm{S})})), d_i) +$$
$$\frac{1}{n^{(\mathrm{T})}} \sum_{i=1}^{n^{(\mathrm{T})}} \mathcal{L}_{\mathrm{bce}}(D_{\theta_D}(F_{\theta_F}(\boldsymbol{x}_i^{(\mathrm{T})})), d_i) \tag{12-10}$$

其中，$\mathcal{L}_{bce}(\cdot,\cdot)$ 为二分类交叉熵损失，d_i 为样本 x_i 的对应领域标签。D_{θ_D} 为领域判别器，θ_D 为其网络参数。为了实现领域对抗策略，通常在领域判别器与特征提取器之间添加一个 GRL，GRL 没有可更新的网络参数，只定义了前向传播和反向传播的计算规则。

12.2.6　SILDA-VC 的目标函数

SILDA-VC 的目标函数由 4 部分组成：源域分类损失 $\mathcal{L}_{cls}$，真实和虚拟分类器确定性差异损失 $\mathcal{L}_{RVCDD}$，软原型对比损失 $\mathcal{L}_{SPC}$ 和领域判别损失 $\mathcal{L}_{adv}$，定义为：

$$J(\boldsymbol{\theta}_F,\boldsymbol{\theta}_C,\boldsymbol{\theta}_D)=\mathcal{L}_{cls}+\lambda_{RV}\mathcal{L}_{RVCDD}+\lambda_{SPC}\mathcal{L}_{SPC}-\lambda\mathcal{L}_{adv} \qquad (12\text{-}11)$$

其中，λ_{RV}，λ_{SPC} 和 λ 为权衡超参数用来平衡各个损失之间的贡献，$\boldsymbol{\theta}_F$，$\boldsymbol{\theta}_C$ 和 $\boldsymbol{\theta}_D$ 分别为特征提取器，真实分类器和领域判别器的网络参数。

12.3　实验与分析

为了验证 SILDA-VC 的有效性，在四个 HSI 数据集上组织了实验和分析，分别是 BOT，KSC，帕维亚中心（Pavia Center，PC）和帕维亚大学（Pavia University，PU），以及 HyRANK。所有实验均在配备 3.80 GHz Intel Core I7-10700KF CPU 32GB RAM，RTX 2080Ti GPU 的计算机上进行，实验环境为 Pytorch。采用三个指标来评估实验结果，分别是 OA、kappa 系数和时间消耗。同时，为了消除实验的偶然性，所有实验均取最后一次迭代的值并重复 10 次取平均值。

12.3.1　HSI 数据集

BOT 与 KSC 数据集的介绍如 11.3.1 所示。PC 和 PU 数据集分别包含一幅 HSI，是 ROSIS 传感器在意大利帕维亚获得的。PC 和 PU 均包含 102 个波段（PU 的最后一个波段被移除），本章选取 PC 和 PU 的中心区域用于实验，两幅 HSI 均包含 4 个已识别类别，分别由 601×251 和 320×180 个像素组成，各包含 5 208 和 5 094 个标记样本。HyRANK 数据集由两幅 HSI 组成，分别是 Dioni 和 Loukia。HyRANK 数据集是在国际摄影测量和遥感学会科学倡议的框架下开发的，由 NASA EO-1 卫星获取。Dioni 和 Loukia 均包含 176 个波段和 12 个已识别类别，分别由 250×1376 和 249×945 个像素组成，各包含 20 024 和 10 317 个标记样本。与 BOT、KSC、PC 和 PU 相比，HyRANK 数据集的土地覆盖空间分布更为复杂，土地覆盖类别最多，光谱分布相似，是跨场景 HSI 分类方法更具挑战性的数据集。

假彩合成图与更多样本信息如图 12-2 所示。共构造 12 个迁移任务组用于分类实验,分别是 BOT5→BOT6、BOT6→BOT5、BOT5→BOT7、BOT7→BOT5、BOT6→BOT7、BOT7→BOT6、KSC→KSC3、KSC3→KSC、PC→PU、PU→PC、Dioni→Loukia 和 Loukia→Dioni。

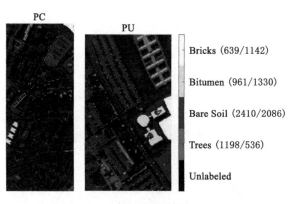

（a）PC和PU数据集

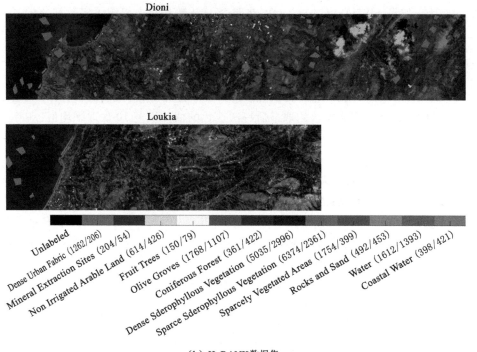

（b）HyRANK数据集

图 12-2　PC 和 PU 以及 HyRANK 数据集的假彩图像和样本信息

12.3.2　参数设置

SILDA-VC 由一个特征提取器、一个分类器和一个领域判别器组成。由文献[27]可知,单层 GCN 能以实现类内样本的有效信息聚合,而层数过多的 GCN 会导致类间样本的过度平滑和过度聚合。因此,在所有任务中均使用基于空-谱构图的 3 层 GCN。在每个隐藏层之后都使用了 ReLU 激活函数、Dropout 策略和批量归一化。对于领域判别器,所有的任务都选择了单隐藏层的 MLP。隐藏层后使用 ReLU 激活函数,输出层使用 sigmoid 激活函数。对于分类器,所有任务都选择了没有隐藏层的 MLP。

隐藏层节点太少会导致网络拟合能力不足,而隐藏层节点太多不仅会导致冗余节点的存在,还会增加过拟合的风险。因此,对于所有任务,特征提取器每个隐藏层的节点数被设定为 350 个,领域判别器每个隐藏层的节点数均设定为 100 个。

在空-谱距离中控制光谱距离和空间距离相对重要程度的 ψ 与文献[28]相同,设置为 10,高斯核函数的带宽 σ 设置为 20,对于 BOT5→BOT6、BOT6→BOT5、BOT7→BOT6,Dioni→Loukia 和 Loukia→Dioni 近邻节点 k 设置为 8,对于其余任务 k 设置为 20。网络训练的优化器选用 Adam,学习率设置为 $\eta = \eta_0/(1+\alpha\rho)^i$,其中 α 设置为 10,i 设置为 0.75。对于 BOT5→BOT6、BOT6→BOT5、BOT7→BOT6、PC→PU、PU→PC,Dioni→Loukia 和 Loukia→Dioni 初始学习率 η_0 设置为 0.000 5,其余任务 η_0 设置为 0.000 05。在整体目标函数中,λ_{SPC} 与 λ_{RV} 在 BOT5→BOT6、BOT6→BOT5、BOT6→BOT7 和 BOT7→BOT6 中分别设置为 0.000 5 和 10,在 Dioni→Loukia 和 Loukia→Dioni 中分别设置为 0.000 5 和 100,在其余任务中分别设置为 2 和 100。对于训练的总迭代次数,除了 PC→PU 和 PU→PC 设置为 200 外,其余任务均设为 1 000。

12.3.3　对比实验

为了验证 SILDA-VC 的有效性,本章选择了 10 个基准方法来进行对比实验:两种深度学习方法(DNN 和 GCN);八种深度的领域自适应方法(DANN[29]、D-CORAL[30]、DAN[31]、MADA[21]、基于 CORAL 的联合图神经网络(Joint CORAL-based Graph Neural Network, JCGNN)[32]、CDA[20]、BCDM[26] 和 AGAN[33])。AGAN 使用基于空-谱构图的 GCN 作为其特征提取器,DNN 和 GCN 分别是 DANN 和 AGAN 去掉领域判别器后的版本。表 12-1~表 12-3 显示了不同方法获得的分类性能,可以看出:

表 12-1　不同领域自适应方法的 OA　　　　单位：%

任务	DNN	GCN	DANN	D-CORAL	DAN	MADA
BOT5→BOT6	82.38	90.39	87.95	87.63	87.41	89.27
BOT6→BOT5	81.29	88.17	88.32	86.74	86.46	88.33
BOT5→BOT7	67.80	72.12	78.21	74.09	73.58	76.33
BOT7→BOT5	78.37	81.02	82.16	80.92	80.97	82.18
BOT6→BOT7	83.37	83.43	84.34	82.89	84.11	85.03
BOT7→BOT6	90.60	91.54	89.26	88.14	88.85	91.63
KSC→KSC3	68.60	71.54	70.61	71.14	70.02	70.71
KSC3→KSC	61.95	68.03	68.43	69.31	69.90	72.10
PC→PU	89.87	88.48	91.08	90.97	85.96	91.44
PU→PC	80.32	89.25	83.03	83.54	77.70	83.21
Dioni→Loukia	68.15	68.32	68.88	69.21	70.23	72.56
Loukia→Dioni	67.54	64.04	66.58	65.46	67.49	68.07

任务	JCGNN	CDA	BCDM	AGAN	SILDA-VC
BOT5→BOT6	92.71	90.25	91.12	93.42	94.09
BOT6→BOT5	92.90	92.57	91.24	93.79	97.48
BOT5→BOT7	78.65	78.29	74.34	78.87	79.62
BOT7→BOT5	77.72	82.58	88.65	86.54	89.99
BOT6→BOT7	82.85	83.53	80.99	84.33	85.27
BOT7→BOT6	88.44	89.24	94.08	86.39	95.26
KSC→KSC3	73.00	73.46	69.80	73.02	76.93
KSC3→KSC	73.41	68.55	70.24	70.75	75.67
PC→PU	92.93	89.75	90.11	91.46	94.01
PU→PC	89.41	83.27	84.04	88.92	92.54
Dioni→Loukia	67.23	73.44	73.10	67.49	73.46
Loukia→Dioni	62.22	69.02	65.99	63.31	70.01

表 12-2 不同领域自适应方法的 kappa 系数

任务	DNN	GCN	DANN	D-CORAL	DAN	MADA
BOT5→BOT6	0.8012	0.8915	0.8642	0.8605	0.8580	0.8791
BOT6→BOT5	0.7887	0.8664	0.8681	0.8502	0.8471	0.8682
BOT5→BOT7	0.6000	0.6839	0.7543	0.7075	0.7016	0.7328
BOT7→BOT5	0.7557	0.7862	0.7986	0.7846	0.7854	0.7989
BOT6→BOT7	0.8123	0.8126	0.8235	0.8070	0.8204	0.8313
BOT7→BOT6	0.8939	0.9045	0.8790	0.8662	0.8743	0.9056
KSC→KSC3	0.6147	0.6491	0.6412	0.6462	0.6327	0.6421
KSC3→KSC	0.5649	0.6306	0.6330	0.6413	0.6449	0.6749
PC→PU	0.8586	0.8385	0.8751	0.8735	0.8040	0.8800
PU→PC	0.7095	0.8430	0.7547	0.7631	0.6774	0.7565
Dioni→Loukia	0.6161	0.6147	0.6218	0.6270	0.6360	0.6675
Loukia→Dioni	0.6042	0.5465	0.5893	0.5765	0.6019	0.6066

任务	JCGNN	CDA	BCDM	AGAN	SILDA-VC
BOT5→BOT6	0.9178	0.8893	0.8999	0.9258	0.9334
BOT6→BOT5	0.9197	0.9160	0.9010	0.9277	0.9716
BOT5→BOT7	0.7593	0.7553	0.7104	0.7604	0.7687
BOT7→BOT5	0.7487	0.8035	0.8719	0.8479	0.8865
BOT6→BOT7	0.8068	0.8144	0.7862	0.8231	0.8337
BOT7→BOT6	0.8695	0.8788	0.9332	0.8467	0.9466
KSC→KSC3	0.6679	0.6750	0.6311	0.6673	0.7166
KSC3→KSC	0.6913	0.6297	0.6507	0.6632	0.7167
PC→PU	0.9009	0.8567	0.8618	0.8792	0.9138
PU→PC	0.8426	0.7582	0.7737	0.8421	0.8905
Dioni→Loukia	0.6031	0.6774	0.6737	0.6024	0.6756
Loukia→Dioni	0.5426	0.6176	0.5902	0.5530	0.6308

表 12-3　不同领域自适应方法的计算时间　　　　　　　单位：s

任务	DNN	GCN	DANN	D-CORAL	DAN	MADA
BOT5→BOT6	478.89	27.27	550.49	423.93	122.59	757.48
BOT6→BOT5	476.25	27.03	545.45	427.28	120.26	738.80
BOT5→BOT7	765.88	29.41	892.41	704.92	124.30	1222.78
BOT7→BOT5	767.03	30.64	885.80	637.78	120.56	1182.21
BOT6→BOT7	758.11	29.35	887.05	688.29	124.86	1225.80
BOT7→BOT6	764.03	30.64	884.53	624.34	119.94	1160.20
KSC→KSC3	633.58	29.32	730.26	607.91	139.40	965.38
KSC3→KSC	634.32	29.58	720.06	603.94	137.67	960.10
PC→PU	164.24	10.50	180.47	131.04	99.61	185.88
PU→PC	163.81	10.63	180.37	130.58	99.67	184.92
Dioni→Loukia	1923.99	102.23	2175.51	2270.63	161.37	5457.80
Loukia→Dioni	1888.03	128.37	2249.56	2320.09	187.06	5819.23

任务	JCGNN	CDA	BCDM	AGAN	SILDA-VC	
BOT5→BOT6	206.95	1677.70	1466.23	46.34	63.42	
BOT6→BOT5	210.45	1631.19	1389.09	51.91	58.09	
BOT5→BOT7	222.96	2866.15	2316.22	60.42	67.18	
BOT7→BOT5	217.72	2890.24	2286.98	58.81	65.22	
BOT6→BOT7	221.56	2662.44	2287.10	59.89	68.64	
BOT7→BOT6	221.73	2627.21	2313.07	55.45	67.38	
KSC→KSC3	208.28	2559.81	1865.94	62.32	68.80	
KSC3→KSC	151.94	2436.14	1819.47	58.03	75.46	
PC→PU	44.16	630.24	500.47	15.13	16.67	
PU→PC	43.93	655.59	495.14	14.91	16.48	
Dioni→Loukia	214.88	12030.79	6740.57	137.94	156.44	
Loukia→Dioni	346.73	11241.24	6809.11	140.21	156.50	

（1）在大多数任务上，DANN 和 AGAN 的表现比 DNN 和 GCN 好。这是因为在训练过程中 DNN 和 GCN 只使用源域样本，容易造成过拟合。由于源域和目标域的分布存在差异，在源域样本上训练的网络会导致对目标域测试样本的严重误分类。

（2）与 DANN 相比，AGAN 在大多数任务上取得了更高的 OA。这是因为

AGAN 使用了基于空-谱构图的 GCN 作为特征提取器,充分利用了 HSI 的光谱和空间信息。

（3）与域级领域自适应方法（DANN、D-CORAL,DAN 和 BCDM）相比,类级领域自适应网络（MADA,JCGNN 和 CDA）可以在大多数任务上取得更好的分类结果。这是因为类级领域自适应方法考虑了数据的多模态结构。

（4）SILDA-VC 在所有任务中都取得了最高的 OA 和 kappa 系数,其原因有两个方面。首先,通过减少两个分类器之间的分歧,隐藏层特征包含了更多有利于分类的信息,提高了真实分类器和虚拟分类器之间的预测一致性,增强了特征的可判别性。其次,SILDA-VC 可以更精细地适配源域和目标域的样本,并通过最小化 SPC 损失来提高分类器的确定性。

（5）SILDA-VC 的消耗时间既不是最小的也不是最大的,这在可接受的范围内。BCDM、MADA 和 CDA 比其他方法消耗的时间多。原因是 BCDM 需要在每次迭代中多次更新网络参数,而 MADA 和 CDA 需要付出额外的多领域判别器的训练代价。

为了进一步验证 SILDA-VC 的有效性,本章可视化了不同方法在目标域上的分类结果,以 BOT5→BOT6、KSC→KSC3,PC→PU 和 Dioni→Loukia 为例,如图 12-3～图 12-8 所示,由于 BOT 和 KSC 数据集的样本在图上分布较为分散,不易观察,本章将图 12-3 和图 12-5 白色方框所示的局部区域裁剪后观察,如图 12-4 和图 12-6 所示。从图中可以看出,SILDA-VC 得到的分类图更加平滑,与真实标签最相似,能够分类一些较难分类的样本,如图 12-6 中,KSC3 局部区域中的 CP/Oak Hammock（褐色）。

为了验证不同方法的边缘保持能力,给出所有对比方法的全分类图。以 Dioni→Loukia 和 Loukia→Dioni 为例,从图 12-9 与图 12-10 可以看出:与其他方法相比,基于 GCN 的方法（GCN、JCGNN、AGAN 和 SILDA-VC）得到的全分类图的边缘更加平滑。相比之下,其他方法不能在分类图中保持完整的边界,因为它们没有考虑 HSI 的空间信息。在基于 GCN 的方法中,SILDA-VC 的全分类图中的边缘和边界与假彩图像有较好的一致性。这是因为 SILDA-VC 通过减小真实和虚拟分类器之间的分歧来提高隐藏层特征的可判别性,并通过软实例级领域自适应对两个域进行更精细、更可靠的适应,因此通过 SILDA-VC 获得的全分类图更加准确。

更具体地,在 Dioni→Loukia 中,基于 GCN 的方法可以清晰地区分 Water（墨绿色）和 Coastal Water（暗粉色）。然而,其他方法或多或少地将一些 Water 像素错误地归类为 Coastal Water;在 Loukia→Dioni 中,除了 SILDA-VC 外,所有的方法都将 Coastal Water 的像素过度延伸到 Water 的像素上。

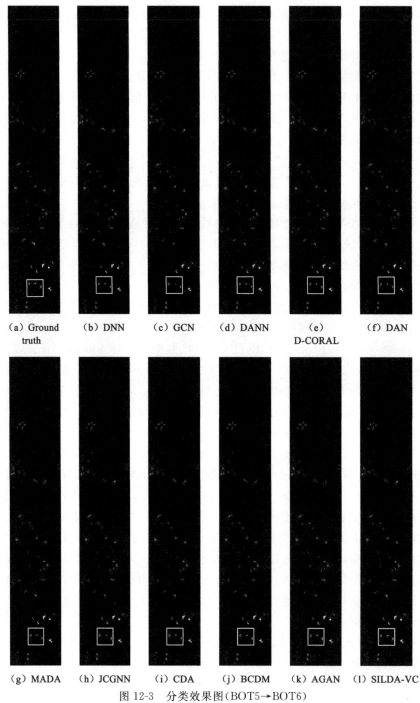

图 12-3　分类效果图(BOT5→BOT6)

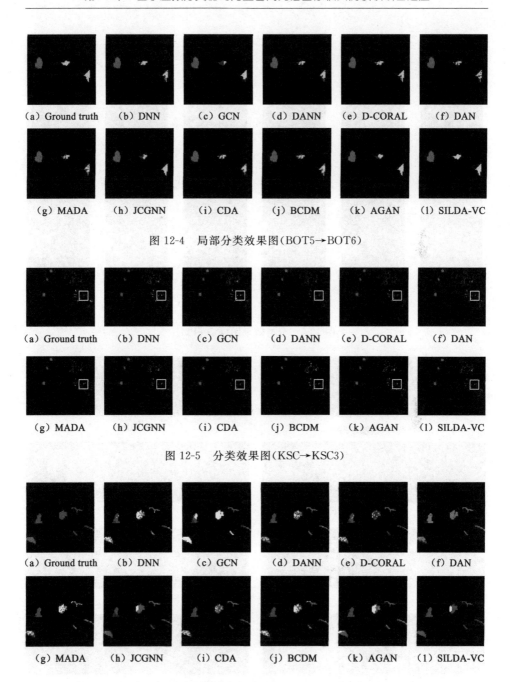

（a）Ground truth　（b）DNN　（c）GCN　（d）DANN　（e）D-CORAL　（f）DAN

（g）MADA　（h）JCGNN　（i）CDA　（j）BCDM　（k）AGAN　（l）SILDA-VC

图 12-4　局部分类效果图（BOT5→BOT6）

（a）Ground truth　（b）DNN　（c）GCN　（d）DANN　（e）D-CORAL　（f）DAN

（g）MADA　（h）JCGNN　（i）CDA　（j）BCDM　（k）AGAN　（l）SILDA-VC

图 12-5　分类效果图（KSC→KSC3）

（a）Ground truth　（b）DNN　（c）GCN　（d）DANN　（e）D-CORAL　（f）DAN

（g）MADA　（h）JCGNN　（i）CDA　（j）BCDM　（k）AGAN　（l）SILDA-VC

图 12-6　局部分类效果图（KSC→KSC3）

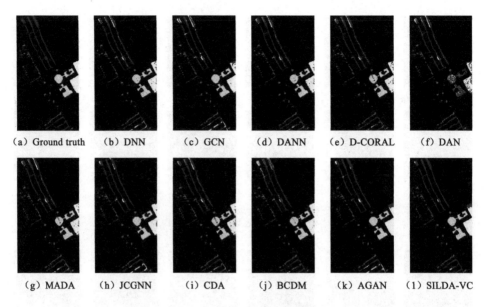

图 12-7　分类效果图(PC→PU)

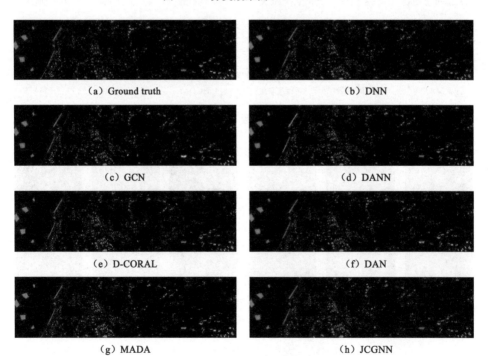

图 12-8　分类效果图(Dioni→Loukia)

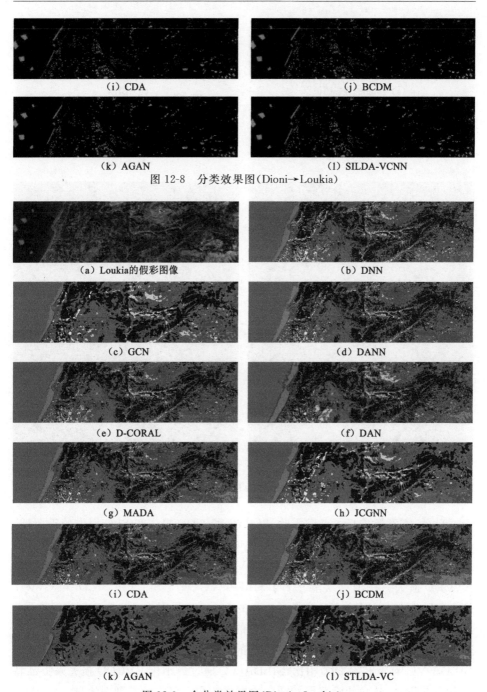

（i）CDA　　　　　　　　　　　　（j）BCDM

（k）AGAN　　　　　　　　　　　（l）SILDA-VCNN

图 12-8　分类效果图（Dioni→Loukia）

（a）Loukia的假彩图像　　　　　　（b）DNN

（c）GCN　　　　　　　　　　　　（d）DANN

（e）D-CORAL　　　　　　　　　　（f）DAN

（g）MADA　　　　　　　　　　　（h）JCGNN

（i）CDA　　　　　　　　　　　　（j）BCDM

（k）AGAN　　　　　　　　　　　（l）STLDA-VC

图 12-9　全分类效果图（Dioni→Loukia）

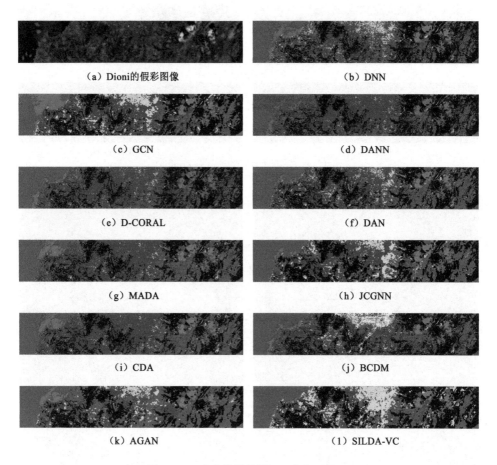

（a）Dioni的假彩图像　　　　　　　　　　（b）DNN

（c）GCN　　　　　　　　　　　　　　（d）DANN

（e）D-CORAL　　　　　　　　　　　　（f）DAN

（g）MADA　　　　　　　　　　　　　（h）JCGNN

（i）CDA　　　　　　　　　　　　　　（j）BCDM

（k）AGAN　　　　　　　　　　　　　（l）SILDA-VC

图 12-10　全分类效果图（Loukia→Dioni）

　　此外，本章还进行了消融实验，以验证 RVCDD 损失和 SPC 损失的重要性，实验结果如表 12-4 所示，其中 SILDA-VC（w/o SPC）指的是 SILDA-VC 没有最小化 SPC 损失，而 SILDA-VC（w/o RVCDD）指的是 SILDA-VC 没有最小化 RVCDD 损失。在消融实验中，与 SILDA-VC（w/o SPC）和 SILDA-VC（w/o RVCDD）相比，SILDA-VC 取得了更高的 OA。这是因为：① 与 SILDA-VC（w/o SPC）相比，SILDA-VC 能够从实例级的角度更精细地适配源域和目标域的样本。此外，SILDA-VC 可以提高分类器的确定性，使样本远离决策边界。② 与 SILDA-VC（w/o RVCDD）相比，SILDA-VC 通过最小化 RVCDD 损失来提高特征的可判别性，从而使隐藏层特征包含更多有利于分类的判别性信息。

表 12-4　消融实验(OA %)

任务	AGAN	SILDA-VC (w/o SPC)	SILDA-VC (w/o RVCDD)	SILDA-VC
BOT5→BOT6	93.42	93.98	93.77	**94.09**
BOT6→BOT5	93.79	96.45	93.36	**97.48**
BOT5→BOT7	78.87	79.55	74.61	**79.62**
BOT7→BOT5	86.54	88.52	89.25	**89.99**
BOT6→BOT7	84.33	85.27	84.97	**85.27**
BOT7→BOT6	86.39	95.13	86.48	**95.26**
KSC→KSC3	73.02	74.60	74.81	**76.93**
KSC3→KSC	70.75	74.87	74.22	**75.67**
PC→PU	91.46	92.64	93.95	**94.01**
PU→PC	88.92	92.44	88.92	**92.54**
Dioni→Loukia	67.49	73.07	68.48	**73.46**
Loukia→Dioni	63.31	66.76	63.28	**70.01**

为了验证 SILDA-VC 能够加强真实和虚拟分类器的预测一致性,本章定义了一个 CPC 损失: $\mathcal{L}_{CPC} = (1/n^{(\mathrm{T})}) \cdot \sum_{i=1}^{n^{(\mathrm{T})}} (\tilde{y}_i^{real} \oplus \tilde{y}_i^{virtual})$,其中 $\tilde{y}_i^{real}$ 和 $\tilde{y}_i^{virtual}$ 分别表示真实和虚拟分类器预测第 i 个目标域样本的标签。CPC 损失越小表明真实和虚拟分类器之间的预测一致性越高。以 BOT5→BOT6 为例,将 AGAN,SILDA-VC(w/o RVCDD)与 SILDA-VC 在训练时的 CPC 损失打印出来,如图 12-11 所示。从图中可以看出,AGAN 与 SILDA-VC(w/o RVCDD)的 CPC 损失明显要高于 SILDA-VC,说明 SILDA-VC 确实能使目标域样本在分类器上的输出的类别尽可能与其最相似的源域类原型一致。

12.3.4　参数分析

本小节分析 SILDA-VC 中一些主要参数 (κ、λ_{RV}、λ_{SPC}) 的影响,以 BOT5→BOT6,BOT6→BOT5,KSC→KSC3,KSC3→KSC,PC→PU 和 PU→PC 为例,SILDA-VC 在不同参数不同值下得到的 OA 如图 12-12 和图 12-13 所示。

从图 12-12 和图 12-13 中可以看出:

随着 κ 的增加,OA 先上升后减小。如果 k 太小,会导致相邻节点的相关性无法被充分表示;如果 k 太大,会导致相邻节点加入噪声节点。当 $k=10$ 时,

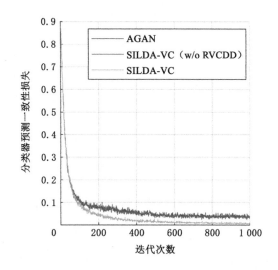

图 12-11 分类器预测一致性损失（BOT5→BOT6）

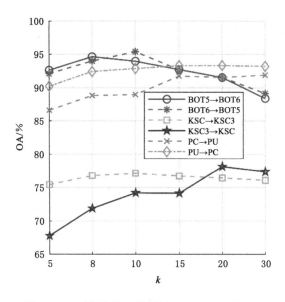

图 12-12 不同参数 κ 设置下 SILDA-VC 的 OA

OA 达到或接近最高值。

OA 在绝大多数任务上，都随着 λ_{RV} 和 λ_{SPC} 的增大，呈先增大后减小的趋势。如果 λ_{RV} 或 λ_{SPC} 过大，均会导致其在实验过程中占比过大；如果 λ_{RV} 过小，会导致样本的隐藏层特征包含过多冗余的信息，在此基础上进行实例级适配的效果不

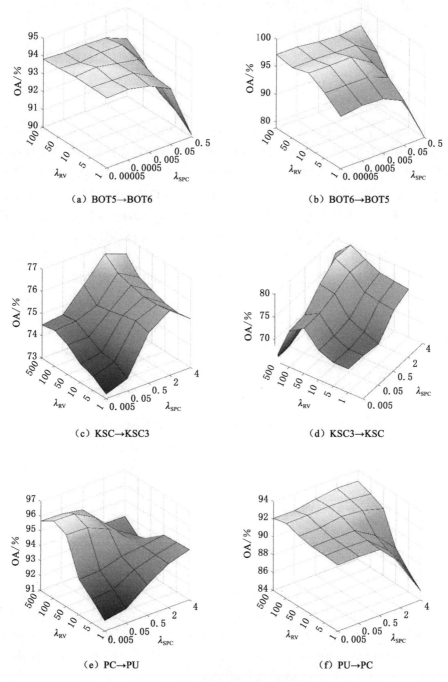

（a）BOT5→BOT6　　　　　　　　　（b）BOT6→BOT5

（c）KSC→KSC3　　　　　　　　　（d）KSC3→KSC

（e）PC→PU　　　　　　　　　　（f）PU→PC

图 12-13　不同 λ_{RV} 和 λ_{SPC} 参数设置下 SILDA-VC 的 OA

会太好;若 λ_{SPC} 过小,则会导致领域自适应的不充分。当 $\lambda_{RV} = 100$ 和 $\lambda_{SPC} = 2$ 时,OA 达到最大值或接近最大值。

12.4 本章小结

本章提出了用于无监督 HSI 分类的 SILDA-VC,该方法包括一个真实分类器和一个虚拟分类器,通过最小化 RVCDD 损失,鼓励具有相似特征的跨域样本被归入同一类别,从而增强特征的可判别性。然后,设计了一种软实例级的领域自适应方法,以实例级的方式软适配源域和目标域样本。SILDA-VC 不仅可以拉近相似样本,使不相似样本远离,还可以增加分类器的确定性,使得样本远离各自的决策边界。与几种领域自适应的方法相比,SILDA-VC 在不同的 HSI 迁移任务上均取得了最好的性能。需要注意的是,SILDA-VC 仅适用于源域和目标域地物类别相同的跨域分类任务。然而,由于拍摄传感器和拍摄区域的差异,源域和目标域往往是异构的,包含不同类别的地物。在未来,考虑引入元学习来放宽 SILDA-VC 的类一致性要求。

参考文献

[1] TAO X W,PAOLETTI M E,HAN L R,et al.Fast orthogonal projection for hyperspectral unmixing[J].IEEE transactions on geoscience and remote sensing,2022,60:1-13.

[2] KONG Y,CHENG Y H,CHEN C L P,et al.Hyperspectral image clustering based on unsupervised broad learning[J].IEEE geoscience and remote sensing letters,2019,16(11):1741-1745.

[3] YUAN J W,WANG S G,WU C,et al.Fine-grained classification of urban functional zones and landscape pattern analysis using hyperspectral satellite imagery:a case study of Wuhan[J].IEEE journal of selected topics in applied earth observations and remote sensing,2022,15:3972-3991.

[4] KUESTER T,BOCHOW M.Spectral modeling of plastic litter in terrestrial environments - use of 3D hyperspectral ray tracing models to analyze the spectral influence of different natural ground surfaces on remote sensing based plastic mapping[C]//2019 10th Workshop on Hy-

perspectral Imaging and Signal Processing：Evolution in Remote Sensing (WHISPERS).Amsterdam,Netherlands.IEEE,2019：1-7.

［5］BENBRAHIM H O,MERZOUKI A,MINAOUI K.Quantification of soil moisture variability over agriculture fields using Sentinel imagery［C］// 2020 International Conference on Intelligent Systems and Computer Vision (ISCV).Fez,Morocco.IEEE,2020：1-4.

［6］MIURA Y,ERIKSSON L E B,OSTWALD M,et al.Soil moisture monito-ring of agricultural fields in Burkina Faso using dual polarized sentinel-1a data［C］//IGARSS 2019-2019 IEEE International Geoscience and Remote Sensing Symposium.Yokohama,Japan.IEEE,2019：7045-7048.

［7］ZHANG L F,ZHANG L P,TAO D C,et al.Hyperspectral remote sensing image subpixel target detection based on supervised metric learning［J］. IEEE transactions on geoscience and remote sensing, 2014, 52（8）： 4955-4965.

［8］ZHOU P C,HAN J W,CHENG G,et al.Learning compact and discrimina-tive stacked autoencoder for hyperspectral image classification［J］. IEEE transactions on geoscience and remote sensing,2019,57(7)：4823-4833.

［9］LIU L Q,LI W Y,SHI Z W,et al.Physics-informed hyperspectral remote sensing image synthesis with deep conditional generative adversarial net-works［J］.IEEE transactions on geoscience and remote sensing,2022,60： 1-15.

［10］CHANG C I.Hyperspectral anomaly detection：a dual theory of hyper-spectral target detection［J］.IEEE transactions on geoscience and remote sensing,2022,60：1-20.

［11］ZHANG Y X,LI W,ZHANG M M,et al.Topological structure and se-mantic information transfer network for cross-scene hyperspectral image classification［J］.IEEE transactions on neural networks and learning sys-tems,2023,34(6)：2817-2830.

［12］ZHOU X,PRASAD S.Domain adaptation for robust classification of dis-parate hyperspectral images［J］.IEEE transactions on computational ima-ging,2017,3(4)：822-836.

［13］ZHOU X, PRASAD S. Deep feature alignment neural networks for domain adaptation of hyperspectral data［J］.IEEE transactions on geosci-ence and remote sensing,2018,56(10)：5863-5872.

[14] ZHANG Y X,LI W,TAO R.Domain adaptation based on graph and sta-tistical features for cross-scene hyperspectral image classification[C]// 2021 IEEE International Geoscience and Remote Sensing Symposium IGARSS.Brussels,Belgium.IEEE,2021:5374-5377.

[15] TZENG E,HOFFMAN J,SAENKO K,et al.Adversarial discriminative domain adaptation[C]//2017 IEEE Conference on Computer Vision and Pattern Recognition (CVPR). Honolulu, HI, USA. IEEE, 2017: 2962-2971.

[16] ELSHAMLI A,TAYLOR G W,BERG A,et al.Domain adaptation using representation learning for the classification of remote sensing images[J]. IEEE journal of selected topics in applied earth observations and remote sensing,2017,10(9):4198-4209.

[17] WANG H Y,CHENG Y H,CHEN C L P,et al.Hyperspectral image clas-sification based on domain adversarial broad adaptation network[J].IEEE transactions on geoscience and remote sensing,2022,60:1-13.

[18] YU C Y,LIU C Y,SONG M P,et al.Unsupervised domain adaptation with content-wise alignment for hyperspectral imagery classification[J]. IEEE geoscience and remote sensing letters,2022,19:1-5.

[19] KONG Y,WANG X S,CHENG Y H,et al.Graph domain adversarial net-work with dual-weighted pseudo-label loss for hyperspectral image clas-sification[J].IEEE geoscience and remote sensing letters,2022,19:1-5.

[20] LIU Z X, MA L, DU Q. Class-wise distribution adaptation for unsupervised classification of hyperspectral remote sensing images[J]. IEEE transactions on geoscience and remote sensing, 2021, 59 (1): 508-521.

[21] PEI Z Y,CAO Z J,LONG M S,et al.Multi-adversarial domain adaptation [J].Proceedings of the AAAI conference on Artificial intelligence,2018, 32(1):21-33.

[22] TANG X B,LI C C,PENG Y X.Unsupervised joint adversarial domain adaptation for cross-scene hyperspectral image classification [J]. IEEE transactions on geoscience and remote sensing,2022,60:1-15.

[23] SHARMA A,KALLURI T,CHANDRAKER M.Instance level affinity-based transfer for unsupervised domain adaptation[C]//2021 IEEE/CVF Conference on Computer Vision and Pattern Recognition (CVPR).Nash-

ville,TN,USA.IEEE,2021:5357-5367.

[24] ZHU R H,JIANG X D,LU J S,et al.Cross-domain graph convolutions for adversarial unsupervised domain adaptation[J].IEEE transactions on neural networks and learning systems,2023,34(8):3847-3858.

[25] YUAN B,ZHAO D P,SHAO S,et al.Birds of a feather flock together: category-divergence guidance for domain adaptive segmentation[J].IEEE transactions on image processing:a publication of the IEEE signal processing society,2022,31:2878-2892.

[26] LI S,LV F R,XIE B H,et al.Bi-classifier determinacy maximization for unsupervised domain adaptation[J].Proceedings of the AAAI conference on Artificial intelligence,2021,35(10):8455-8464.

[27] WANG W J,MA L,CHEN M,et al.Joint correlation alignment-based graph neural network for domain adaptation of multitemporal hyperspectral remote sensing images[J].IEEE journal of selected topics in applied earth observations and remote sensing,2021,14:3170-3184.

[28] CHENG Y H,CHEN Y,KONG Y,et al.Graph dual adversarial network for hyperspectral image classification[J].IEEE transactions on artificial intelligence,2023,4(4):922-932.

[29] GANIN Y,LEMPITSKY V.Unsupervised domain adaptation by back-propagation [J]. 32nd International Conference on International Conference on Machine Learning,ICML 2015,2:1180-1189.

[30] SUN B C,SAENKO K.Deep CORAL:correlation alignment for deep domain adaptation[C]//European Conference on Computer Vision.Cham: Springer,2016:443-450.

[31] LONG M S,CAO Y,CAO Z J,et al.Transferable representation learning with deep adaptation networks[J].IEEE transactions on pattern analysis and machine intelligence,2019,41(12):3071-3085.

[32] WANG W J,MA L,CHEN M,et al.Joint correlation alignment-based graph neural network for domain adaptation of multitemporal hyperspectral remote sensing images[J].IEEE journal of selected topics in applied earth observations and remote sensing,2021,14:3170-3184.

[33] KIM Y,HONG S.Adaptive graph adversarial networks for partial domain adaptation[J].IEEE transactions on circuits and systems for video technology,2022,32(1):172-182.